ハヤカワ文庫 NF
〈NF511〉

人体六〇〇万年史
科学が明かす進化・健康・疾病
〔上〕

ダニエル・E・リーバーマン
塩原通緒訳

HAYAKAWA NONFICTION

早川書房
8101

THE STORY OF THE HUMAN BODY

Evolution, Health, and Disease

by

Daniel E. Lieberman

Translated by
Michio Shiobara
Published 2017 in Japan by
HAYAKAWA PUBLISHING, INC.
This book is published in Japan by
direct arrangement with
BROCKMAN, INC.

父と母に捧げる

目　次

はじめに　13

第1章　序論——人間は何に適応しているのか　21
自然選択はどのように働くか　29
適応という厄介な概念　32
人間の過去の進化がなぜ重要なのか　39
進化はなぜ現在と未来にとっても重要なのか　46

第1部　サルとヒト

第2章　直立する類人猿
私たちはいかにして二足歩行者となったか　53

つかまえにくいミッシング・リンク　57
最初の人類は誰か　62
最初の人類に立ち上がってもらうには　66
食事の差　74
なぜ二足歩行者となったのか　75
なぜ二足歩行が重要なのか　82

第3章　食事しだい

アウストラロピテクスはいかにして私たちを果実離れさせたか　90
ルーシーの仲間たち――アウストラロピテクス　92
史上初のジャンクフード生活　98
おばあちゃんの歯はなんて大きいの！　102
よろよろ歩いて塊茎探し　109
あなたのなかのアウストラロピテクス　118

第4章　最初の狩猟採集民

現生人類に近いホモ属の身体はいかにして進化したか　121
最初の人間は誰か　124
ホモ・エレクトスはいかにして夕食にありついたか　129
長距離移動　138
走るために進化した　144
道具あれこれ　154
腸と脳　158

第5章　氷河期のエネルギー

私たちはいかにして大きな脳と、ゆっくり成長する大きな太った身体を進化させたか　163
氷河期をやり過ごす　167
氷河期に生きた旧人類　171
ネアンデルタール人といういとこ　179
大きな脳　181
時間をかけて成長する　190

太った身体　198
エネルギーはどこから来たのか　202
エネルギー問題の思わぬ展開——フロレス島のホビットの物語　207
旧人類に何が起こったか　212

第6章　きわめて文化的な種

現生人類はいかにして脳と筋肉の組み合わせで世界中に住みついたか　214
誰が最初のホモ・サピエンスだったか　218
現生人類の何が「現代的」なのか　223
現生人類の脳は優秀なのか　231
おしゃべりの才能　238
文化的進化の進化　243
現生人類の勝利は脳のおかげか筋肉のおかげか　250

第2部　農業と産業革命

第7章　進歩とミスマッチとディスエボリューション
旧石器時代の身体のままで旧石器時代後の世界に生きていると
——良きにつけ悪しきにつけ——どうなるか　261
私たちはいまも進化しているのか　266
なぜ医学に進化の視点が必要なのか　272
ミスマッチ　279
ディスエボリューションの悪循環　288

原注　346
索引　374

下巻目次

第2部　農業と産業革命（承前）
第8章　失われた楽園？
第9章　モダン・タイムス、モダン・ボディ

第3部　現在、そして未来
第10章　過剰の悪循環
第11章　廃用性の病
第12章　新しさと快適さの隠れた危険
第13章　本当の適者生存

謝辞
訳者あとがき
解説／山極壽一
原注
索引

人体六〇〇万年史〔上〕

科学が明かす進化・健康・疾病

はじめに

大多数の人と同じく、私も人間の身体に魅せられている。とはいえ一般の人のほとんどは、いくら人間の身体に関心があろうと、それはせいぜい夜や週末のお楽しみとしているだろう。しかし私の場合、人間の身体はずっと自分の仕事の中心だった。実際、私は自分がハーバード大学の教授で本当にラッキーだと思っている。私はそこで日々、人間の身体がどうしてこのようなものになっているのかを教えたり調べたりしているのだ。この仕事とこのテーマのおかげで、私は何でも屋になれる。学生たちといっしょに研究するほかに、化石も調べるし、世界中のさまざまな興味深いところに行って、そこで人がどのように身体を使っているかを見たりもするし、実験室で人間や動物の身体がどんな働きをするかを実験したりもする。

大多数の教授と同じく、私は講演するのも好きで、参加者からの質問をいつも楽しみにしている。だが、そうした場でよく聞かれることのなかで、かつて私が最も恐れる質問があった。「将来、人間はどのような姿になっていますか」というものだ。いやはや参った！　私は人類進化生物学の教授だ。つまり私が研究しているのは過去のことであり、この先どうなるかということではない。私は予言者ではないから、この質問を聞くと、つい安っぽいSF映画のような絵を想像してしまう。そこに出てくる遠い未来の人間は、脳がとてつもなく大きくて、身体はか細く青白くて、つやつやした光沢のある服を着ているのだ。私は反射的に、いつもこんなふうな答えを返していた。「いまは文化のおかげで人間はあまり大きく進化していません」。これは一種のスタンダードの応用だ。私の同僚も、この質問をされたときにはたいてい同様の答えを返している。

その後、私はこの質問についての考えを改めた。そしていまや、人間の身体の未来は自分に考えられるかぎりの最も重要な問題の一つとまで思うようになっている。私たちは現在、身体にとって矛盾した時代に生きている。ある意味では、いまが人類史上最も健康的な時代だろう。あなたが先進国に住んでいるなら、あなたの子供は一人も早死にすることなく無事に大人になって、それぞれが老いぼれるまで長生きし、子供だけでなく孫の顔も見られるものと十分に期待できる。かつて人間を大量に死なせていた天然痘やはしかやポリオやペストといった多くの病気も、いまではほとんど根絶されている。人間の身長は高くなり、かつては命にかかわっていた虫垂炎や赤痢や脚の骨折や貧血といった疾患も簡単に治癒させられる。もちろん、一部の国ではいまも栄養不良や病気が蔓延《まんえん》しているが、それはたいてい悪政や社会的不平等のせいであり、食べ物や医学的ノウハウが足りないせいではない。

しかし見方を変えると、私たちはいまよりもっと、はるかに元気であってもおかしくなかった。現在、肥満をはじめ、予防可能な慢性病や慢性障害がたいへんな勢いで世界中を襲っている。たとえば予防可能な疾患として、ある種のがん、2型糖尿病、骨粗鬆症《こつそしょうしょう》、心臓病、脳卒中、腎臓病、一部のアレルギー、認知症、うつ病、不安障害、不眠症などがある。また、腰痛、扁平足、足底筋膜炎《そくていきんまくえん》、近視、関節炎、便秘、胃酸の逆流、過敏性腸症候群などの不快さには、何十億という人間が苦しめられている。これらの症状のいくつかは昔からあるものだが、多くは新しく出てきたもの、あるいは最近になって爆発的に広まり、深刻化したものである。これらの問題が急増しているのは、ある程度までは人間の寿命が延びたからだが、ほとんどのものは中年段階でも発症する。この疫学的転換は、苦痛だけでなく経済的な悩みももたらしている。ベビーブーマーが続々と引退するにつれ、彼らの慢性疾患が医療制度にめいっぱい負荷をかけ、経済を圧迫する。しかも未来はさらに暗い。これらの疾患はますます地球全体に広まって、有病率を上げつづけているからだ。

この切迫した健康問題をどうするかについて、親、医師、患者、政治家、ジャーナリスト、研究者らを巻き込んだ、世界規模での熱心な討議が進められている。とりわけ焦点となっているのが肥満の問題だ。なぜ人間は太るのか？　体重を減らし、食生活を変えるにはどうしたらいい？　子供が過体重になるのを防ぐには？　そして子供にもっと運動をさせるには？すでに具合が悪くなっている人には早急に手を打たなければならないため、昨今とみに増えている非感染性の疾患に対して、新しい治療法を開発することにも強く関心が向けられている。がん、心臓病、糖尿病、骨粗鬆症など、自分や自分の愛する人を死に追いやりそうな数々の病をどうやって治療したらいい？

医者や患者や研究者や親がこうした問題を懸命に調べたり論じたりしているが、おそらくそれらの人のほとんどは、私たちの祖先が類人猿から分岐して直立歩行を始めた大昔のアフリカの森林に目を向けてみようなどとは思わないだろう。アウストラロピテクスのルーシーのこともネアンデルタール人のこともまず考えないだろう。もし実際に進化のことを考えたとしても、私たちがかつて原始人だったという（それがどういう意味であれ）明白な事実を認めるだけだ。さらに考えれば、それはつまり私たちの身体が現代の生活様式にはあまりよく適応していないということなのでは、となるのだが。しかし心臓発作を起こした患者に必要なのは早急の医療処置であって、人類の進化から得られる教訓ではないのである。

私とて、もし自分が心臓発作を起こしたら、医者の先生には人類の進化のことなんかより、私の治療という火急の問題に集中してもらいたい。しかし、これからこの本で論じるのは、私たちの社会が総じて人類の進化のことを考えそびれているために、予防可能な病気を予防できなくなっている、ということである（もちろんほかにも理由はあるが）。私たちの身体のなかには物語がある。進化の歴史という、とても重要な物語だ。たとえば進化は、私たちの現在の身体がどうしてこのようなものになっているのかを説明する。その説明から、ではどうしたら身体の具合が悪くなるのを防げるかという疑問への手がかりが見えてくる。なぜ私たちはこんなに太りやすいのか？　なぜ私たちはときどき食べ物を喉につまらせるのか？　なぜ私たちの足は土踏まずがつぶれて扁平足になってしまうのか？　なぜ私たちの腰はこんなに痛みやすいのか？　これに関連して、人間の身体の進化の物語を考えるべきもう一つの理由は、それを考えることにより、人間の身体が何に適応していて、何に適応していないかを合理的に理解できるからである。この問いに対する答えはなかなか厄介で、直感では捉えにくい。だがそれは、何が健康を増進し、何が病気を誘発するかを正しく知るうえで、また、ときに私たちの具合が悪くなるのは身体の仕組み上しかたがないのだということを理解するうえで、とても重要な意味を持っている。そして最後にもう一つ、人間の身体の物語を学ばなければならない理由として、私が最も切実だと思っているものがある。それは、この物語がまだ終わっていないということだ。私たちはいまも進化しつづけている。ただし、現在の最も効力ある進化の形態は、生物学的進化と違って、生物学的進化ではなく、文化的進化である。ダーウィンがその仕組みを説明した生物学的進化では、文化的進化では、人間が作り出した新しい考えや行動が、子供や友人や周囲の人々に伝達されていく。そうした新しい行動のうち、とくに私たちの食べる食物と、私たちのする（あるいはしない）活動が、ときに身体の具合を悪くさせるのだ。

人間の進化はおもしろく、興味深く、ためにもなる。そして本書の大半は、その驚異的な過程がいかにして私たちの身体を作ってきたかを探るものである。それとあわせて、農業、産業化、医学など、さまざまな分野で果たされた進歩が、いかにして現在を――これまでのところ――人類にとっての史上最高の時代にしてきたかを浮き彫りにしてみたい。とはいえ、私はそれほど能天気ではないし、人間はより高いところを目指すべきであるとも思うから、最後の数章は、私たちの健康が損なわれるケースを主題とし、なぜそうなるのかを考えてみよう。もしこの本の作者がトルストイなら、こんな一文を書いていたかもしれない。「健康な身体はどれも似たようなものだが、不健康な身体はいずれもそれぞれに不健康なものである」。

本書の核をなすテーマ——人間の進化と健康と病——はとても範囲の広い、複雑なものだ。それを扱うにあたって、事実の記述や説明や議論はできるだけ単純明快にしようと努めたが、本質にかかわる大事なことを抜かしてまで必要以上にやさしくすることは避けたつもりだ。乳がんや糖尿病のような深刻な病についてはとくに慎重を期した。また、情報の出典としてウェブサイトも含めた多くの資料を紹介しているので、さらに詳しいことはそちらを参照してほしい。もう一つ悩ましかったのが、広さと深さをどう両立させるかだった。私たちの身体がなぜこのようになっているかという問題は、一つのテーマというにはあまりにも大きすぎる問題だ。私たちの身体はそれだけ複雑なものなのである。そこで今回は、私たちの身体の進化のさまざまな側面のうち、食事と身体活動に関連するいくつかの面だけを集中的にとりあげることにした。本書で扱っているトピック一つにつき、省略されているトピックが少なくとも一〇はあることを断っておきたい。これは終盤の数章についても同様である。問題はもっと多岐にわたっているが、その代表的なものとしていくつかの病を選び、それだけを論じさせてもらった。また、これらの分野での研究は日々進んでいて、すぐに書き換えられていく。本書に書かれていることの一部がいずれ時代遅れになるのは避けられない。それについても謝っておこう。

最後にもう一つ。私は本書の結びとして、人間の身体の過去の物語から得られる教訓をどう未来に生かすかについて、自分の考えをいくつか述べたが、それが少々せっかちだったと思っている。そこでこの場を借りて、一足先に私の言いたかったことをまとめておきたい。私たち人間は、健康になるようにと進化したのではない。困難の多い多様な条件のもとでできるだけ多くの子を持てるようにと自然選択の作用を受けたのである。結果として、私たちは何不自由のない快適な条件のもとで何を食べ、どれだけ運動するかについて、合理的な選択ができるようには進化していない。そしてさらに重要なことに、私たちが受け継いだ身体と、私たちが築いている環境と、私たちがときに選んでしまう判断との相互作用によって、いつのまにか危険なフィードバックループが動きだしてきた。私たちが慢性病にかかるのは、人間が進化の過程でしてきた行動を、身体があまりよく適応していない条件のもとでやってしまうからであり、しかも私たちがそれらの条件をそのまま子供たちに受け渡すので、子供もまた同じ病にかかってしまうのだ。この悪循環を断ち切りたいなら、どうにかして丁寧かつ賢明に、軽い後押しや強い推奨、あるいは強制的な義務化も駆使したりして、人々にもっと健康を増進する食物を食べること、もっと活発に身体を動かすことをやらせなくてはならない。それもまた、まぎれもなく人間が進化の過程でしてきた行動なのである。

第1章　序論——人間は何に適応しているのか

もしわれわれが過去と現在とのあいだで喧嘩を始めたら、気がついたときには未来が失われているだろう。

——ウィンストン・チャーチル

みなさんは「ミステリー・モンキー」の話をご存じだろうか。二〇一二年にフロリダ州タンパで開かれた共和党全国大会に、ちょっとした余興を提供したサルのことだ。このアカゲザルは、その三年以上も前からタンパ市内でごみ箱をあさりながら生きてきて、自動車にひかれもせず、捕獲しようと躍起になる野生生物保護局のあれこれの策も巧みにかわして逃げおおせていた。そしていつしか、このサルは地元の伝説となった。そんなところへ、党大会の開催で大勢の政治家とジャーナリストが押しかけてきたものだから、このミステリー・モンキーは一躍、国際的な名声を得た。政治家たちは、それぞれ自分の意見を宣伝する機会とばかりに、このサルの話を利用した。自由至上主義者《リバタリアン》とリベラル派は、捕獲を逃れつづけるサルの姿を、人間の（そしてサルの）自由への不当な侵害から逃れようとする本能の象徴だとして礼賛し、一方の保守派は、サルの捕獲に何年も失敗してきた当局の姿を、無駄の多い無能な政府の象徴と解釈した。そしてジャーナリストは、このミステリー・モンキーとその捕獲をめざす人々の物語を、市内の別のところでやっている政治家の馬鹿騒ぎのメタファーとして伝えずにはいられなかった。しかし一般の人のほとんどは、本来サルが棲《す》むようなところではないフロリダ州の郊外で、独りぼっちのサルがいったい何をやっているのだろうと、単純に不思議に思った。

私は一人の生物学者、人類学者として、このミステリー・モンキーと、それがさまざまな観点を通じて呼び起こした一連の反応を眺めていたが、これはまったくもって象徴的な話だと思ったものだ――人間は自然界における自分たちの位置を、進化論的になんと純真な、首尾一貫しない見方で捉えているものかと。普通に見れば、このサルは、もともと自分が適応していない諸条件のもとでも立派に生き残っていける動物がいるのだということの典型的な縮図である。アカゲザルは南アジアで進化した動物で、そこで多様な食物をあさって生きる能力を身につけた結果、草原にも森林にも、山地にだって棲めるようになっている。同じように村でも町でも都市でも生きていけるし、さらに実験室でも使われることの多い動物だ。そう考えると、タンパのごみ箱をあさって生き延びるミステリー・モンキーの才能は、なんら驚くべきことではない。にもかかわらず、放し飼いのサルがフロリダの都市にいるはずがないと世の中全般が確信しているということは、私たち人間がいかに自分たちを特別扱いして、自分たちもそのサルと同じであることをわかっていないかの証左にほかならない。進化の観点から言えば、タンパにサルがいるのは、人間の大半が都市や郊外などの近代的な環境にいるのと同じぐらい、なんら不釣り合いなことではないのである。

あなたも私も、ミステリー・モンキーと同じぐらい、自分たちの自然な環境から遠く離れたところに存在している。六〇〇世代以上も前、人はみな、あらゆるところで、狩猟採集生活を送っていた。比較的最近まで——進化論的な時間にすれば、ほんの一瞬前まで——あなたの祖先は五〇人以下の小さな集団で暮らしていた。ある野営地から別の野営地へと定期的に移動しながら、植物の採集に狩猟と漁獲とを組み合わせて食いつないだ。約一万年前に農業が発明されてからでさえ、ほとんどの農耕民はあいかわらず小さな村で暮らし、毎日働いて、自分たちが食べるだけの食料を生産しており、現在のフロリダ州タンパのようなところで普通となっている生活など夢見たこともなかった。自動車も、トイレも、エアコンも、携帯電話も、ありあまるほどの高度に加工された高カロリーの食物も、まったく当たり前ではなかったのだ。

残念ながら、ミステリー・モンキーは二〇一二年一〇月についに捕まった、と報告しなくてはならない。しかし、人間のほうはどうなのだろう。今日の人間の大半がミステリー・モンキーと同様に、もともとそこにあわせて身体が適応したわけではない新奇な環境条件のなかでいまだにずっと存在しているということを、私たちは気にかけなくていいのだろうか？

多くの点で、その必要は「ほぼない」と言っていい。なぜなら二一世紀に入った現在において、平均的な人間にとっての生活はいたって良好であり、全体的に、私たちの種は繁栄している。そしてその繁栄は、この数世代のあいだになされた社会面、医療面、テクノロジー面の進歩によるところが大きい。世界には七〇億人以上の人間が生きていて、その大半は、自分と同じように自分の子供や孫も七〇歳以上まで生きられるものと期待できている。貧困が蔓延している国でさえ、状況は大きく進歩している。たとえばインドでの平均余命は、一九七〇年には五〇歳未満だったが、今日では六五歳を超えている。[1] 何十億という普通の人々が、過去のほとんどの王様や女王様よりも、長く生き、身体を大きく成長させ、快適な暮らしを享受することだろう。

とはいえ、いくら良いことずくめで、今後もますます良くなる見込みであろうとも、人間の身体の未来については、心配するべき理由に事欠かない。気候の変化による潜在的な脅威を別にしても、私たちの前には、疫学的転換と組み合わさっての（詳しくは追って述べるが）、たいへんな人口急増の問題が立ちはだかっている。人々が長生きし、感染や栄養不良による病気で若くして死ぬことが少なくなるにつれ、これまではほとんど、あるいはまったく見られなかった非感染性の慢性的な疾患に苦しめられる中高年以上の人々が飛躍的に増えている。[2] ありあまるほどの豊かさに甘やかされた結果、アメリカやイギリスなどの先進国では成人の大多数が体調不良や過体重となり、子供の肥満は全世界で急増する一方であり、今後数十年のうちには病気を抱えた肥満体の人間が何十億人も増えるだろうと予想される。そして体調不良と過体重には、心臓病や脳卒中、さまざまな種類のがんに加え、2型糖尿病や骨粗鬆症といった医療費のかかる多数の慢性病がついてまわる。また、アレルギーや喘息《ぜんそく》や近視や不眠症や扁平足のような問題に悩まされる人が世界中でますます増えてきて、心身障害のパターンも不穏に変わってきている。簡潔に言えば、死亡率の低下が罹病《りびょう》率の上昇に取って代わられているのだ。ある程度まで、これは伝染病で若くして死ぬ人が少なくなったための変化だが、ここで気をつけなくてはならないのは、高齢者によく見られるようになってきた病気と、通常の加齢が原因で起こる病気とを混同することだ(3)。罹病率と死亡率は、どの年齢においても生活様式に大きく影響される。四五歳から七九歳までの、よく運動し、野菜と果物をたくさん食べ、タバコを吸わず、アルコール摂取もほどほどな男女は、ある任意の一年間に死亡する危険性が、不健康な生活習慣を持っている男女に比べて平均四分の一なのである(4)。

慢性病の発生率がこんなにも上がっているということは、これから人々の苦しみがますます大きくなるというだけでなく、巨額の医療費が必要になることも意味している。現在、アメリカでは一人あたり年間八〇〇〇ドル以上が医療に費やされており、合計すれば国内総生産（GDP）の一八パーセント近くにのぼる(5)。この金額の大部分が、2型糖尿病や心臓病など、予防可能な病気の治療に充てられている。他の国々ではここまで医療費がかさんでいないが、やはりその割合は、慢性病が増えるとともに憂慮すべきペースで上がっている（たとえばフランスでは、現在GDPの約一二パーセントが医療に費やされている）。中国やインドや、ほかの発展途上国がこれからますます豊かになったとき、彼らはどうやってそれらの病気とコストに対処するのだろうか？　私たちが医療コストを下げる必要に迫られているのは明らかだ。現在および未来の何十億もの病人のため、新しい安価な治療法を確立する必要もある。だが、そもそも最初からそれらの病気を予防したほうが、もっといいに違いない。問題は、どうしたらそれができるかということである。

そこで、あらためてミステリー・モンキーの話に戻る。もしこのサルを、本来いるべきでないタンパの郊外から引き離すべきだと思うなら、このサルのかつての隣人である人間もまた、もっと生物学的に正常な自然の状態へと連れ戻すべきではないのか。たとえ人間が、アカゲザルと同じように、さまざまな環境のもとで（郊外でも実験室でも）生存し、繁殖することができるとしても、もともとそれを摂取するように適応している食物を食べて、大昔の祖先がやっていたように身体を動かしたほうが、より健康的に生きられるのではないのか。進化はそもそも人間を狩猟採集民として生存し、繁殖するように適応させたのであって、農民や工場労働者やホワイトカラーになるよう適応させたのではない――この論理をよりどころにして、昨今では、現代の穴居人をめざす運動が広まっている。そうした健康へのアプローチに賛同する人々は、石器時代の祖先と同じようなものを食べて、同じような運動をすれば、もっと健康で幸せに生きていけるはずだと熱心に主張する。それにはまず、「原始的食生活」を採用することから始めればいい。肉（もちろん草を餌にして育てた動物の）をたくさん食べるとともに、木の実、果実、種子、葉の多い植物もしっかり食べて、砂糖や澱粉の入った加工食品はすべて避ける。もし本気で取り組むつもりなら、食生活にミミズなどの虫も補充し、穀物や乳製品や油で調理したものは絶対に食べない。また、日課に旧石器時代的な活動を取り入れてもいい。一日に一〇キロメートル歩いたり走ったりし（もちろん裸足で）、何回か木登りをし、公園でリスを追いかけ、石を投げ、椅子には座らず、マットレスの代わりに板の上で寝る。いちおう言っておくと、原始的なライフスタイルの唱道者は、なにもあなたに仕事をやめてカラハリ砂漠に移住しろとか、トイレや自動車やインターネットといった現代生活の至極《しごく》便利なものをすべて捨てろと唱えているわけではない（第一インターネットをあきらめたら、自分の旧石器時代活動をブログにアップして、ほかの同好の士に伝えることができなくなってしまう）。彼らはただ、自分の身体の使い方、とりわけ何を食べて、どんな運動をするかを、再考するよう促しているのだ。

だが、その考えは正しいのだろうか？　旧石器時代的なライフスタイルのほうが明らかに健康的なのであれば、なぜもっと多くの人がそうしていないのか？　何がそれを妨げているのか？　私たちはどの食物と運動をやめるべきで、どの食物と運動を採用すべきなのか？　人間がジャンクフードでお腹をいっぱいにすることや一日中椅子にもたれっぱなしでいることにあまり適応していないのは明らかだとしても、私たちの祖先は栽培植物や家畜動物を食べるように進化してもいないし、本を読んだり抗生物質を摂取したりコーヒーを飲んだり、そこかしこにガラスが散乱した通りを裸足で走るように進化してもいない。

これらの問題が、本書の核心となる基本的な疑問を突きつける。すなわち、人間の身体は何に対して適応しているのか？——ということだ。

これはじつに奥深い、容易には答えにくい疑問であり、答えるにはいくつものアプローチを必要とする。そしてその一つが、人間の身体の進化的な物語を探っていくことだ。私たちの身体は、なぜ、どのようにして、現在のようなものに進化したのか。私たちはどんな食物を食べ、どんな運動をするようにと進化してきたのか。なぜこんなに脳が大きくて、柔毛《じゅうもう》（にこ毛）がなく、アーチ状の足裏や、その他さまざまな独自の特徴を持っているのか。これから見ていくように、これらの疑問に対する答えは魅惑的で、まさかと思うような仮説もある。しかし、とりあえず第一になすべきは、もっと深くて難解な疑問に答えておくことだ。つまり、「適応」とは何を意味するかである。実際のところ、この適応という概念は、定義するのも適用するのも厄介なことで知られている。それはひとえに、私たちがある特定の食物を食べ、ある特定の運動をするように進化したからといって、それが私たちにとって良いものであるとは限らないし、ほかの食物や運動のほうが良くないとも限らないからである。そんなわけで、人間の身体の物語を相手にする前に、まずは適応の概念がどのように自然選択の理論から導かれるか、この用語が真に意味していることは何なのか、それが今日の私たちの身体とどう関係しているのかを考えてみることとしよう。

性の問題と同じく、進化はこれを専門的に研究する人々からも、これを間違った危険な考えだと思うあまり、学校で子供たちに教えるべきでないとの信念を持つ人々からも、同じぐらい強固な意見を引き出す。しかしながら、これに強く異を唱える人や、これを情熱的に無視しようとする人がいくら多かろうと、進化が起こるという考えはとりたてて議論を呼ぶようなものではない。進化とは、時間を経ての変化という、ただそれだけのことである。どれほど頑固な創造論者（訳注：この世は神によって、聖書の記述そのままに創られたと考える人々）でも、地球と地球上の種が大昔からずっと同じでないことは認めている。ダーウィンが一八五九年に『種の起源』を発表したときも、すでに科学者たちは、貝殻や海洋生物の化石をたっぷり含んだ海底の一部分があるときどういうわけか隆起して、山の連なる高地になったのだといううことに気づいていた。マンモスや、その他さまざまな絶滅生物の化石の発見も、この世界が大きく変わってきたことの例証となった。ではダーウィンの理論の何が過激だったのかといえば、それは、進化が媒介者をなんら必要とすることなく、自然選択のみを通じて起こる仕組みを、この理論がみごとなまでに包括的に説明していたことである。(6)

自然選択はどのように働くか

自然選択は驚くほど単純なプロセスで、本質的には、三つのありふれた現象の結果である。その一つめは、変異《バリエーション》だ。これはすべての生物が、同じ種のほかのメンバーとどこかが違っているということである。あなたの家族も、あなたの隣人たちも、ほかのすべての人間も、体重や脚の長さや鼻の形や性格などが、さまざまに異なっているはずだ。二つめの現象は、遺伝性である。あらゆる個体群に存在する一部の変異は、親が自分の遺伝子を子に受け渡すことによって遺伝される。たとえばあなたの身長は、あなたの性格よりずっと遺伝性が高い。一方、あなたが何語を喋っているかは、遺伝子による遺伝基盤をなんら持っていない。そして最後の三つめの現象が、繁殖成功度の差である。人間も含めて、すべての生物は、自分が何人の子をもうけるか、そしてその子が無事に生き残って繁殖できるかに、さまざまな差がある。ほとんどの場合、繁殖成功度の差は微々たるものにしか見えない（たとえば私の兄は、私より一人多く子供を持っているだけだ）が、個体が生存と繁殖のために奮闘と競争を余儀なくされる場合、この違いが劇的なまでに大きく、重要になることがある。毎年、冬になると、うちの近所のリスの三〇パーセントから四〇パーセントほどは死んでしまうが、それと同じぐらいの割合の人間が、かつては大飢饉や疫病の流行で死んでいた。一三四八年から一三五〇年のあいだに、少なくともヨーロッパの三分の一の人口が黒死病（ペスト）で消えてしまったこともある。

変異、遺伝性、繁殖成功度の差があることに異論がないなら、必然的に、自然選択が起こることも認めなければならない。というのも、これらの現象が組み合わさったときの不可避の結果が、自然選択なのである。好むと好まざるとにかかわらず、自然選択は起こってしまう。形式どおりに言うならば、遺伝性のある変異を持った個体が残す子の数に、同じ個体群にいる別の個体と比べて差があったとき（別の言い方をするならば、個体間の「相対適応度」に差があったとき)、そこではつねに自然選択が起こる。[7] 最もよくある、最も強い自然選択は、生物が遺伝によって、その個体の生存能力と繁殖能力を弱める希少で有害な変異を受け継いだときに起こるものである。たとえば血友病(血液を凝固させられない異常症)の遺伝などがその一例だ。こうした形質は次世代に受け継がれる確率が低いので、その個体群のなかでしだいに減少、または消滅してゆく。この種のフィルターは負の選択と呼ばれ、将来的にはたいていの場合、その個体群のなかで変化が生じず、現状維持がずっと続くことにつながっていく。しかしときどき、正の選択が起こることもある。それは生物がたまたま「適応」、すなわち自分の生存と繁殖の確率をライバルたちよりも高めてくれる、新しい遺伝可能な特徴を受け継いだときである。適応的な特徴は、その性質からして、世代から世代へと頻度を高めていきやすいので、時間とともに変化を生じさせることになる。

一見すると、適応というのは何のひねりもない概念で、人間にもミステリー・センキーにもその他の生き物にも、同じようにひねりなく当てはめられるように思える。ある生物の種が進化したのなら――したがって、おそらくある特定の食生活や住環境に「適応」しているのなら――その種のメンバーはそれらの食物を食べ、その環境で生きていくのが一番いいはずだ。たとえばライオンが、温帯の森林よりも絶海の孤島よりも動物園よりも、アフリカのサバンナに適応しているということに異論を挟む人はほとんどいないだろう。同じ論理で、もしライオンがセレンゲティの草原に適応していて、ゆえにそこの野生動物保護区にいるのが最も適しているのなら、人間は狩猟採集民として生活することに適応したのだから、そうやって生きていくのが最も適していることになるのだろうか？　これに対しては、多くの理由から、「必ずしもそうではない」という答えになるが、ではどうしてそうなるのかを考えてみると、今度は別の問題を考えなくてはならなくなる。つまり、人間の身体の進化の物語は、その過去と未来にどう関連しているのかということである。

適応という厄介な概念

あなたの身体には、何千もの明らかな「適応」（適応的な特徴）がある。あなたの汗腺は、あなたが涼しくいられるよう助けているし、あなたの脳は、あなたが考えるのを助けているし、あなたの腸内の酵素は、あなたが食物を消化するのを助けている。これらは自然選択によって形成された、生存率と繁殖率を高めてくれる、有益な遺伝性の特徴であり、それゆえに「適応」と見なされる。ふだん、これらの適応は当然のように受け止められていて、その適応的な価値が明白となるのは、これらがうまく機能しなかったときだけだ。たとえばあなたは、耳垢のことを役にも立たない煩わしいものと思っているかもしれないが、こうした分泌物は、じつは耳が病原菌に感染しないように守ってくれている、ありがたいものなのである。とはいえ、私たちの身体の特徴すべてが適応であるわけでもない（私は自分のえくぼ、鼻毛、あくびに、なんら有益性を見いだせない）し、加えて多くの適応は、直感に反する機能や、思いもよらない機能を持っている。私たちが何に対して適応したのかを正しく知るには、何が真の適応的な特徴であるかを見きわめて、その背景と役割を適切に解釈しなくてはならないが、これが実際、口で言うよりずっと難しいことなのだ。

第一の問題は、どの特徴が適応で、なぜそうなのかを見きわめることである。一例として、あなたのゲノムを考えてみよう。これは三〇億個ほどの分子ペア（塩基対《つい》という）の連なりで、それぞれが二万個あまりの遺伝子をコードする。あなたの生きている一瞬一瞬に、あなたの体内の数千個の細胞が、この三〇億の塩基対をほぼ完璧な正確さで複製している。論理的には、この数十億の暗号の連なりがすべて不可欠な適応であると思ってもよさそうなものだが、じつを言えば、あなたのゲノムの三分の一近くはなんら明白な機能がないことがわかっている。それらはただ存在しているだけで、長い時間のあいだに機能を得たり失ったりしてきたのである。[8] 同じくあなたの表現型（瞳の色や虫垂の大きさなど、観察可能な外面的形質）にも、かつては有益な役割を果たしていたと思われるのに、もはや何の意味も持たなくなっている特徴や、単なる発生上の副産物でしかない特徴がたくさんある。[9] たとえばあなたの親知らずは（まだ持っていればの話だが）、遺伝で受け継がれたから存在しているだけで、あなたの生存能力にも繁殖能力にも、なんら影響を及ぼさない。そのほかにも、たとえばあなたの親指の関節が異常に柔らかいとか、耳たぶが頬につくほど垂れ下がっていても、そこになんら有益な役割はなく、男性の乳首もまた同様である。したがって、すべての特徴が適応であると思うのは間違っている。さらに言えば、それぞれの特徴がどれほど適応的であるかについて「なぜなぜ物語《ジャスト・ソーストーリー》」（鼻は眼鏡を支えるために進化したとかいう類《たぐい》の馬鹿話）をこしらえるのは容易だが、科学として慎重を期す以上、ある特徴が実際に適応であるかどうかを見きわめるには確実な検証がなされなくてはならない。(10)

適応は、一般に思われているほど普遍的なものでも特定しやすいものでもないが、それでもあなたの身体にはたくさんの適応が搭載されている。しかしながら、ある適応がなにゆえ真に適応的なもの（すなわち、個体の生存能力と繁殖能力を高めるもの）となるのかは、たいていの場合、背景事情に依存する。まさにこの認識こそ、かの有名なビーグル号での世界旅行からダーウィンが得た重要な洞察の一つだった。ダーウィンは（ロンドンに戻ってきてから）、ガラパゴス諸島のフィンチの嘴《くちばし》の形状にさまざまな変異《バリエーション》があるのは、異なる食物を食べるための適応ゆえだと推測した。雨季のあいだは、長くて薄い嘴のほうがフィンチの好物のサボテンの実やダニなどを食べるのに役立つが、乾季のあいだは、短くて厚い嘴のほうが、堅くて栄養の少ない、ゆえにフィンチがあまり好まない種子を食べるのに役に立つ。(11)嘴の形状は遺伝性であり、かつ個体群のなかで変異《バリエーション》があるから、ガラパゴスフィンチの嘴の形状には必然的に自然選択が働く。降雨パターンは季節によっても年によっても変動するので、雨の少ない時期には長い嘴を持ったフィンチの残せる子の数が相対的に少なくなり、雨の多い時期には短い嘴を持ったフィンチの残せる子の数が相対的に少なくなって、結果的に短い嘴の割合と長い嘴の割合が変化する。このようなプロセスはほかの種にとっても同様で、もちろん人間にも当てはまる。身長、鼻の形状、牛乳などの特定の食物を消化する能力など、人間の多くの変異《バリエーション》は遺伝性であり、特定の個体群のなかで、特定の環境事情に応じて進化した。たとえば色の薄い皮膚は、日焼けの防御にはならないが、冬のあいだの紫外線放射が少ない温帯の生息環境で、皮膚表面下の細胞が十分なビタミンDを合成するのを助けてくれるので、その点において適応的なのである[12]。

適応が背景事情しだいで決まるなら、では、どんな事情が最も重要なのか。必然的に、ここで話が厄介となる。適応というのは本質的に、あなたが個体群のなかで他の個体より多くの子を持てるように働く特徴のことだから、適応を残すための選択が最も強力となるのは、あなたの生き残れる子孫の数が最も変動しやすいときということになる。あけすけに言えば、適応が最も強力に進化するのは、形勢が不利なときなのだ。一例を挙げるなら、あなたの祖先は約六〇〇万年前から果実を主食としていたが、だからといって、彼らの歯はイチジクやブドウを嚙むのに適応するだけでは済まなかった。まれにとはいえ深刻な旱魃《かんばつ》が起こって果実がほとんど手に入らなくなったなら、大きくて分厚い臼歯《きゅうし》を備えた個体のほうが、ごわごわした葉や茎や根などの望ましくない食物でも嚙み切れたから、自然選択において大いに有利だったことだろう。同じ理屈で、ケーキやチーズバーガーなどの栄養たっぷりの食物を欲しがって、余分なカロリーを脂肪として蓄積しておこうとするほぼ普遍的な傾向は、いやになるほど豊かな今日《こんにち》の状況下では不適応だが、食物が乏しくてカロリーも低かった過去においては、きわめて有利だったに違いないのだ。

適応には、その利益に見合ったコストもかかる。何かを得れば、別の何かはあきらめねばならない。しかも条件はつねに変わるので、変異の相対的な費用便益も事情に応じてつねに変わる。ガラパゴスフィンチの場合なら、サボテンを食べるのには分厚い嘴が非効率で、堅い種子を食べるのには薄い嘴が非効率で、中間の嘴はどちらを食べるのにも非効率だ。人間の場合なら、寒冷な気候のなかで熱を維持するには脚が短いほうが有利だが、長い距離を効率的に歩いたり走ったりするのには、その短い脚が不利となる。こうした妥協の一つの帰結として、自然選択は実質的に、「完璧」には到達できない。なぜなら環境がつねに変化しているからである。降雨、気温、食物、捕食者、被食者などのさまざまな要因が、季節によって、年によって、そして長い時間のあいだに変動するから、あらゆる特徴の適応価もそれに応じて変化する。したがって各個体の適応というのは、時々刻々と変化する果てしない妥協の連続の不完全な産物なのだ。自然選択は着実に生物を最適の方向に押しやるが、最適にはほぼ永久に到達しえない。

完璧には到達できないかもしれないが、身体はさまざまな状況下で驚くほどよく機能する。それというのも、家のなかに新しい台所用具や本や衣料品をどんどん増やしていく人さながらに、進化が身体のなかに適応を蓄積するからである。あなたの身体は、何百万年ものあいだに生じた適応の寄せ集めなのだ。このごたまぜ効果は、たとえて言うなら、パリンプセストのようなものである。これは何回も重ね書きがされていた古代の羊皮紙《ようひし》写本で、時間が経って外側の層の文書が剝げていくにつれ、その前に書かれていた複数の文書の層が混ざりはじめる。パリンプセストと同様に、身体には複数の関連する適応が収められていて、それらが互いに衝突することもあるものの、ときには互いに協調して、あなたが幅広い状況下でうまくやっていくのを助けてくれる。たとえば食事だ。人間の歯は、果実を噛むことにすばらしく適応している。それは私たちが果実を主食としていた類人猿から進化したからだ。しかし一方で、私たちの歯は生肉を噛むこと、とりわけ野生の鳥獣の固い肉を噛むことにかけてはきわめて能率が悪い。だがのちに、私たちはほかの適応を進化させ、石器を作ったり調理したりする能力も獲得した。そのため肉も、ヤシの実も、イラクサも、それこそ有毒でないものなら何でも噛みくだせるようになったのだ。しかし相互作用する複数の適応は、ときに、妥協を余儀なくさせる。あとの章で見るように、人間は直立して歩いたり走ったりするための適応を進化させたが、そのために、全速力で走ったり敏捷に木に登ったりする能力が制限されてしまったのである。

そして最後の、最も重要な適応のポイントだが、これはまさしく決定的な通告だ。生物はどれ一つとして、最初から健康で長命で幸せに生きられるよう適応したわけではなく、そのほか人が必死にめざしている多くの目標にしても、それをかなえるために適応を果たした生物は皆無だということである。あらためて言うが、適応とは、自然選択を通じて形成される、相対的繁殖成功度（適応度）を高める特徴のことだ。結果として、健康や長命や幸福を促進するように適応が進化することもあるかもしれないが、それはその資質が、個体がより多くの子を生き延びさせられるようにすることに資する場合に限ってなのである。前の話で言うならば、人間は肥満になりやすいように進化したが、それは脂肪が私たちを健康にするからではなく、脂肪が妊娠能力を高めるからである。同じように、私たちの種が怖がりで、心配性で、ストレスを抱えやすい傾向を持つことは、さまざまな悲劇や不幸の原因になっているが、もともとそれらの性分は、危険を避けるため、あるいは危険に対処するための大昔の適応なのである。さらに、私たちは協力したり、改革したり、意思の疎通をはかったり、子育てをしたりするように進化しただけでなく、だましたり、盗んだり、嘘をついたり、殺したりするようにも進化している。要するに、人間の適応の多くは必ずしも、肉体的、精神的な幸せを促進するよう進化してはいないのである。

矛盾するようだが、結局のところ、「人間は何に適応しているのか」という問いに対する答えは単純でもあり、めちゃくちゃでもある。ある意味で、最も基本的な答えは、人間はとにかくできるだけ多くの子や孫や曾孫を持てるように適応している、となるだろう。しかしその反面、私たちの身体が実際にどうやってその身体を次世代に伝えているかは、ひねりがないどころではない。これまでたどってきた複雑な進化の歴史のせいで、あなたが適応している単一の食事や生息地や社会環境や運動プログラムは、何一つないのだ。進化の観点から言えば、最適の健康などというものは存在しない。結果として、人間は――われらが友人のミステリー・モンキーのように――もともと自分たちがそれにあわせて進化したのではない新奇な条件のもと（たとえばフロリダの郊外のようなところ）でも生き延びていけるし、ときにはそこで繁栄することもできるのである。

では、もし進化が健康管理や病気予防を最適化するためのわかりやすいガイドラインを何も提供してくれないというのなら、自分の健康を心配しているだけの人がどうして人間の進化に何が起こったかを考えなくてはいけないのか？　類人猿やネアンデルタール人や初期新石器時代の農耕民が、私たちの身体にどんな関係があるのか？　私はこれに、二つのとても重要な答えを思いつくことができる。一つは過去の進化に関するもので、もう一つは、現在と未来の進化に関するものだ。

人間の過去の進化がなぜ重要なのか

どんな人にも、どんな人の身体にも、物語がある。もちろん、あなたの身体にもいくつかの物語がある。一つはあなたの人生の物語、すなわちあなたの自伝である。あなたの両親がどういう人で、どのように出会ったか、あなたがどこで育ち、あなたの身体が人生の推移によってどう形成されていったのか。もう一つは進化の物語だ。あなたの祖先の身体を世代から世代へと何百万年もかけて変化させていき、結果としてあなたの身体をホモ・エレクトスとも魚ともショウジョウバエとも違うものにした、長い一連の出来事の物語である。[13] どちらも知るに値する物語であり、どちらもいくつかの共通する要素を持っている。登場人物（主人公らしきものも悪役らしきものもいる）、舞台設定、運命の出来事、勝利、試練。[14] そしてどちらの物語も、科学的な手法を使ってアプローチすることができる。それらを何らかの仮説に当てはめて、事実や推測を検証し、場合によっては却下することもできるのだ。

人体の進化の歴史は、興味深い撚《よ》り糸だ。その最も貴重な教えの一つは、私たちが決して必然的な種ではないということである。もし状況がほんのわずかでも違っていれば、私たちはまったく違った生き物になっていただろう（そもそも存在していない可能性も大いにある）。しかし多くの人にとって、人間の身体の物語を語る（そして検証する）ことの第一の意義は、それによって自分たちがなぜこのようなものになっているのかが見えてくることにある。なぜ私たちは大きな脳や長い脚や、とりわけ奇妙な目立つへそなどの、いろいろ変わった特徴を持っているのか。なぜ私たちは二本の脚で歩き、言語を使って意思疎通するのか。なぜ私たちは積極的に協力したり、食物を調理したりするのか。それに関連して、なぜそんなにも人体の進化のことを考えようとするかといえば、その切実かつ実際的な理由とは、私たちが何に適応していて、何に適応していないのかを正しく知ることで、私たちが病気になる理由も正しく知ることになるからだ。そして、病気になる理由を正しく知ることは、病気の予防や治療に不可欠なことであるからだ。

この論理を理解するには、2型糖尿病の例を考えてみるといい。これはほぼ完全に予防可能な病気だが、その発生率は世界中で急増している。この病気は、体中の細胞がインスリンに反応しなくなったときに生じる。インスリンは血流から糖を追い出して脂肪として蓄積させるホルモンだ。このインスリンへの反応が弱まりはじめると、身体は壊れた暖房システムのようになってしまう。ボイラーから家中に熱を伝えられず、ボイラーだけが過熱状態になって、家は凍えるほど寒いままなのだ。糖尿病になると、血糖値がつねに高いままなので、それが膵臓にさらなるインスリンの産生を促すが、効果はない。何年かすると、酷使された膵臓が十分なインスリンを作れなくなって、血糖値はあいかわらず高いまま保たれる。必要以上の血糖は有毒なので、深刻な健康問題が生じ、最後には死にいたる。幸い、医学は糖尿病の症状に初期段階で気づいて十分に治療できるぐらいに発達しているので、何百万もの糖尿病患者は、そのあと何十年も生きていられる。

一見すると、人体の進化の歴史は、2型糖尿病患者を治療することとは何の関係もなさそうに思える。これらの患者に必要なのは、決して安くもない早急な処置なのだから、何千という科学者がいま研究しているのは、この病気の因果関係と発症機序である。たとえば肥満が特定の細胞をインスリンに反応させなくするのはどうしてなのか、膵臓内の働かされすぎたインスリン産生細胞はどうなると機能しなくなるのか、また、生来的にこの病気にかかりやすい人とかかりにくい人とがいるのは、どういう遺伝子の仕組みなのか。こうした研究は、よりよい治療のために不可欠なものである。だが、最初からこの病気を予防するにはどうしたらいいのだろう。病気に限らず、あらゆる複合的な問題を予防するには、その直近の因果関係を知るだけでは不十分で、もっと深い根本的な原因を問わなくてはならない。なぜそれは起こるのか？——と。2型糖尿病の場合なら、なぜ人間はこの病気にこんなにかかりやすいのか？　なぜ人間の身体は現代の生活様式とうまく折り合えず2型糖尿病を引き起こしてしまうのか？　なぜこの病気に比較的かかりやすい人とかかりにくい人がいるのか？　なぜ

いと人に勧めるようにならないのか？

私たちは、この病気を予防するためにもっと運動して、もっと健康な食事を摂《と》ったほうがいいと人に勧めるようにならないのか？

これらの「なぜ」という質問に答えようとすると、どうしても人体の進化の歴史を考えずにはいられない。この切迫した思いを誰よりもうまく表現しているのが、遺伝学のパイオニアの一人であるテオドシウス・ドブジャンスキーだ。「進化の光を当てなければ生物学において意味をなすものは何もない」――これが彼の残した有名な言葉である。(15) なぜかって？ それは、最も基本的な意味において、生命とは生き物がエネルギーを使ってさらに多くの生き物を作るプロセスであるからだ。したがって、なぜあなたがあなたの祖父母や隣人たちやミステリー・モンキーと違った姿をして、違った機能を持って、違った病気にかかるかを知りたいなら、あなたとあなたの隣人とサルをそれぞれ違うものにしてきた生物学的な歴史――プロセスの長い連鎖――を知らねばならない。しかも、この物語の重要な詳細は、何世代も何世代も昔にさかのぼる。あなたの身体の貴重な適応は、数えきれないほどの昔の姿、すなわち狩猟採集民だったときだけでなく、魚だったとき、サルだったとき、類人猿だったとき、アウストラロピテクスだったとき、そしてずっと最近の農耕牧畜民だったときに、その生存と繁殖を助けるために選択されたものなのだ。これらの適応が、あなたの身体が通常どう機能するかを、たとえば消化や、思考や、繁殖や、睡眠や、歩行や、走行などの面から説明するとともに、その機能に制約を加えてもいる。したがって身体の進化の長い歴史を考えることは、なぜ人がうまく適応できていない行動をすると病気になったり怪我をしたりするのかを説明する助けとなるのだ。

そこであらためて、なぜ人間が２型糖尿病になるのかという問題に戻ると、その答えは、この病気を発症させる細胞と遺伝子のメカニズムだけにあるのではない。もっと深いレベルで見ると、糖尿病はますます深刻となっていく問題で、なぜならもともと人間の身体は、現在とはまったく違った条件に見合うように適応したため、現代の食事や運動不足の生活にうまく対応するようには適応できていないのである[16]（これについては野生でない霊長類の身体も同様だが）。過去数百万年の進化がどういう祖先を好んだかといえば、かつては希少だった糖質を含め、とにかくエネルギーの高い食物を欲しがって、余分なカロリーを脂肪として効率よく蓄積できていた祖先だった。そしてもちろん、運動不足と炭酸飲料やらドーナツやらの摂りすぎで、糖尿病になるような機会を持てる祖先はまず皆無だった。ほかの新しい病気や障害に関しても同様で、たとえば動脈硬化や骨粗鬆症や近視の原因となるものに適応するよう強い選択を経験した祖先は、どう考えてもいない。現在、なぜこれほど多くの人間が、かつてはほとんどなかった病気にかかるのかといえば、その根本的な答えは、身体の機能の多くが私たちのもともと進化した環境においては適応的だったが、いまの私たちが作りだしてきた現代環境においては不適応となっているからだ。この考えは、ミスマッチ仮説と呼ばれ、進化生物学を健康と病気の問題に適用した進化医学という新興分野の中核となるものである[17]。

ミスマッチ仮説は、本書の第２部の中心テーマとなるが、どの病気が進化的ミスマッチによって生じたもので、どの病気がそうでないかを見きわめるには、人間の進化を外面的に考えただけでは不十分だ。ミスマッチ仮説を安易に適用すると、人間は狩猟採集民として進化したのだから狩猟採集民の生活様式に最も望ましく適応しているなどという考えが出てきて、しまう。そのような考えを抱いてしまうと、カラハリ砂漠のサン族やアラスカのイヌイットがしていたとされる食生活や行動にもとづいた、浅はかな処方箋を推奨することになる。しかし第一に、狩猟採集民は彼ら自身、必ずしも健康ではないし、きわめて多様性に富んでいる。それはおおむね、生息環境がじつにさまざまだからで、彼らは砂漠にも、熱帯雨林にも、森林にも、北極地方のツンドラにも住んでいる。狩猟採集民の理想的で本質的な単一の生活様式などは存在しないのだ。そしてさらに重要なことに、前述したとおり、自然選択は必ずしも狩猟採集民を（というより、どの生き物でも）健康になるように適応させたわけではない。彼らができるだけ多くの子供を持って、その子供たちがまた無事に成長して繁殖できるように適応させたのである。これまた繰り返しになるが、人間の身体は（狩猟採集民の身体も含めて）パリンプセストのごとく、無数の世代を経るあいだに蓄積され、修正されていった、いくつもの適応の寄せ集めである。私たちの祖先は狩猟採集民となる前に、類人猿によく似た二足動物だったし、その前はサルだったし、さらにその前は小型哺乳類で……と、どんどんさかのぼる。そして時代をくだれば、一部の集団は新しい適応を進化させて農耕牧畜民になっている。つまり、人間の身体が進化した唯一の環境というものはなく、当然ながら適応にも同じことが言えるのだ。したがって、「私たちは何に適応しているのか」という問いに答えるには、狩猟採集民の実際の暮らし方のことを考えるだけでなく、のちに狩猟と採集の進化につながった長い一連の出来事と、その後に農業で食料を得るようになってからの出来事にも、あわせて目を向けなくてはならない。たとえて言うなら、狩猟採集民だけを見て人間の身体が何に適応したかを理解しようとするのは、アメリカンフットボールの最終クォーターだけを見て試合の結果を理解しようとするようなものなのだ。

要するに、人間が何に適応しているか（そして適応していないか）を理解したいなら、人間の身体がどうしてどのように進化したかの物語の表面的な部分だけでなく、さらにその奥を考えてみて損はないということである。あらゆる一族の物語と同様に、私たちの種の進化の歴史も、もちろん知るに値するものだが、わけがわからなくなるほど取り散らかっていて、抜けも多い。人間の祖先の系図を理解しようとすると、『戦争と平和』の登場人物を追いかけていくのが子供の遊びのように思えるほどだ。とはいえ、一世紀以上にわたる綿密な研究のおかげで、私たちの系統がアフリカの森林で類人猿となってから、現生人類として地球のいたるところに住むようになるまでの経緯に関しては、広く認められている一貫した理解ができあがっている。系図（基本的に、誰が誰の子か）の厳密な詳細をさておくと、人間の身体の物語は五つの主要な変化にまとめられる。これらの変化はどれも必然ではない。しかし、それぞれの段階で、新しい適応を足したり古い適応を除いたりして、私たちの祖先の身体に変容をもたらしていったのである。

第一の変化：最初の人間の祖先が類人猿から分岐して、直立した二足動物に進化した。

第二の変化：この最初の祖先の子孫であるアウストラロピテクスが、主食の果実以外のさまざまな食物を採集して食べるための適応を進化させた。

第三の変化：約二〇〇万年前、最古のヒト属のメンバーが、現生人類にかなり近い（完全にではないが）身体と、それまでよりわずかに大きい脳を進化させ、その利点により最初の狩猟採集民となった。

第四の変化：旧人類の狩猟採集民が繁栄し、旧世界のほとんどの地域に拡散するにつれ、さらに大きな脳と、従来より大きくて成長に時間のかかる身体を進化させた。

第五の変化：現生人類が、言語、文化、協力という特殊な能力を進化させ、その利点によって急速に地球全体に拡散し、地球上で唯一生き残ったヒトの種となった。

進化はなぜ現在と未来にとっても重要なのか

ひょっとして、あなたは進化論を過去の学問だと思っていないだろうか？　私はかつてそうだったし、私の辞書でも、進化はこう定義されている――「さまざまな種類の生物が、地球の歴史のあいだにたどってきたと考えられている、過去の形態からの発展や多様化のプロセス」。私はこの定義には満足していない。なぜなら進化は（私ならこれを、時間を経るあいだの変化と定義する）、今現在も起こっている動的なプロセスでもあるからだ。一部の人々の思い込みに反して、人間の身体は旧石器時代が終わったところで進化を止めたわけではない。それどころか、自然選択はいまも容赦なく進んでいて、これからも、次世代まで生き残って繁殖できる子を何人持てるかにわずかでも影響を与える変異が人々のあいだで遺伝していくかぎり、永久に止まることはない。結果として、私たちの身体は何百世代も前の祖先の身体とまったく同じではないし、同じ意味で、私たちの何百世代もあとの子孫の身体も、やはり私たちの身体と違っていることだろう。

加えて、進化というのは生物学的な進化ばかりではない。遺伝子と身体が時間を経るあいだにどのように変わるかはとてつもなく重要なことだが、それとは別に捉えなくてはならないもう一つの重大な力が、文化的な進化である。これはいまや、地球上で最も強力に変化を生み出す原動力であり、私たちの身体を急激に変化させている力でもある。文化は本質的に学習されるものであり、そうやって文化は進化する。ただし、文化的進化と生物学的進化の決定的な違いは、文化は偶然によって変わるだけでなく、意図によっても変わるものであり、したがって親に限らず、誰でもその変化の源《みなもと》になりうるということだ。そのため、文化は息をのむほどの速さと規模で進化することがある。人間の文化的進化は何百万年も前に始まったが、現生人類が最初に進化した二〇万年前ごろから劇的に加速し、いまや、めまいがするほどのスピードに達している。この数百世代を振り返ってみれば、二つの文化的変化が人間の身体に決定的に重要な影響を及ぼしており、これを上記の進化的変化のリストに加えないわけにはいかないだろう。

第六の変化：農業革命。狩猟と採集に代わって農業が人々の食料調達手段となった。

第七の変化：産業革命。人間の手仕事に代わって機械が使われるようになった。

この最後の二つの変化は、新しい種を生みはしなかったが、これが人間の身体の物語にとっていかに重要だったかは、いくら誇張してもしすぎることはない。これは私たちの食べるもの、眠り方、体温調節、人間関係、さらに排便のしかたまでをも、徹底的に変化させたのだ。この二つをはじめとする私たちの身のまわりの環境の変化は、いくつかの自然選択を促してもきたが、大部分においては私たちが祖先から受け継いだ身体との、まだ完全には測りきれていない相互作用を果たしてきた。それらの相互作用のなかには、私たちにより多くの子供を持たせるといった、明らかに利益となるものもあったが、その反面、有害なものもあった。その筆頭が、感染や栄養不良や運動不足によって引き起こされる、たくさんの新しいミスマッチ病である。この数世代のあいだに、私たちはそれらの病気の多くに関して、根絶したり緩和したりする方法を見つけてきたが、それ以外の慢性的な非感染性のミスマッチ病——その多くは肥満と関連している——は、いまや急速に有病率と重症度を高めている。つまり人間の身体の進化は、急速な文化的変化のおかげで、どう考えてもまったく終わってはいないのである。

したがって私としては、こと人間に適用する場合、ドブジャンスキーの「進化の光を当てなければ生物学において意味をなすものは何もない」というすばらしい発言は、自然選択による進化だけでなく、文化的進化にも当てはまるのだと主張したい。さらに踏み込んで言うならば、いまや文化的進化は人間の身体に加えられる進化的変化作用のなかでも主要なものなのだから、その文化的進化と、私たちの受け継いだ、いまも進化中の身体との相互作用を考えることで、どうして慢性的な非感染性のミスマッチ病にかかる人が増えているのか、そうした病気をどうやって予防したらいいのかが、もっとよく理解できるようになるだろう。それらの相互作用は、ときに、次のような不幸な流れを発動させることがある。まず、私たちが文化を通じて築いた新しい環境に私たちの身体がうまく適応していないことにより、非感染性のミスマッチ病が生じる。次いで、さまざまな理由から、それらのミスマッチ病の予防が失敗する。場合によっては、病気の原因が十分にわかっていないために予防できないこともある。しかしたいていの場合、予防の努力が失敗するのは、ミスマッチの原因である新しい環境要因を変えるのが難しい、もしくは不可能であるからだ。あるいは対症療法が効きすぎて、原因をついそのままにしてしまうため、ミスマッチ病を促進してしまうことすらある。いずれにしても、ミスマッチ病の原因である新しい環境要因にきちんと対処していないせいで、病気がいつまでたっても予防されず、ときにはもっと広まって深刻になるという悪循環が生じてしまうのだ。このフィードバックループは生物学的進化の一形態ではない。なぜならミスマッチ病が私たちの子供に直接伝えられることはないからである。むしろこれは、文化的進化の一形態だ。なぜなら病気の原因である環境や行動は、たしかに子供たちに受け継がれるからである。

だが、あまり先走りするのはよくない。これは人間の身体の物語だ。生物学的進化と文化的進化の相互作用について考える前に、まずは、進化の歴史の長い軌跡について考えておく必要があるだろう。私たちは文化を築くための能力をどのように進化させたのか、そして人間の身体は本当のところ何に適応しているのか。それを探るには、時計の針を六〇〇万年ほど前に戻さなくてはならない。では、その時代のアフリカのどこかの森に出かけてみよう……。

第1部　サルとヒト

第2章　直立する類人猿
私たちはいかにして二足歩行者となったか

あなたのほうが私より手を出すのが速いから、喧嘩には強いけど、
私のほうがあなたより脚が長いから、逃げるのは速いわ。

――シェイクスピア『夏の夜の夢』

森はいつものように静まり返っている。葉のこすれあう音、虫たちが飛びまわる音、そして、まれに鳥のさえずりがくぐもって聞こえてくるばかりだ。いきなり、その静寂を破って三匹のチンパンジーが高い木の上にあらわれ、瞬時にして修羅場が始まる。三匹は毛を逆立て、荒々しい叫びをあげて、枝から枝へとみごとに飛び移りながら、猛スピードで小さなコロブス属のサルの群れを追いかけていく。一分もしないうちに、年長の経験豊かなチンパンジーが前方へ堂々たる跳躍を決め、そこへ逃げ込んできた恐怖に引きつる一匹のサルを即座に捕まえて、その脳天を木に叩きつける。狩りは、始まりと同じくらい突然に終了する。勝

者は獲物を細かく引き裂き、肉を貪りはじめる。ほかのチンパンジーは興奮して「フーホー」と大声をあげる。だが、これは人間にとってはかなり衝撃的な光景だろう。チンパンジーの狩りに心が掻き乱されるのは、それがあまりに暴力的だからというだけでなく、私たちはとかくチンパンジーを、穏やかで知的な近縁だと思いたがるものだからだ。たしかにチンパンジーは、私たちの良いところだけを映した鏡のように見えるときもある。しかし狩りをしているときの彼らの肉への渇望、暴力性、さらにチームワークや戦略を殺戮に利用するそのやり方には、人類の暗い性向が反映されている。

狩りの光景は、人間とチンパンジーの身体の根本的な差異を浮き彫りにもする。柔毛《じゅうもう》（にこ毛）、突き出た鼻口部、四足歩行といった明らかな解剖学的違いはさておき、チンパンジーの驚異的な狩猟能力は、運動能力に関して、人間が多くの点でいかにお粗末であるかを際立たせている。人間はほぼ例外なく武器を使って狩りをする。それは、速さ、強さ、すばしこさに関してチンパンジーにかなう人間は（とくに樹上では）この世に一人もいないはずだからだ。いくらターザンのようになりたいと思っても、私は木登りが下手だし、どんな木登りの達人でも、昇り降りには慎重を期し、細心の注意を払わなくてはならないだろう。梯子《はしご》を登るようにするすると木の幹を駆けあがったり、不安定な枝から枝へ飛び移ったり、逃げているサルを空中で捕らえて大枝や小枝に難なく着地したりといった能力は、最も高度な訓練を積んだ人間の体操選手の技量をはるかに超えている。チンパンジーの狩りの光景は見るも恐ろしいものだが、人間と遺伝子コードの九八パーセント以上を共有する彼らの人間離れしたアクロバティックな能力には、やはり感嘆せずにいられない。

人間の運動能力は、地上においてもかなりお粗末だ。世界最速のランナーは時速約三七キロメートルでダッシュできるが、そのペースは三〇秒も続かない。大多数の鈍足な人からすると、こうしたスピードは超人的に思える。しかしチンパンジーであろうとヤギであろうと、多くの哺乳類は、その倍のスピードで何分間も軽々と走れる。コーチの助けも、何年間ものハードなトレーニングも必要ない。私はリスにも勝てないのである。走っているときの人間は、ぶざまで不安定で、急に向きを変えることもできない。ほんの少し地面が出っ張っていたり、軽く押されたりしただけで転倒してしまう。おまけに人間は力も弱い。チンパンジーのオスの成体は、ほとんどの人間の男性よりも体重が一五キロから二〇キロぐらい軽いが、チンパンジーの力の強さを計測しようとした実験によれば、標準的なチンパンジーでも、最も屈強な人間のアスリートの二倍以上の筋力を発揮できるという(1)。

人間が何に適応しているのかを問うために、人間の身体の物語をひもといていくにあたって、まずはこの重要な疑問から始めたい――人間はどうしてこんなにも樹上生活に適応していない、しかも脆弱《ぜいじゃく》で、のろまで、ぎこちないものになったのか？

その答えの発端は、人間が立ち上がったことにある。おそらくこれが、人類の進化における最初の大きな変化だったと思われる。人類の系統に他の類人猿とは別の進化の道を進ませるきっかけとなった最初の決定的な適応が一つでもあるとするなら、それはおそらく二足歩行、すなわち二つの足で立って歩く能力だろう。ダーウィンは、いつもながらの先見性を発揮して、一八七一年に最初にこの考えを提示した。化石記録がまったくなかったにもかかわらず、推論の力によって人類の最古の祖先が類人猿から進化したことを推測したのだ。つまり直立するようになることで、人類は手を移動から解放した。自由になった手は、道具を作り、使うことができるようになった。それがやがて、より大きな脳や、言語や、その他さまざまな人間独自の特徴の進化を後押しした、というのである。

人間だけが二足歩行者になった。人間がどうしてそのような、人間の最も際立った特徴の一つをなす直立姿勢をとるにいたったかは、ある程度まで察しがつけられると思う。人間の手は、意志にしたがって動くようにみごとに適応した。そのように手を使えるようにならなかったら、人間がいまのような世界の支配者の地位に着くことはなかっただろう……しかし、もし手と腕がつねに移動のためや全体重を支えるために使われつづけていたなら、もしくは前述の通り、木登りをすることにしか向いていなかったならば、武器を製造したり、投げた石や槍を的に命中させたりできるほど完璧にはならなかっただろう……足だけでしっかりと立って手と腕を解放するのが人間にとって有利だったことは、人間が生存闘争においてみごとな成功を収めていることから疑いなく、そうであれば、直立と二足歩行をもっと推進することが人間の祖先にとって有利でなかったはずがない。彼らはそうしてますます上手に、石や棍棒《こんぼう》で身を守ったり、獲物を攻撃したり、食料を獲得したりするようになっていったのだろう。そして長期的には、最も体格のよ

い個体が最も成功を収め、そうでない個体より数多く生き残ることができたのだろう。(2)

それから一世紀半が経った現在、ダーウィンがおそらく正しかったことを示す証拠は十分にある。一連の偶然の状況が——多くは気候変動をきっかけとして——奇しくも重なったおかげで、人類の系統の最古の（と現時点では思われる）メンバーが二足歩行のためのいくつかの適応を果たし、それによって類人猿よりも楽々と、頻繁に二本の脚だけで立って歩けるようになった。今日、私たちは普通に二足歩行をすることにすっかり適応しているため、自分たちの立ち方、歩き方、走り方が異例であることを、ほとんど考えようともしない。しかし周囲を見渡せば、鳥以外に（および、もしあなたがオーストラリア在住ならカンガルーも含めて）、二本の脚だけでよろよろ歩いたり、ぴょんぴょん跳ねたりしている生き物がどれだけいるだろう。この数百万年のあいだに人間の身体に生じた大きな変化のなかでも、おそらくこの適応変化は——その有利な点においてだけでなく不利な点においても——最も重大な変化の一つである。よって、人類の初期の祖先たちが直立状態にどう適応していったのかを知ることが、人体の旅を物語る重要な出発点となる。最初の一歩として、まずは人間と類人猿が共有した最後の祖先から、それらの原始的な祖先を見ていこう。

つかまえにくいミッシング・リンク

ヴィクトリア時代に誕生した「ミッシング・リンク」という言葉はしばしば誤用されるが、一般には、生命史において鍵となる過渡的な種のことを指す。多くの化石にむやみやたらとミッシング・リンクのラベルが貼られているが、人類の進化の歴史には本当の意味でのミッシング・リンク、すなわち進化史のとくに土台となる種でありながら、記録のなかで完全に失われている未発見の種が一つある。それが、人類と類人猿の最終共通祖先（last common ancestor：LCA）だ。じつにもどかしいことに、この重要な種については、いまのところ何もわかっていない。チンパンジーやゴリラと同様に、LCAも十中八九、ダーウィンの推測どおりにアフリカの熱帯雨林に生息していたと思われる。ところがそこは、骨の保存、ひいては化石記録の生成にまったく不向きな環境なのだ。林床に落ちた骨は、たちまち腐敗して風化する。そのため、チンパンジーやゴリラの系統に関して情報を提供してくれる化石遺物はほとんどなく、LCAの化石遺物が発見される可能性もきわめて低い[3]。

証拠の不在は不在の証拠ではないが、そのためにおびただしい憶測が導かれたのは間違いない。LCAが属している系図の一部の化石が不足しているために、このつかまえにくいミッシング・リンクについての無数の推測と議論が起こってきた。それでも、LCAがいつ、どこに生息していたのか、そしてどのようなものであったかは、人類の系統樹について現在わかっていることと考えあわせながら人類と類人猿の類似点と相違点を注意深く比較することによって、ある程度の妥当な推測はできる。その系統樹を示したのが図1で、これを見ると、アフリカ類人猿には三つの生存種が存在し、そのなかで人類はゴリラよりも、チンパンジー属の二つの種（チンパンジーとボノボ）に近いことがわかる。膨大な遺伝子データにもとづいて作成された図1は、人類とチンパンジーの系統がおよそ八〇〇万年前から五〇〇万年前に分岐したことも示している（正確な時期についてはいまも議論が続いているが）。厳密に言うと、人類というのは分類学的には「ヒト亜族」といって、類人猿の系統のなかの部分集合であり、チンパンジーなどの類人猿よりも現在生きている人間に近いすべての種と定義される。[4]

私たちが進化上でチンパンジーととくに近い類縁関係にあるという事実は、この系統樹の解明に必要な分子レベルの証拠が入手できるようになった一九八〇年代に、科学者に驚きをもって迎えられた。それまでほとんどの専門家は、チンパンジーとゴリラが外見上よく似ているので、人間よりも互いに近縁にあると考えていたのだ。しかし直感に反して、ゴリラではなく私たちがチンパンジーの進化上のいとこであったという事実は、LCAの再構築に貴重な手がかりを提供する。というのも、たとえ人類とチンパンジーだけが共有するLCAがいるとしても、チンパンジーとボノボとゴリラは人間に対して以上に互いに対してとてもよく似ているからだ。ゴリラの体重はチンパンジーの二倍から四倍だが、仮にチンパンジーをゴリラと同じ体格になるまで育てたら、ゴリラと似たようなものが（まったく同じではないにせよ）できるだろう。[5]同様に、成熟したボノボは若いチンパンジーと似たような体格で、行動まで似ている。[6]さらに、ゴリラとチンパンジーはともに丸めた指の真ん中の関節で前肢

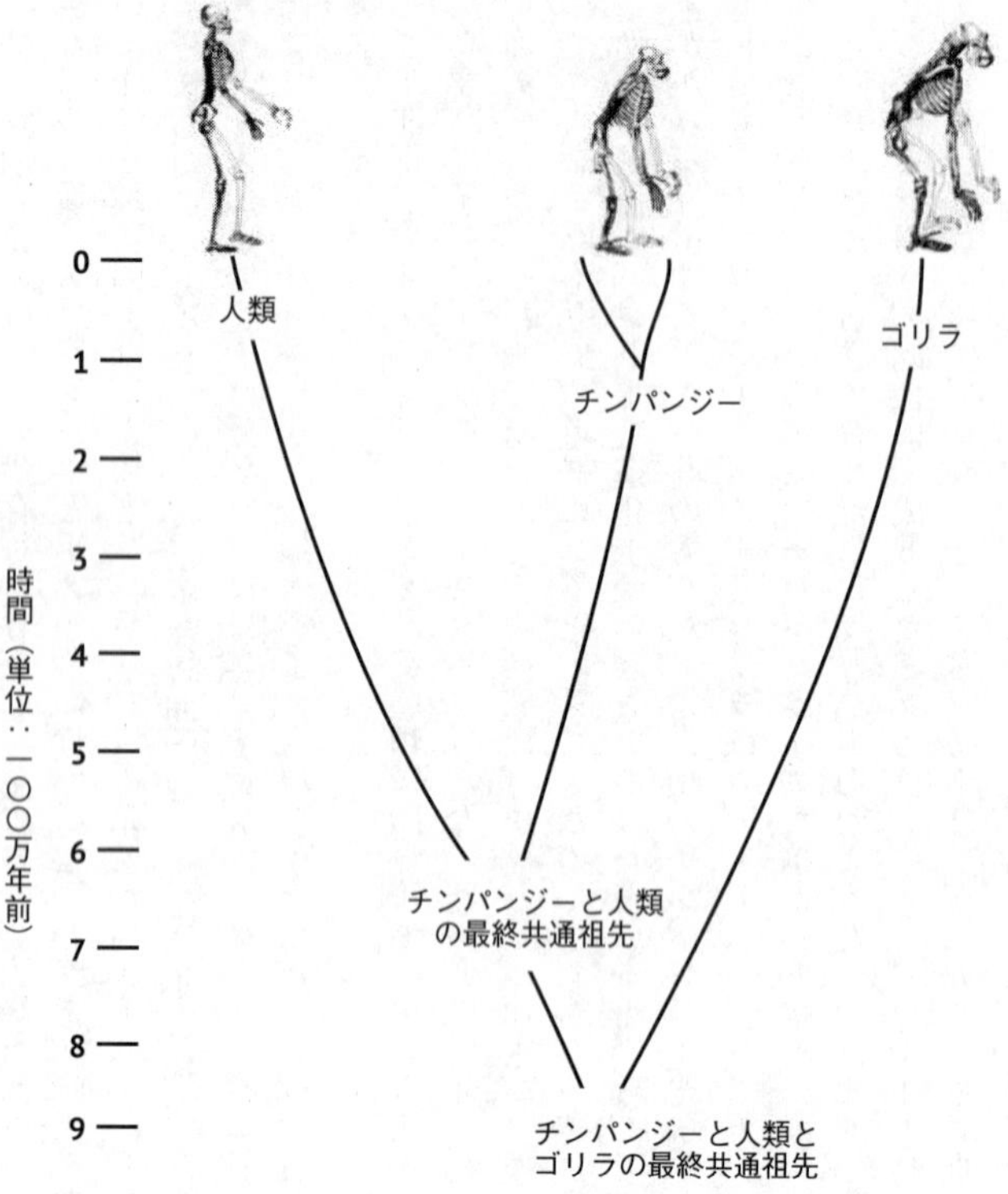

図１　人類とチンパンジーとゴリラの系統樹。チンパンジーは２つの種（チンパンジーとボノボ）に分かれている。専門家によっては、ゴリラを複数の種に分ける見方もある。

を支える「ナックル歩行」という奇妙な体勢で歩いたり走ったりする。したがって、アフリカ大型類人猿のさまざまな種に見られる多くの類似点がそれぞれ別個に進化したのでないかぎり（それはほぼありえない）、チンパンジーとゴリラのLCAは、チンパンジーかゴリラに似た解剖学的構造をしていたに違いない。同じ論理で、チンパンジーと人類のLCAも、解剖学的に多くの点でチンパンジーかゴリラに似ていたと考えられる。

乱暴な言い方をすれば、チンパンジーやゴリラを見ているとき、私たちは数十万世代をさかのぼる、はるか遠い祖先——きわめて重要な失われた種——にどこか似た動物を見ているのかもしれない。ただし、直接的な化石証拠がない以上、この仮説を決定的に検証するのは不可能であり、議論の余地がたっぷりと残されていることは強調しておかなくてはならない。たとえば一部の古人類学者の考えによると、人間が直立して歩く様子は、類縁関係の比較的遠い類人猿であるテナガザルが木の枝にぶら下がったり、枝から枝へと渡り歩いたりする様子によく似ているという。実際、チンパンジーとゴリラが最も近いいとこだと考えられていた一〇〇年以上ものあいだ、むしろ多くの学者は、人類がテナガザルに似た未知の種から進化したと推論していたのだ。(7) また、少数ながら古人類学者のなかには、LCAは木の枝の上を歩いたり、四肢を使って木に登ったりするサルのような生物ではなかったかと考える人もいる。(8) こうした見方も否定はできないのだが、やはり証拠を突き合わせてみると、人類の系統の最初の種は、現在のチンパンジーやゴリラと大差ない祖先から進化したのではないかと思われる。じつは、最初の人類がなぜ、どのようにして直立するように進化したと見られるかを理解するうえで、この推理は大きな意味を持つ。幸い、いまもって正体のわからないLCAと違って、この非常に古い祖先の具体的な証拠は得られている。

最初の人類は誰か

私が学生だったころ、人類の進化の最初の数百万年に何が起こったかを記録する有用な化石は見つかっていなかった。データがないので、多くの専門家は、およそ三〇〇万年前に生存していたルーシーのような当時としては最古の化石を、もっと古い時代の、正体不明の人類（ヒト亜族）の手頃な代役に（ときに軽率に）立てるしかなかった。しかし一九九〇年代半ば以降、幸いにして、人類の系統の最初の数百万年のあいだに残された化石が次々と発見された。これらの原始的な人類には、発音しにくい難解な名前がつけられたが、ともあれそれらのおかげで、LCAがどのようなものであったかについての従来の見方は再考を迫られることとなった。しかも重要なことに、これらの化石は、最初の人類をそれ以外の類人猿と異なるものにした二足歩行やその他の特徴の起源について、多くのことを明かしていたのである。現在のところ、最初期の人類として四つの種が発見されている（そのうちの二つの種を示したのが図2だ）。これらの種がどのようなものであったか、何に適応していたか、そして人類の進化のその後の出来事にどう関係していたかを論じる前に、まずは彼らが何者で

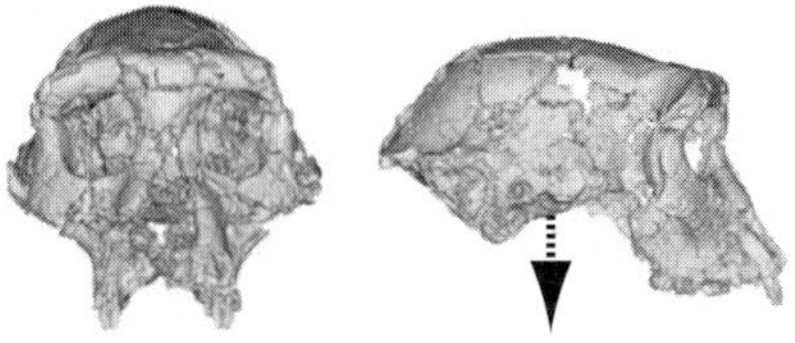

サヘラントロプス・チャデンシス

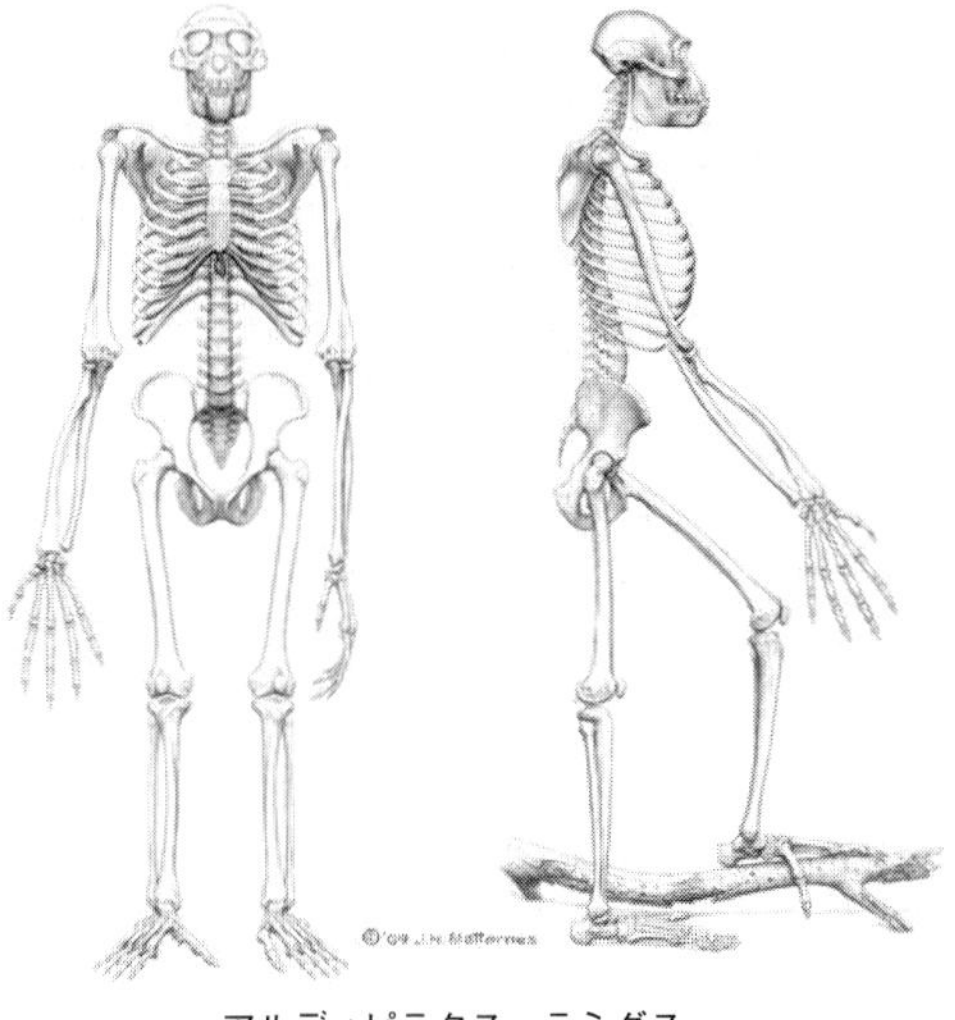

アルディピテクス・ラミダス

図2　初期人類の2つの種。上：サヘラントロプス・チャデンシスの頭蓋（愛称トゥーマイ）。下：アルディピテクス・ラミダス（愛称アルディ）の復元図。トゥーマイの大後頭孔の角度は、頸上部が垂直になっていたことを示唆している。これは二足歩行の明らかなしるしだ。アルディピテクスの断片的な骨をもとにした復元図は、アルディが木登りだけでなく二足歩行にも適応していたことを示唆する。Image of *Sahelanthropus* courtesy of Michel Brunet; drawing of *Ardipithecus* copyright © 2009 Jay Matternes.

あったか、どこから来たのかについて、いくつかの基本的な事実を確認しておこう。

現時点で最古と見なされている人類の種は、サヘラントロプス・チャデンシスといって、ミシェル・ブリュネ率いる勇敢なフランスチームによって二〇〇一年にチャドで発見された。サヘラントロプスの化石を発掘するには、何年にも及ぶ、非常に骨の折れる、危険なフィールドワークが必要だった。なにしろこれが埋まっていたのは、サハラ砂漠南部の砂の下なのである。今日でこそ、この一帯は不毛で、とても動物が棲めるようなところではない苛酷な土地だが、数百万年前は鬱蒼とした森林が散在していて、近くに巨大な湖もあった。サヘラントロプスといえば、図2に描かれている、一個のほぼ完全な頭蓋骨が残っていることで知られる（この骨には、発見されたチャドの現地語で「生命の希望」を意味するトゥーマイという愛称がつけられている）。ほかにも何本かの歯、顎の断片、その他いくつかの骨が発見されている。[9] ブリュネらの研究によると、サヘラントロプスが生きていた時期は少なくとも六〇〇万年前で、ひょっとすると七二〇万年前までさかのぼるかもしれない。[10]

もう一つの初期人類の種と考えられているのが、ケニアで出土した、約六〇〇万年前のオロリン・トゥゲネンシスだ。[11] 残念ながら、この謎の種については、顎骨の破片が一個、歯が数本、四肢の断片的な化石骨がいくつかという程度の、わずかな化石片しか発見されていない。研究すべき対象が少なすぎるうえに、発見済みの化石もまだ完全には分析されていないため、オロリンについてはいまだほとんどわかっていない状況だ。

初期人類の化石の最大の宝庫は、カリフォルニア大学バークレー校のティム・ホワイトらが率いる国際共同研究チームによって、エチオピアで発見された。これらの化石は、サヘラントロプス属ともオロリン属とも異なる、アルディピテクス属に分類される二つの種のものだとされている。古いほうの種であるアルディピテクス・カダッバは、五八〇万年前から五二〇万年前に生息していた種だが、これまでのところ、一握りの骨と歯しか見つかっていない[12]。新しいほうのアルディピテクス・ラミダスは、四五〇万年前から四三〇万年前の種で、はるかに多くの化石が発見されている。代表的なのが、図2に示した通称「アルディ」という女性の驚くほどよく残った全身骨格だ[13]。ラミダスに関しては、ほかの十数体の個体からも無数の断片（ほとんどは歯）が残されている。アルディの骨格が研究者からの熱い注目を浴びているのは、これこそが、アルディをはじめとする初期人類がどのように立ち、歩き、木に登っていたかを解明する、胸躍る希少な機会を与えているからだ。

アルディピテクス、サヘラントロプス、オロリンの化石は、全部あわせても一つの買い物袋に収まってしまうほどしかない。それでも、これらの化石は私たちがLCAと分岐してからの最初の数百万年間、つまり人類の進化の最初期の様相を具体的にうかがわせてくれる。たとえば一つわかったことは、これらの初期人類が総じて類人猿と似ているという、当たり前のような発見である。私たちがアフリカ大型類人猿と近縁であることから予想されるように、初期の人類はチンパンジーやゴリラと多くの類似点を持っている。歯や、頭蓋骨や、顎の細部はもとより、腕、脚、手、足についても同様である[14]。たとえば彼らの頭蓋骨には、チンパンジーの脳のサイズと大差ない、小さな脳が収まっている。眼窩《がんか》上隆起（眉弓《びきゅう》）がかかなり出っ張っていて、前歯は大きく、顔面は長く前方に突き出ている。アルディの足、腕、手、脚の多くの特徴は、アフリカ類人猿、とくにチンパンジーと似てもいる。実際、これらの古い種はあまりにも類人猿に似すぎていて、本当に人類であるのか疑わしいと考える専門家もいるほどだ(15)。しかし私としては、やはり彼らは正真正銘の人類だと思う。理由はいくつかあるが、最大の理由は、彼らが二本の脚で直立して歩くのに適応したしるしを持っていることだ。

最初の人類に立ち上がってもらうには

人間は自己中心的な生き物なので、自分たちの典型的な特徴のことを特別なものだと思いがちだが、実際にはそうでなく、単に変わっているだけだったりもする。二足歩行もその一例だ。私も多くの親と同じように、娘が初めて輝かしい一歩を踏み出したときのことをよく覚えている。それまでうちの飼い犬と大差ないように見えていた娘が、俄然《がぜん》、人間らしく思えたものだ。一般に、直立歩行はとりわけ難しい、なかなかできないことのように（とくに親馬鹿な人々のあいだでは）思われているが、おそらくそれは、人間の子供が上手に歩けるようになるまで何年もかかることと、常習的に二足歩行をする動物が人間のほかにほとんどいないことから来ているのだろう。しかし実際、子供が一歳ぐらいになるまでよちよち歩きもできず、さらにもう数年が経たないと、ぎこちなく歩いたり走ったりすることさえできないのには、神経筋の機能の多くが成熟にかなりの時間を要するという事情もある。[16] 大きな脳を持った人間の子供は、まともに歩けるようになるのに何年もかかるが、同様に、片言でない言葉を話すのにも、排便をコントロールするのにも、巧みに道具を操作できるようになるのにも、やはり何年もの時間がかかるのだ。さらに、常習的に二足歩行をする動物は珍しいかもしれないが、たまに二足歩行をする動物なら普通にいる。類人猿はときどき二本の脚で立ち上がって歩くし、ほかの多くの哺乳類も同様だ（うちの犬だってやる）。ただし、人間の二足歩行は、類人猿の二足歩行とは一つ重要な点で違っている。私たちは常習的に、きわめて効率的に、立って歩く。そしてそれは、四足歩行の能力を捨てたからなのだ。チンパンジーなどの類人猿が直立して歩くときは、決まってぎこちなくよろよろしていて、エネルギー面でも効率の悪い歩き方をする。なぜなら類人猿には、図3に示したいくつかの重要な適応が欠けているからで、私やあなたはこの適応のおかげで快調に歩くことができるのだ。そして最初の人類の何がわくわくするかといって、じつは彼らにも、この適応のいくつかが見られるのである。ということは、彼らもまた、ある程度の直立歩行をしていたと考えられる。とはいえ、アルディがおおむねこれらの初期人類を代表しているとすれば、彼らはまだ木登りをするのに有益な古い特徴を数多く備えてもいた。アルディをはじめとする初期人類が木登りをしていないときにどのように歩いていたか、正確に復元するにはいましばらく時間がかかりそうだが、とりあえず間違いなく言えるのは、彼らの歩き方は私やあなたの歩き方と

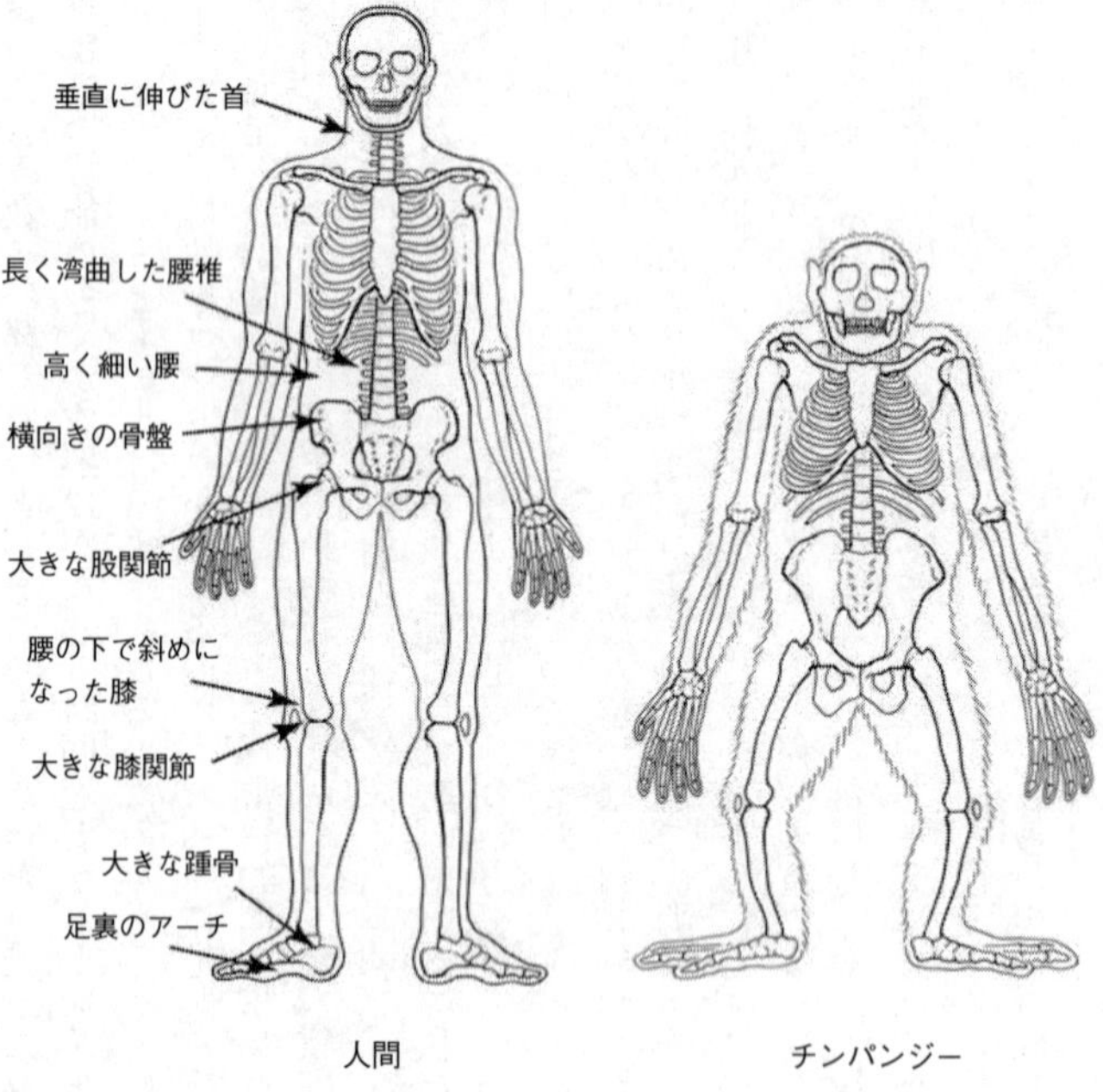

図３　人間とチンパンジーの骨格比較。人間においては直立歩行のためのいくつかの適応がくっきりとあらわれている。図の出典は以下。D. M. Bramble and D. E. Lieberman(2004). Endurance running and the evolution of *Homo*. *Nature* 432: 345-52.

はまったく違い、むしろ類人猿にずっと近かったということだ。そうした初期の二足歩行は、おそらく直立移動の前駆的なかたちとして、のちの時代の、より現代的な歩き方への移行をお膳立てした決定的なものである。そしてそれを可能にしたのが、今日の私たちの身体にいまも残っているいくつかの適応なのである。

その適応の第一が、腰の形状だ。直立して歩いているチンパンジーを見ると、両脚が大きく開きっぱなしになっていて、ふらふらした酔っぱらいのように上体が左右に揺れているのがわかるだろう。対照的に、しらふの人間は、揺れがほとんど目につかないほど上体が安定している。つまり人間はエネルギーの大半を、上半身の安定のためでなく前進のために使えるのだ。人間がチンパンジーよりも安定した足取りがとれるのは、骨盤の形状に生じた単純な変化によるところが大きい。図3に示してあるように、骨盤の上部を形成する大きな幅広の骨（腸骨）は、類人猿では上下に長く、後ろを向いているが、人間においては短く、横を向いている。この横向きが、二足歩行にとって非常に重要な適応となっている。というのは、それによって歩行中に一本の脚だけで地面に立ったときの上体の傾きを、腰の脇の筋肉（小臀筋《しょうでんきん》）で安定させられるようになるからだ。この適応は、あなたも自ら実証できる。胴体をまっすぐにしたまま一本脚でできるだけ長く立っていよう（さあ、お試しあれ！）。一分か二分もすると、小臀筋が疲れてくるのを感じるだろう。チンパンジーは、こんなふうに立ったり歩いたりすることはできない。腸骨が後ろ向きになっているために、小臀筋が脚を後ろに伸ばさせることしかできないからだ。チンパンジーが片脚だけで着地しているときに横に転ばないようにするには、地面に着いた脚の側へ大きく上体を傾けるしかない。だが、アルディは違う。アルディの骨盤はひどく歪んでいたため、大々的に修復しなければならなかったが、その腸骨は人間とそっくりに、短く、横向きになっていたものと思われる(17)。またオロリンの大腿骨も、股関節がとくに大きく、頸部《けいぶ》が長く、骨幹上部が幅広い。これらの特徴から察するに、オロリンの腰の筋肉も、歩行中の胴体を効果的に安定させるとともに、歩行によって生じる左右への傾きの力をしっかり受け止めることができていただろう(18)。こうした特徴を持っていた最初の人類が、歩くときに左右に大きくよろめいていたはずがない。

二足歩行者となるためのもう一つの重要な適応は、S字型の脊椎（背骨）である。類人猿の脊椎は、ほかの四足動物のようにゆるやかに湾曲している（前側がわずかにへこんでいる）。そのため直立すると、胴体が自然に前かがみになる。結果として、類人猿の胴体は腰の前方に不安定に突き出ることになる。一方、人間の背骨には二つの湾曲がある。腰の部分にあたる下側の湾曲ができるのは、腰椎の数が多いから（類人猿の腰椎が通常三椎から四椎であるのに対し、人間の腰椎は五椎ある）、そしてそのいくつかが、上面と下面が平行でない楔形《くさびがた》をしているからだ。楔形の石を使えば橋のようなアーチ形の構造が建築できるように、脊椎骨が楔形になっていると脊椎の下部が骨盤の上で内側に湾曲できるため、その湾曲によって胴体が腰の上に安定して乗ることができる。そして人間の場合、脊椎の上部に、胸椎と頸椎によるもう一つのゆるやかな湾曲がある。そのため頸上部が頭蓋から後ろ向きに伸びるのではなく、下向きに伸びることになる。いまのところ、初期人類の腰椎はまだ一つも見つかっていないが、アルディの骨盤の形状から察するに、初期人類は長い腰部を持っていたのではないかと思われる。(19)二足歩行に適応したS字型の脊椎をうかがわせるさらに強力な手がかりが、サヘラントロプスの頭蓋骨の形状だ。チンパンジーや、ほかの類人猿の首は、頭蓋骨の背面近くからほぼ水平の角度で伸びているが、完全に近いかたちで残っているトゥーマイの頭骨を見ると、図2に描かれているように、その頸上部は直立時や歩行時に、ほぼ垂直に伸びていたものと確信できる。(20)そのような形態は、トゥーマイの脊椎が腰椎のあたりか頸椎のあたり、あるいはその両方で内側に湾曲していなければありえないものだ。

初期人類にあらわれている直立移動のためのさらに決定的な適応は、身体のもう一方の端、すなわち足にある。人間は歩くとき、通常かかとから着地して、足裏の残りの部分が地面と接触するときに土踏まず（アーチ）をこわばらせる。それによって、おもに足の親指を使って踏み出すときに、身体を浮き上がらせてから前に進ませることが可能になる。人間の土踏まずの形状は、足の骨の形状と、多数の靭帯《じんたい》と筋肉によってつくられる。靭帯と筋肉は、吊り橋のケーブルのように足の骨をあるべき位置にしっかり固定しつつ、かかとが地面から離れると同時に（さまざまな程度で）ぴんと張り詰める。さらに人間の場合、足指と残りの部分とを結ぶ関節の表面が大きく丸まって、やや上向きになっている。そのおかげで蹴り出すときに、足指を極端なまでの角度で（過伸展《かしんてん》のように）曲げることができる。チンパンジーなどの類人猿の足には土踏まずがないため、こわばった足裏をばねのようにして蹴り出すことができない。また、足指も人間のようには大きく伸ばせない。

そこでアルディの足だが（および、同じくアルディピテクスと見られる、もっと若い個体の足の骨片に関しても）、なんと足裏の中央がややこわばっていた痕跡があるうえに、足指の関節は地面を蹴るときに上向きに曲がれるようになっている。[21] これらの特徴は、アルディが直立して歩くときに、チンパンジーのようにではなく人間のように、有効な推進力を生み出せる足を持っていたことを示唆するものだ。

こうしてざっと挙げてきたような、最初の人類の二足歩行を裏づける証拠はぞくりとするほど刺激的だが、数が乏しいのもたしかである。これらの種がどのように立ち、歩き、走っていたかについては不明な点がたくさんある。なにしろアルディの骨格は欠けている部分も多々あるし、サヘラントロプスやオロリンの骨格にいたっては、ほとんど何もわかっていないのだ。とはいえ、これらの大昔の種が、あなたや私とはかなり違った立ち方、歩き方をしていたことは確実で、それを示す証拠は十分にある。彼らには、木登りをするための古い適応が無数に残っているのだ。たとえばアルディの足は、木の枝や幹を巧みにつかめるように、筋肉が非常に発達しており、親指が他の指と対向している。親指以外の足指は長くてかなり曲がっているし、足首は少し内側に傾いている。こうした木登りに役立つ特徴のため、アルディの足の機能のしかたは、現代の足とはずいぶん違っていただろう。おそらくアルディは歩くとき、体重を人間のように内側に巻き込む（回内《かいない》する）のではなく、どちらかというとチンパンジーのように、足の外側に預けていたはずだ。[22] また、アルディは脚が短くもあったから、足の外側に体重を預けて歩いていたのなら、いまの人間よりかなり両脚を開いて、膝もやや曲げて歩いていただろう。そしてお察しのとおり、アルディの木登り能力を示す証拠は上半身にもたくさんあって、前腕は筋肉たくましく、手には長い曲がった指がついていた。[23]

　細部をひととおり見てきたところで、あらためて最初の人類の全体像を捉えてみると、彼らは地上にいるときは確実に四足歩行をしておらず、木に登っていないときは立ち上がって直立歩行をする、ときおりの二足歩行者だった。ただし、その歩き方は明らかに人間とは違っていて、人間のように効率よく大股で歩くことはできなかったが、おそらくチンパンジーやゴリラよりは効率的な、安定した直立歩行ができていただろう。とはいえ、これら大昔の祖先は木登りの達人でもあって、かなりの時間を樹上で過ごしていたものと思われる。もし彼らが木登りをするところを目撃できたなら、大きな枝を駆け上がり、細い枝から枝へと飛び移る能力に、私たちはきっと驚嘆するだろう。だが、そんな彼らでも、チンパンジーほどには俊敏でなかったかもしれない。もし彼らが歩いているところを目撃できたなら、内股気味に傾いた長い足の側面に体重をかけながら、狭い歩幅でちょこちょこと歩くその足取りを、私たちはいささか奇妙に思うことだろう。直立したチンパンジーのように（あるいは酔っぱらった人間のように）二本の脚で危なっかしく歩く姿を想像しそうになるが、そんなはずはない。おそらく彼らは、歩くのも木に登るのも達者だったのではないか。ただし、その歩き方や登り方は、今日生存しているどの生き物とも明らかに違っていただろう。

食事の差

動物が動きまわるのには多くの理由がある。捕食者から逃れるため、捕食者と戦うため、というのもその一つだろう。しかし歩いたり走ったりする最大の理由は、飯にありつくためである。したがって、二足歩行が進化することになった理由を考察する前に、最初の人類をほかの種と区別する、食事に関連した別の一連の特徴を明らかにしておこう。

だいたいにおいて、トゥーマイやアルディのような最初期の人類は、類人猿と同じような顔と歯を持っている。これは彼らが類人猿と同様に、熟した果実を主とした食事をしていたことを示唆する。たとえば彼らの前歯は幅が広く、へらのような形状をしている。これはリンゴにかぶりつくときのように、果物に前歯を食い込ませるのにぴったりの形状だ。また、臼歯《きゅうし》は咬頭《こうとう》が低く、繊維の多い果実の果肉をすりつぶすにはうってつけの形状だ。とはいえ、こうした果実に加え、もっと質の低い食物も食べるとなった場合、人類の系統の初期の祖先のほうがチンパンジーよりもわずかに適応していたことを示す証拠がいくつかある。まず、彼らの臼歯はチンパンジーやゴリラといった類人猿の臼歯より、やや大きくてがっしりしている[24]。臼歯が大きくてがっしりしているほど、植物の茎や葉のような固くて歯ごたえのある食物でも、より上手に嚙み砕くことができただろう。次に、アルディやトゥーマイは、類人猿よりも頰骨がやや前方に位置していて、顔面が比較的平らなので、鼻から下がそれほど前に突き出ていない[25]。この形状だと、ちょうど咀嚼《そしゃく》筋が強い力を出せる位置に来るため、歯ごたえのある固い食物でも噛み砕ける。そして最後に、初期人類の男性の犬歯（牙）はチンパンジーのオスの犬歯より小さく、短く、尖っていない[26]。一部の研究者の説によれば、人間の男性の犬歯が小さいのは、人間の男性は互いに争うことが少ないからだというのだが、それよりも説得力のある別の説明は、繊維の多い噛み切りにくい食物を噛み切りやすくさせるための適応だったというものだ[27]。

これらの証拠を考えあわせると、おそらく最初の人類はできるかぎり果実で腹を満たしていたのだが、いざというときには木質《もくしつ》の茎《くき》などのあまり望ましくない、何度もしつこく噛まないと噛み切れないような固い繊維質の食物でも食べられる個体のほうが、自然選択において有利になったのだろうと、ある程度の確信をもって推測できる。食事に関連するこのような差は、はっきり言ってわずかなものだ。しかしながら、これらの差をふまえて最初の人類の移動様式や生息環境を考えないと、二足歩行がどうして始まったかについての十分な仮説は立てられない。それではいよいよ、最初の人類がなぜ二足歩行者となったのか、そしてそれをきっかけに、人類の系統がいかにして類人猿のいとこたちとはまったく異なる進化の道をたどることになったのかを考えていこう。

なぜ二足歩行者となったのか

哲学者のプラトンは、かつて人間のことを羽のない二足動物と定義した。だが、彼は恐竜やカンガルーやミーアキャットのことを知らなかった。要するに私たち人間は、大股で歩き、羽がなく、尾がない二足動物としては唯一であるというのが実際のところだ。とはいえ、二本脚でのよろよろ歩きが進化したことは過去に数えるほどしかなく、ましてや人間のような二足動物は他に例がない。したがって、最初の人類が常習的に直立するようになったことの相対的に有利な点と不利な点を評価するのはなかなか難しい。人類の二足歩行がそれほど例外的なものなら、なぜそれは進化したのだろうか。そして、その奇妙な立ち方や歩き方は、のちに人類の身体に生じた進化的変化にどのような影響を及ぼしたのだろうか。

二足歩行に適応することが自然選択においてなぜ有利だったのか、確実な答えを知ることは不可能だが、これまでに得られている証拠から最も強力に示唆されるのは、次のような考えだと思う。すなわち、ちょうど人類の系統とチンパンジーの系統が分岐したころに、大規模な気候変動が起こっており、そんな状況でできるだけ効率的に食料を探し、手に入れるのに有利だったから、定期的に立ち上がって直立歩行する初期人類の行動が選択されたのではないだろうか。

気候変動は、今日の一大関心事だ。人間が大量の化石燃料を燃やしているせいで、地球温暖化を引き起こしている証拠が出てきているからだが、じつは気候変動は大昔から、それこそ私たちが類人猿から分岐した時期も含めて、ずっと人類の進化に影響を与えてきた要因の一つだった。図4のグラフは、太古からの地球の海水温の推移を示したものだ。[28] 一〇〇〇万

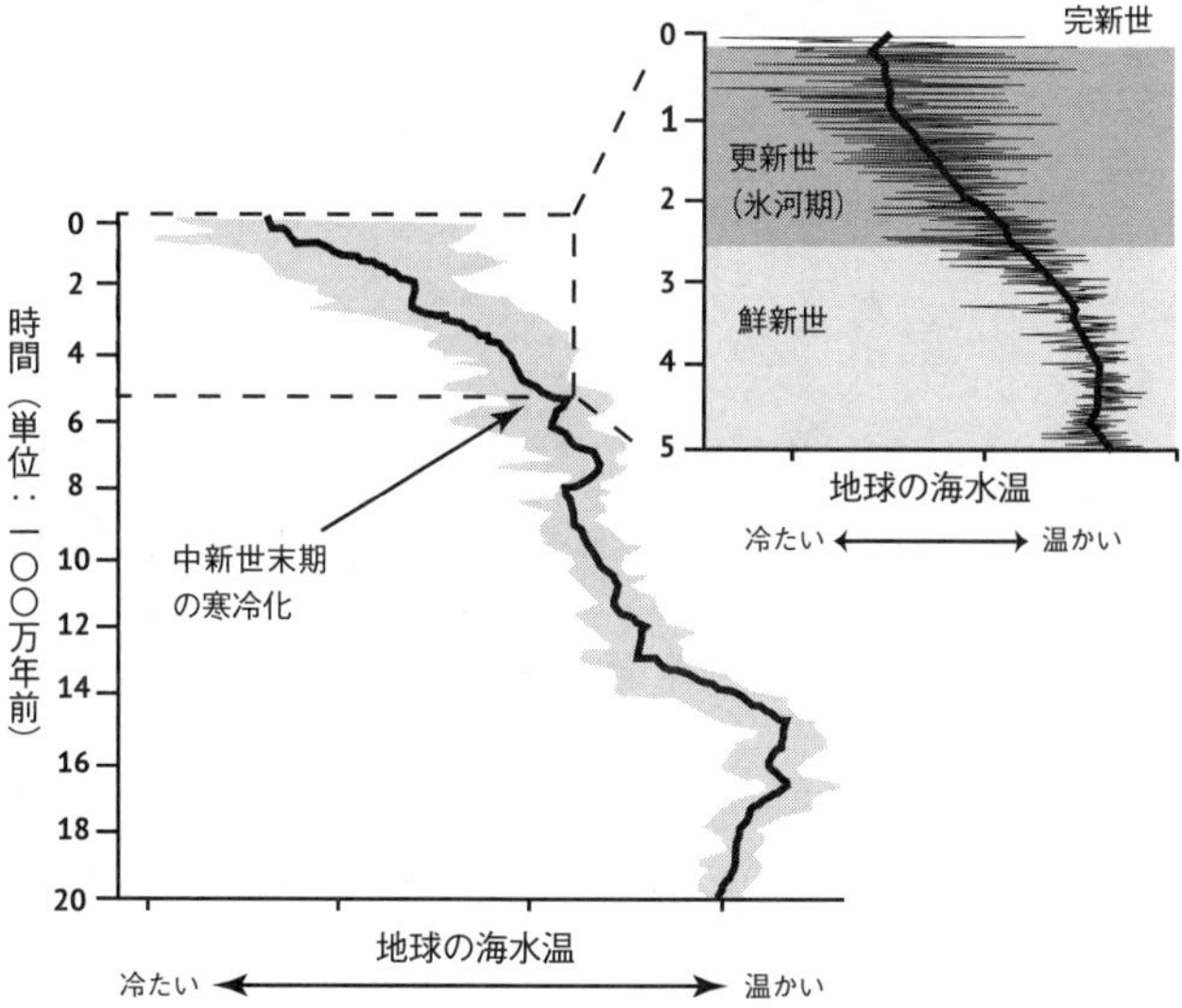

図4　人類が進化した時期の気候変動。左のグラフは、過去2000万年のあいだに地球の海水温がどれだけ下がったかを示したもので、人類とチンパンジーの系統が分岐した時期にも顕著な寒冷化があった。その部分を拡大したのが右のグラフで、過去500万年の変動が詳細に示されている。中央の太線が示しているのは平均温度で、無数に続く寒暖の大きく急激な揺れ（ジグザグ線）の平均値。氷河期の始まりからの急激な寒冷化に注目されたい。出典は以下。図は部分修正してある。J. Zachos et al. (2001). Trends, rhythms, and aberrations in global climate 65 Ma to present. *Science* 292: 686-93.

年前から五〇〇万年前までの期間に注目してみると、地球全体の気候はかなり寒冷化している。この寒冷化は何百万年もかけて起こったもので、比較的温暖な時期と寒冷な時期との揺れが絶えず続いてはいたが、その全体的な影響として、アフリカでは熱帯雨林が縮小し、疎《そ》開林帯《かいりんたい》が拡大した。[29] さて、もしあなたがLCA——身体の大きな果実食の類人猿——で、この時代に生きているとしたら、と想像してみよう。熱帯雨林の真ん中で暮らしていたのなら、おそらくこうした異変にほとんど気づかなかっただろう。しかし、運の悪いことに森のはずれで暮らしていたなら、この変化をとてもストレスに感じたに違いない。周囲の森が縮小し、木がまばらな疎開林になっていく。大好物の熟した果実が以前ほど豊富でなくなり、あちこちに分散していて、しかも一定の季節にしか得られなくなる。こうした変化のせいで、これまでと同じ量の食物を手に入れたければ、ときどき遠くへ出かけるしかない。いざというときにしか食べないような、代替食に頼る回数も増えるだろう。そうした食物ならふんだんにあるが、熟した果実のような望ましい食物に比べて、質は劣る。チンパンジーの典型的な代替食は、繊維の多い植物の茎や葉に、さまざまな草などである。[30] そして気候変動の証拠から察するに、最初の人類はチンパンジーよりも、こうした食物を探して食べなければならない必要性に、何度も、強く、迫られていたようだ。ひょっとすると最初の人類の生活は、チンパンジーよりもオランウータンに近かったのかもしれない。オランウータンの生息環境は、チンパンジーの生息環境ほど食料が潤沢にあるわけではない。したがって果実が手に入らないときは、非常に固い茎や、樹皮さえ食べなくてはならないのだ。[31]

不屈の人が困難なときほど力を発揮するように、自然選択が最も強力に働くのも何不自由ない時期ではなく、ストレスと窮乏の時期である。もし現時点で考えられているように、LCAが熱帯雨林に生息する果実食の類人猿だったなら、トゥーマイやアルディのような最初期の人類に見られる二つの主要な変化は、自然選択において有利に働いていただろう。第一の変化は、歯の形状と食生活だ。大きくがっしりした臼歯を持っていて、ゆえに効果的に咀嚼できる能力を備えていた個体ほど、固い繊維質の代替食をより多く、より上手に摂取できたはずである。そして第二の、もっと大々的な変化が、二足歩行だ。どうしてそれが気候変動に対する適応なのか、こちらは少しわかりにくいかもしれないが、長い目で見れば、おそらくこちらのほうがずっと重要な変化だった。理由はいくつかあるが、その一つは意外なものかもしれない。

まず、二足歩行の明らかに有利な点は、二足で立ち上がると、ある種の果実をかき集めるのが容易になるということだ。たとえばオランウータンは、樹上で食事をするときに、ほぼ直立することがある。木の枝の上で膝をぴんと伸ばし、別の枝を少なくとも一本つかみながら、不安定にぶら下がっている食べ物に手を伸ばすのである。[32] チンパンジーや一部のサルも、低い位置にぶら下がったベリーや果実を食べるとき、同じような立ち上がり方をする。[33] このように、二足歩行はもともと姿勢に関する適応だったのかもしれない。おそらく食料をめぐる競争が熾烈《しれつ》だったため、初期人類のなかでも上手に直立ができる個体ほど、食料の乏しい時期に多くの果実を集められたのだろう。その場合、横に広がった腰のような、直立姿勢を保つのに役立つ特徴を備えた個体ほど、立つことに関しては有利だったかもしれない。エネルギーの消耗がより少なく、より多くのスタミナを温存し、より安定して立っていられただろうからだ。同様に、より効率的に立ち上がって直立したまま歩ければ、よりたくさんの果実を持ち運べたろう。チンパンジーも、競争が激しいときはときどき同じことをする。(34)

第二の利点は、もっと意外なものだが、おそらくもっと重要なものである。二本の脚で立って歩くことにより、初期の人類は、移動時のエネルギーを節約できていたかもしれないのだ。前にも述べたように、LCAはナックル歩行をしていたと思われる。ナックル歩行というのはなんとも奇妙な四足歩行で、エネルギー的にもコストが高い。実験室で、チンパンジーに酸素マスクを装着させてルームランナーを歩かせてみたところ、その消費エネルギーは（二足歩行でも四足歩行でも）、人間が同じ距離を歩いた場合の四倍（！）にも達していた。(35)こうした尋常でない差が生じるのは、チンパンジーの脚が短いこと、身体が左右に揺れること、腰と膝をつねに曲げて歩くことが原因だ。結果として、チンパンジーはつんのめったり転んだりしないように、背中、腰、太腿の筋肉を収縮させるから、多大なエネルギーを絶えず消耗することになる。チンパンジーが一日にわずか二キロから三キロほどと、比較的短い距離しか移動できないのも不思議ではない。(36)人間なら、同じ量のエネルギーで八キロから一二キロは移動できる。したがって、もし初期の人類が腰や膝を伸ばしたままで、さほどぐらつきもせずに二足歩行できていたのなら、ナックル歩行をしているいとこたちよりも、エネルギー面で相当に有利だったに違いない。同じ量のエネルギーで、より遠くまで移動できるということは、熱帯雨林が縮小して細切れになり、土地が開《ひら》け、望ましい食物がますます分散して手に入りにくくなった時期に、じつに有益な適応だったはずだ。ただし念のため言っておくと、たしかに人間の二本脚での歩き方は、チンパンジーのナックル歩行よりずっと経済的だ。しかし最初の人類は、チンパンジーよりいくらかましという程度だったかもしれず、その後の人類のような効率的な歩き方はとうていできなかっただろう。

もちろん、最初の人類の二足歩行を後押しした選択圧はほかにも考えられなくはない。直立することの有利な点として、道具の製作と使用が可能になること、丈《たけ》高い草むらの先が見渡せること、川を渡れること、さらには泳げることなども挙げられるだろう。だが、こうした仮説はいずれも精査に堪《た》えない。最古の石器は、二足歩行が進化してから何百万年も経たないと出現しない。川を渡ったり、あたりを見晴らしたりするために立ち上がるのは類人猿でもできるし、実際にしてもいる。また、人間が泳ぎに素晴らしく適応していると確信するには、コストの面を考えてもスピードの面を考えても、かなりの想像力が必要だ（そもそもアフリカの湖や川で長時間を過ごすとなれば、まず間違いなくワニの餌になる）。これらとは別に、もう一つ昔から言われているのが、二足歩行はもともと人類が食料を運ぶのを容易にするために進化したのだが、それによって男性は、今日の狩猟採集民の男性がしているようにに、女性に食料を持ち帰れるようになったのではないか、という説だ。実際、この説では決まって次のように推理が続く。つまり食料と引き換えに女性との性行為を手に入れられる男性を有利にするために、二足歩行が進化したというのである。(37) 刺激的な説に思えるかもしれない——とくに、人間の女性はチンパンジーのメスと違って排卵時に明らかなサインを示さないという事実に照らせば——が、この仮説はいくつかの理由で疑わしい。そもそも、人間の女性はしばしば男性を食わせてやることがある。加えて、初期の人類の男性が女性よりどれほど大柄だったかはまだわかっていないが、のちの人類の種を見ると、男性は女性より一・五倍ほど身体が大きい(38)。こうした男女の体格差は、女性への性的アクセス権をめぐる男性どうしの激しい競争に関連づけられるものであり、したがって男性が女性に協力と食料分配を通じて求愛していたとは考えにくい(39)。

要するに、さまざまな面での証拠から推察できるのは、気候変動が二足歩行の選択に拍車をかけて、果実が手に入らないときに頼らねばならない代替食を、初期人類がたくさん獲得できるようにしたということである。このシナリオを完全に検証するにはさらなる証拠が必要だが、理由はどうあれ、まっすぐに立って歩くことへの移行は、人類の進化における最初の重大な変化だった。しかし、その後の人類の進化にとって、二足歩行がなぜそれほど大きな意味を持つことになったのか。どうしてこれが、そのような根本的に重要な適応となったのだろうか。

なぜ二足歩行が重要なのか

私たちのまわりに広がっている具体的な世界は、基本的にいたって正常で、いたって自然に思えるため、つい、私たちが知覚するすべてのものには目的があり、ひょっとすると誰かがそう設計したのであって、ものごとはすべてあるべき姿におさまっているのだろうと考えてしまいたくなるし、ときにはそう考えて安心してしまうこともある。こうした考え方を突きつめると、人間は空に浮かぶ月や重力の法則と同じくらい確固としたものだと思い込みかねない。二足歩行の選択は、人類の進化の第一段階で、すべての始まりとなる根本的な役割を果たしたが、これが数々の偶発的な状況によって起こったことを思い出せば、それを必然と捉えるのは間違いであることが明らかになるだろう。初期の人類が二足歩行者にならなかったら、人間はこのようには進化しなかっただろうし、おそらくあなたがこの本を読んでいることもなかっただろう。もっとさかのぼれば、もともと二足歩行が進化したのは本来ありえないような出来事が連続して起こったからであり、その出来事はすべて、それ以前の世界の気候変動によってたまたま生じた状況の偶発的な結果だったのだ。二足歩行をする人類は、それ以前にナックル歩行をする果実食の類人猿が進化してアフリカの熱帯雨林に住んでいなかったら、おそらく進化できなかっただろうし、また、進化するいわれもなかっただろう。さらに、地球がこの何百万年も前の時代に大幅に寒冷化しなかったら、そうした類人猿のあいだで二足歩行の始まりが有利となるような状況も起こりえなかったかもしれない。いまの私たちのこのような存在は、サイコロが何度も何度も振られつづけてきた結果なのである。

しかし原因が何であれ、常習的に二本の脚で立って歩くようになったことが、人類の進化

における その後の発展の口火を切ったのだろうか? いくつかの点で、アルディとその仲間たちに見られる過渡的な二足歩行は、のちの進展のまさかのきっかけになったように思われる。これまで見てきたように、最初の人類は、地上で直立するという大きな例外を除いては、多くの点でアフリカ類人猿のいとこたちに似ていた。もしも最初期の人類の残存種が発見されたとしたら、おそらく私たちは、その脳がチンパンジー並みの控えめな大きさだという理由で、彼らを寄宿学校ではなく動物園に送ろうとするだろう。その点、ダーウィンの先見性は素晴らしかった。彼が一八七一年に立てた仮説では、人間を独自の存在としているあらゆる特徴のなかで、人類の系統をほかの類人猿と別の道に進ませる最初のきっかけとなったのは、大きな脳でも言語でも道具使用でもなく、二足歩行であったとされているのだ。ダーウィンの推論はこう続く。二足歩行はまず移動から両手を解放した。それにより、のちに自然選択が道具の製作や使用といった追加の能力を選び取れるようになった。すると今度は、それらの能力が、より大きな脳や、言語や、その他さまざまな認知スキルを選択するようになり、その結果、速さでも強さでも運動能力でも劣る人間が、にもかかわらず、このように飛び抜けた存在となるにいたった。

おそらくダーウィンは正しかったが、その仮説には重大な問題があった。そもそも二足歩行がどうして自然選択で有利となったのかを説明しなかったのだ。また、なぜ両手を解放することが、道具製作や認知や言語を選択することになったのかも説明できなかった。結局のところ、カンガルーにしろ恐竜にしろ、同じく両手は解放されているが、大きな脳や道具を作る能力は進化させなかったではないか。こうした指摘から、ダーウィンの後継者の多くは、二足歩行ではなく大きな脳こそが人類の進化を先導したのだと主張するようになった。

　それから一〇〇年以上を経て、いまの私たちは、そもそも二足歩行がなぜ、どのようにして進化したのか、そしてなぜそれがそんなにも決定的な、重大な変化であったのかを、もっとよく理解している。すでに見てきたように、最初の二足歩行者は、両手を解放するために二足で立ち上がったのではない。むしろ、より効率的に食物を集めるため、歩くときの燃費を減らすために（LCAがナックル歩行者であったのなら）直立するようになったのだろう。この点で、二足歩行は賢明な適応だった。気候の寒冷化にともなって、どんどん開《ひら》けていくアフリカの森で、果物好きの類人猿が生き残っていくためには、二足歩行がたしかに役立ったことだろう。しかも、常習的な二足歩行への進化は、急激かつ根本的な身体の変化を必要としなかった。常習的に二本の脚で立って歩く哺乳動物はほとんどいないが、人類を効率のいい二足歩行者にしている解剖学上の特徴は、じつのところ、本当にちょっとした変化であって、それは明らかに自然選択の対象となったものである。たとえば腰部に注目してみよう。どのチンパンジーの個体群でも、そのうち約半数は、腰椎の数が三個になっていて、残りの半数が四個の腰椎を持っている。そしてごくまれに、遺伝的変異のおかげで、五個の腰椎を持つ個体がある。[40] 数百万年前、もしも腰椎が五個あるおかげで、立ったり歩いたりするのにいくらかでも有利になった類人猿がいたならば、その遺伝的変異はおそらく子孫に受け継がれただろう。そして同様の選択プロセスが、楔形の腰椎、骨盤の向き、足裏のこわばりなど、

LCAの二足歩行能力を向上させる他の特徴にも適用されたに違いない。自然選択によってLCAの個体群が二足歩行をする最初の人類に変わるまでに、どれだけの時間がかかったのかはわからない。しかし、最初の中間段階に何らかの利点がなければ、この変化は起こりえなかっただろう。言い換えれば、最初の人類は立ち上がって直立歩行をするのが少しばかり上手だったおかげで、繁殖面でわずかながらも優位に立てたに違いない。

変化はつねに新たな偶然性と、新たな課題を生み出す。ひとたび二足歩行が進化すると、今度はそれにともなって、また新たな進化的変化が起こる条件が発生した。もちろんダーウィンはこの論理をわかっていたが、二足歩行が次の進化的変化にどうつながるかに関しては、もっぱら二足歩行の有利な点のみを考慮に入れて、不利な点については深く追究しなかった。たしかに二足歩行は両手を解放し、それによって可能となった道具製作にもとづくその後の選択へのお膳立てをした。だが、そのような追加の選択による変化が重要となるのは何百万年も先のことだったようであり、そもそもそれらの選択は、二本の腕を余らせられるようになったことから必然的に導かれたわけでもない。一方、ダーウィンがあまり注意を払わなかったのは、二足歩行が利益と同時に、人類にいくつかの新たな課題ももたらしたということである。しかも、それらは相当な難題だった。私たちは二足歩行にすっかり慣れきっている――それをいたって普通だと思っている――ために、これが問題をはらんだ移動様式であることを忘れがちになる。しかし振り返ってみると、それらの課題は利益と同じぐらい、その後の人類の進化に重要な意味を持っていたのかもしれない。

二足歩行にともなう重大な欠点の一つが、妊娠をどう乗り切るかだ。妊娠中の哺乳動物は、四足であれ二足であれ、胎児だけでなく、胎盤や余分な体液による増加分の体重を支えなくてはならない。人間の妊婦の場合、臨月には体重が七キロも増えている。しかし四足動物の母親と違い、人間の母親はお腹が大きく膨らむと、重心が腰や足よりも前に大きくずれるため、転びやすくなる。妊娠中の女性なら誰でも請け合うだろうが、妊娠期間が進むほど、身体が不安定になって落ち着かなくなる。そしてしかたなく、疲れるけれども背筋をもっと収縮させたり、重心が腰の上に戻るように背中を反らせたりする。こうした妊婦特有の姿勢はエネルギーの節約にはなるが、腰椎が互いに離れようとするときに余計な剪断《せんだん》力がかかる。したがって人間の母親には、腰痛というありふれた、しかしぐったりするほど悩ましい問題が生じる。だが、そこで自然選択が助け舟を出した。女性が腰を反らすときに動く楔形《くさびがた》の腰椎の数を増やすことで、妊婦が余計な負荷に対処できるようにしたのである。だから人間の男性が二個しか持っていないところ、女性は三個の楔形の腰椎を持つ(41)。こうして延長された湾曲が、脊椎の剪断力を減らしている。自然選択は、こうした負荷に耐えられる強い腰椎の関節を持つ女性を有利にするようにも働いた。お察しのとおり、この二足歩行の妊婦特有の問題に対処するための適応は非常に古く、これまでに発見されている最古の人類の脊柱にもあらわれている。

二足歩行によってもたらされたもう一つの不利な点は、スピードの喪失だ。初期の人類は、二足歩行者となった時点でギャロップする能力をあきらめた。四足動物の足並みとして最も速いギャロップ（襲歩）ができなくなったことで、どう控えめに見積もっても、私たちの初期の祖先は全力疾走の速さが典型的な類人猿の半分ほどにしかならなくなった。加えて、二足は四足より圧倒的に安定性に欠けるので、走行中の急な方向転換も難しくなる。ライオン、ヒョウ、サーベルタイガーといった捕食者は、難なく人類を狩っただろう。そのため私たちの祖先にとって、見通しのいい環境に足を踏み入れるのは、とくに危険なことだった（誰の祖先にもなっていなかったかもしれないのだから）。さらに、二足歩行は木登り能力も弱めただろう。おそらく四足の類人猿と同じように敏捷には登れなくなったはずである。確実には言えないが、初期の二足歩行者はチンパンジーがやるような、木から木へと飛び回っての狩りはできなかったのではないだろうか。速さ、力、敏捷さをあきらめるのと引き換えに、その後の自然選択によって（何百万年もあとの話だが）私たちの祖先は道具の製作者となり、長距離ランナーとなったのだ。二足歩行への移行は、足首の捻挫《ねんざ》、腰痛、膝痛《ひざつう》など、ほかにもいろいろと人間特有の問題を生み出すことになる。

しかし、このように二足歩行の不利な点は多々あれど、進化のあらゆる段階で、直立歩行の便益は費用を上回ったに違いない。初期の人類は、地上での速さや敏捷さを失いながらも、果実やその他の食べ物を探してアフリカのある一帯をとぼとぼと歩きまわっていたものと思われる。同時に、このころの人類はまだ木登りもそれなりに上手だっただろう。そして現在わかっているかぎり、全般的にこのような生活様式が、少なくとも二〇〇万年は続いていた。

しかし、およそ四〇〇万年前に、また新たな爆発的進化が起こり、アウストラロピテクスと総称される別の人類の集団が誕生した。アウストラロピテクスが重要なのは、彼らが二足歩行の最初の成功と、その後の意義を証明しているからだけでなく、彼らが後世のいっそう革命的な、人間の身体をさらに変えた移行のお膳立てもしたからである。

第3章　食事しだい

アウストラロピテクスはいかにして私たちを果実離れさせたか

イブがリンゴを食べてからというもの、多くは食事しだいだ。

——バイロン『ドン・ジュアン』

みなさんも私のように、食事はかなり手が加えられた、やわらかい食べ物が中心で、果物はあまり摂《と》らないのではないか。実際に食べ物を嚙んでいる時間を全部足したら、一日三〇分にも満たないだろう。これは霊長類としては異例なことだ。年がら年じゅう朝から晩まで、チンパンジーは起きている時間のほぼ半分を、ローフード（生食）愛好家さながらに、食べ物を嚙んで過ごしている。(1)チンパンジーの典型的な主食は野生のイチジク、野生のブドウ、ヤシの実といった、森にある果実だ。どれも私たちが日々味わっている栽培化したバナナやリンゴやオレンジほど甘くないし、嚙みやすくもない。こうした野生の果実は、ニンジンよりも甘味がなくてちょっと苦味があり、繊維がやたら多くて、堅い外皮や外殻がついている。

そのような果実を日がな一日食べて必要なカロリーを摂取するために、チンパンジーはものすごい量を食べる。ときには一時間で一キロ食べ、その後、腹がこなれるまで二時間ほど待ち、また食べる。[2] そしてチンパンジーもほかの類人猿も、果実があまり採《と》れないときには、葉や節くれだった茎といった低品質の食物をやむなく摂取することになる。私たちは果物を一日中食べるのをいつ、どうしてやめたのだろう。そして別の食物を摂取することへの適応は、私たちの身体の進化にどのような影響を及ぼしただろうか。

　果実以外のものを主食とすることへの適応は、人間の身体の物語における二つめの大きな変化の中核をなす。これまで見てきたように、最初の人類もおそらく折々に葉や茎を食べなければならなかっただろうが、約四〇〇万年前、その子孫の時代に食生活の多様化が劇的に加速した。この子孫は、いろいろな種からなる紛らわしいグループで、その多くはアウストラロピテクス属に分類される（分類学上の定義が定まっていないものも含めて、ここではすべてまとめてアウストラロピテクスと称する）。この多種多様な興味深い祖先は、人類の進化において特別な位置を占めている。食事にありつこうとする彼らの必死の努力が、人間が何に適応しているかを変えたからであり、その変化はいまも私たちが鏡を見るたびに歴然とあらわれている。最も顕著な違いは、固い食べ物を噛むために適応した歯と顔だ。そしてもう一つ、さらに重要な変化が、四方八方どんどん遠くまで食料を探しに行くようになった結果、アルディやほかの初期人類のころよりも常習的で効率のよい長距離歩行への適応がなされたことだ。もとをたどれば気候変動という緊急事態がきっかけとなって始まったこれらの適応は、総合的にとてつもない影響力を持つことになり、数百万年後のヒト属（ホモ属）の進化も、人間の身体の数々の重要な特徴も、すべてこのときにお膳立てされた。アウストラロピテクスがいなかったら、あなたはいまとまったく違った身体を持って、一日の大半を森で過ごし、せっせと果実を口に入れていたことだろう。

ルーシーの仲間たち――アウストラロピテクス

アウストラロピテクスは、およそ四〇〇万年前から一〇〇万年前にアフリカに住んでいた。化石記録が大量に残っているおかげで、彼らのことはかなり詳しくわかっている。最も有名な化石はもちろん、かの魅力的な女の子、ルーシーだ。小柄な少女で、三二〇万年前のエチオピアに暮らしていた。本人にとっては不幸なことに（しかし私たちにとっては幸いなことに）、ルーシーは沼地で死亡し、すぐに遺体全体が埋もれ、その結果、骨格の三分の一あまりが残ることとなった。ルーシーは、数多く残っているアウストラロピテクス・アファレンシスという種の化石の一つだ。アウストラロピテクス・アファレンシスは、四〇〇万年前から三〇〇万年前にアフリカ東部に暮らしていた。アウストラロピテクス・アファレンシスも、一〇種ほどあるアウストラロピテクスの一つの種にすぎない。人類がホモ・サピエンス一種しか存在しない現代と違って、昔はいつの時期でも複数の種が共存しており、アウストラロ

表1　初期人類のさまざまな種

種	生息時期（単位:100万年前）	発見場所	脳の大きさ（cm^3）	体重（kg）
初期人類				
サヘラントロプス・チャデンシス	7.2-6.0	チャド	360	?
オロリン・トゥゲネンシス	6	ケニア	?	?
アルディピテクス・カダッバ	5.8-5.2	エチオピア	?	?
アルディピテクス・ラミダス	4.4	エチオピア	280-350	30-50
華奢型アウストラロピテクス				
アウストラロピテクス・アナメンシス	4.2-3.9	ケニア、エチオピア	?	?
アウストラロピテクス・アファレンシス	3.9-3.0	タンザニア、ケニア、エチオピア	400-550	25-50
アウストラロピテクス・アフリカヌス	3.0-2.0	南アフリカ	400-560	30-40
アウストラロピテクス・セディバ	2.0-1.8	南アフリカ	420-450	?
アウストラロピテクス・ガルヒ	2.5	エチオピア	450	?
ケニアントロプス・プラティオプス	3.5-3.2	ケニア	400-450	?
頑丈型アウストラロピテクス				
アウストラロピテクス・エチオピクス	2.7-2.3	ケニア、エチオピア	410	?
アウストラロピテクス・ボイセイ	2.3-1.3	タンザニア、ケニア、エチオピア	400-550	34-50
アウストラロピテクス・ロブストス	2.0-1.5	南アフリカ	450-530	32-40

（訳注：分類学的に頑丈型アウストラロピテクスは「パラントロプス属」とされることもある）

ピテクスはとりわけ多様性に富んでいた。誰が誰の親戚か一目でわかるよう、彼らの基本的な特徴を表1にまとめておく。ただし、いくつかの種については少数の化石標本からしか情報が得られていないので、その定義については考古学者のあいだでも全面的な合意にいたっていない。不確定な部分も多く、種によっても違いがあるので、とりあえず多種多様なアウストラロピテクスをわかりやすく整理するために、大きく二つのグループに分ける方法がとられている。歯が小さい華奢《きゃしゃ》型と、歯が大きい頑丈型だ。華奢型には、アフリカ南部出身のアウストラロピテクス・アファレンシス（ルーシーで知られる）、アフリカ東部出身のアウストラロピテクス・アフリカヌスとアウストラロピテクス・セディバなどが含まれる。頑丈型で最も有名なのは、アフリカ東部出身のアウストラロピテクス・ボイセイと、アフリカ南部出身のアウストラロピテクス・ロブストスだ。これらの種がどのような外見だったと考えられているかを示したのが、図5である。

これらの種の名前や生息時期はさておき、彼らの全体的な外見と、彼らから明らかになる差異について考えてみよう。彼らを見てのあなたの第一印象は、直立した類人猿、というところではないだろうか。体格で言えば人間よりもチンパンジーに近い。平均的な女性の身長は一・一メートル、体重は二八キロから三五キロで、平均的な男性の身長は一・四メートル、体重は四〇キロから五〇キロだ。[3]たとえばルーシーは、体重が二九キロ足らずしかなかったが、ルーシーと同じ種で部分的にきれいな骨格が残っている男性（「大男」という意味のカダヌームーという愛称がついている）は、体重が約五五キロだ。[4]つまり、アウストラロピテ

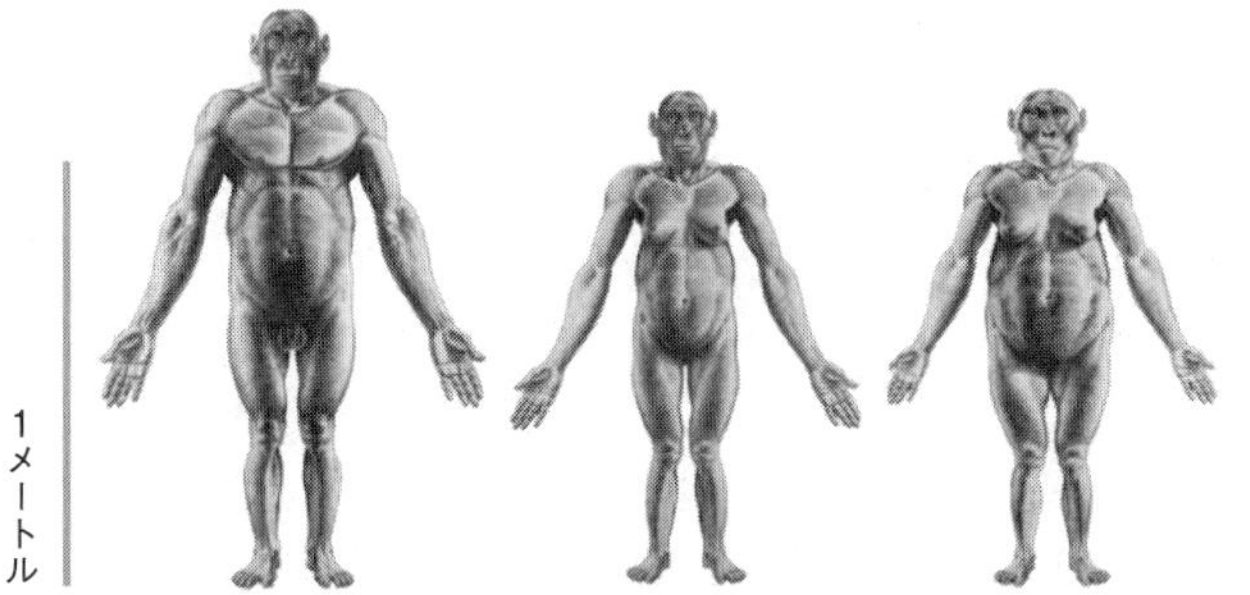

図5　2種のアウストラロピテクスの復元図。左の2つはアウストラロピテクス・アフリカヌスの男性と女性。右はアウストラロピテクス・ロブストスの女性。3人とも比較的腕が長く、脚が短く、腰回りが幅広で、顔が大きい。Reconstructions copyright © 2013 John Gurche.

クスの男性は女性よりも五〇パーセントほど身体が大きい。このような男女の体格差は、ゴリラやヒヒなど、オスどうしがメスへのアクセス権をめぐって定期的に争っている種に特有のものだ。アウストラロピテクスは全般的に頭部も類人猿に近い。チンパンジーの脳の大きさをやや上回る程度の小さな脳に、鼻から下が前方に突き出た長い顔面、そして大きな眉弓もある。チンパンジー同様、脚は比較的短くて、腕は比較的長いが、手と足の指はチンパンジーのものほど長くも丸まってもおらず、かといって人間のものほど短くもまっすぐでもない。腕と肩の力は強く、木登りにうってつけだ。さらに、あなたがジェーン・グドールになったつもりで長年彼らを観察していれば、成長の速さや繁殖のペースも類人猿と似ていることがわかるだろう。アウストラロピテクスが成人となるのはだいたい一二歳で、女性は五年から六年おきに子供を産んでいたと思われる[5]。

しかし、ほかの点では、アウストラロピテクスは類人猿とも似ていないし、前章で見てきた最初の人類とも違っている。すぐに目につく重要な違いは、食べ物だ。あれこれの差はあるにせよ、アウストラロピテクスは総じてあまり果実を食べず、塊茎《かいけい》、種子、植物の茎といった歯ごたえのある噛み切りにくいものを中心に食べていたようだ。この推測のおもな証拠となるのが、咀嚼《そしゃく》の達人となるべく果たされた数々の適応である。彼らの祖先と推測されるアルディピテクス属などと比べると、歯は大きく、顎もがっしりしていて、顔は縦にも横にも長く、頬骨は大きく張り出していて、咀嚼筋も大きい。この特徴は種によって差があり、目立つのは頑丈型の三つの種、すなわちアウストラロピテクス・ボイセイ、アウストラロピテクス・ロブストス、アウストラロピテクス・エチオピクスだ。乱暴な言い方をすれば、頑丈型はウシのような人類なのである。なかでも最も顕著なアウストラロピテクス・ボイセイは、臼歯の大きさが現生人類の二倍、横にも縦にも大きい頬骨がぐっと前に張り出しているので、顔全体がスープ皿のようだ。咀嚼筋は小さいステーキ並みの大きさである。メアリーとルイスのリーキー夫妻が一九五九年に初めてこの種を発見すると、人々はその頑丈な顎にいたく感心した。おかげでアウストラロピテクス・ボイセイには「くるみ割り人間」という愛称が授けられている[6]。それ以外の解剖学的構造では、見たところ頑丈型は華奢型とほとんど変わらない。

アウストラロピテクスの注目すべきもう一つの顕著な特徴は、やはり種によって差はあるが、その歩き方である。アルディなどの最初の人類と同様に、アウストラロピテクスも二足歩行だが、いくつかの種の歩き方はずいぶん人間らしくなっている。それというのも、幅広の腰、部分的に土踏まずができている張りつめた足裏、ほかの足指と並んでいる短い足の親指といった、いまの私たちと変わらない多くの特徴のおかげである。アウストラロピテクスが二足歩行していた動かぬ証拠は、タンザニアのラエトリ遺跡の足跡だ。男性、女性、子供を含めた複数の個体が残した足跡は、彼らが約三六〇万年前、タンザニア北部の濡れた火山灰が積もった平地を歩いていたことを示している。この足跡と、骨格に保存されて残っていたほかの手がかりによって、アウストラロピテクス・アファレンシスなどの種は常習的に、かつ効率よく直立歩行していたことがうかがえる。しかし、アウストラロピテクス・セディバなど別の種は、どちらかというと木登りのほうが得意だったかもしれない。おそらく歩くときは足の外側に体重をかけ、短い歩幅でちょこちょこと進んでいたのではないだろうか。[7]

しかしアウストラロピテクスは、どうしてこのようになったのだろう。なぜこれほど多くの種があったのか。それぞれにどのような違いがあったのか。そして何より大事なのは、彼らが人間の身体の進化にどのような役割を果たしたのかである。これらの問いに対する答えはすべて、アフリカの気候があいかわらず変動を続けていたなかで、彼らがなんとか食事にありつかなければならなかった事情と関係している。

史上初のジャンクフード生活

あなたや私はこのころと比べると多くの面で異例だが、その最たるものは、「今日の夕食はなに？」と聞かれたときに、栄養満点な食べ物の選択肢をかつてない数で持っていることだろう。しかし私たちの祖先のアウストラロピテクスは、ほかの動物と同様に、手に入ったものを食べるしかなかった。しかも彼らの住環境は、先人たちが住んでいたような果実がたくさん実る森ではなく、木の少ない開《ひら》けた土地だった。さらに気の毒なことに、彼らが生きていたのは地質学的に言うと鮮新世という時代（五三〇万－二六〇万年前）で、地球がわずかに寒冷化し、アフリカが乾燥の一途をたどっていた。こうした変化は（第2章で見た図4のジグザグ線で示されているように）間欠的に起こっていたが、アウストラロピテクスが生きていた時代のアフリカでは全体的な傾向として、疎開林とサバンナが拡大し、それまで採れていた果実がぐっと減り、採れる場所もあちこちに分散してしまった。[8] この果実危機によって、間違いなくアウストラロピテクスには強い選択圧がかかった。果実以外の食物を手に入れられる個体が有利になったのである。

こうしてアウストラロピテクスは（種によって差はあるものの）、望ましい食物が得られないときにしかたなく食べる代替食として、質の劣る食物を定期的に採集せざるをえなくなった。いまの人間も代替食に頼らざるをえないときがたまにある。中世ヨーロッパでは最後の手段として広くドングリが食されていたし、一九四四年の冬に大飢饉が起こったオランダでは、飢えをしのぐためにチューリップの球根が食料になった。すでに見てきたように、類人猿にも代替食はある。熟した果実が入手できないときは、葉や、茎や、草、さらには樹皮までが食料となった。ここで重要なのは、代替食が生死を分ける決定打となりうるため、動物にそうした食物を食べさせるための適応に、自然選択が強く作用しやすいということだ(9)。「食べたものが人をつくる」とよく言うが、進化の論理からすれば、場合によっては「普通なら食べないものが人をつくる」のである。

では、ルーシーやほかのアウストラロピテクスの代替食は何だったのだろう。そして、それを食べさせるように働いた自然選択が、彼らの身体の進化にそれとわかる影響を及ぼした証拠はあるのだろうか。これらの問いに確たる答えを出すのは不可能だが、それなりに妥当な推測はつく。まず、アウストラロピテクスが住んでいた環境にも少しは果樹があったことがわかっているから、おそらく今日の熱帯地方の採集民がそうしているように、彼らも手に入るときには果実を食べていただろう。したがって、木登り用の長い腕、長い丸まった指という適応が骨格に残っているのも驚くにはあたらない。また、彼らの歯には、果実食の類人猿に典型的な特徴がいくつも備わっている。やや前方に突き出した幅広の上顎門歯《じょうがくもんし》（皮をむくのに便利）に、咬頭《こうとう》が低くて面積の大きい臼歯（果肉をつぶすのに便利）がその例だ。とはいえ、疎開林のような住環境は熱帯雨林よりも果樹がまばらで、果実が採れる季節も限られがちだ。一年の特定の時季に、アウストラロピテクスが果物不足に直面していたのは、ほぼ間違いない。ましてや旱魃《かんばつ》の時期には果物不足がひどく悪化したはずだ。このような環境で、彼らは大型類人猿がしているのと同じことをする羽目になったのだろう。おいしくはないが、ともかくも消化できる他の植物に頼ったのである。たとえばチンパンジーなら、葉（ブドウの葉のようなもの）や、茎（生のアスパラガスのようなもの）や、ハーブ（乾燥していないローリエのようなもの）を食べてやりすごす。

歯の研究と生息地の生態系の分析から、アウストラロピテクスは果実だけでなく、食用可能な葉や茎や種子など、多様で多彩な食物を摂っていたと見られるが[10]、一部は食料を求めて地面を掘るようにもなり、その結果、じつに重要な、栄養価の高い新たな代替食が食事のメニューに加わることになったものと思われる。たいていの植物は、種子、果実、または茎の中心にある髄に炭水化物を蓄えるが、ジャガイモやショウガなど一部の植物は、根茎《こんけい》や塊茎《かいけい》や球根をエネルギー貯蔵庫とする。それらは地下に埋まっているので、鳥やサルといった草食動物の目を逃れられるし、日光を浴びて干からびることもない。こうした植物の部位はまとめて地下貯蔵器官と呼ばれている。地下貯蔵器官は見つけにくく、掘り出すには労力とコツが要るが、水分も栄養分もたっぷりあり、乾季を含めて一年中いつでも収穫が可能だ。熱帯では、湿地に地下貯蔵器官が見つかる（パピルスなどのカヤツリグサ科の植物は塊茎部分が食べられる）が、疎開林やサバンナといった開けた土地にも存在する[11]。地下貯蔵器官に全面的に頼っている狩猟採集民は少なくない。彼らの食事の三分の一以上を地下貯蔵器官が占めることもある。私たちがいま食べているジャガイモ、キャッサバ、タマネギは、どれも栽培化された地下貯蔵器官だ。

アウストラロピテクスのさまざまな種が、それぞれどれだけの量の地下貯蔵器官を食べていたのか、正確なところは知りようもない。しかし塊茎や球根や根茎は、彼らの摂取カロリーのかなりの割合を占めていたはずで、一部の種では、これらが果実よりも重要な食料になったのではないかと思われる。実際、地下貯蔵器官をたっぷり摂取する食生活――これを「ルーシー・ダイエット」と呼ぶことにしよう――があまりにも有効だったことが、これらの人類の放散を可能にした一因だったと見られるのだが、そう推測されるのももっともなのだ。ルーシー・ダイエットのどこがそんなに素晴らしいかをわかってもらうには、チンパンジーの食べる植物性食料の約七五パーセントが果実で、残りが葉、髄、種子、草だったことを思い出してもらうといいだろう。チンパンジーの食べる果実に栄養表示がついていたとすれば、抜群に多いのは食物繊維だが、澱粉とタンパク質もそれなりに豊富で、少ないのが脂肪である。[12] そしてご想像のとおり、チンパンジーの代替食は食物繊維がさらに多くて、澱粉、ひいてはカロリーが少なくなっている。[13] ところが地下貯蔵器官の場合、たいていの野生の果実よりも澱粉とエネルギーが豊富で、食物繊維は果実の半分ほどだ。[14] チンパンジーが地下貯蔵器官を掘り出すことはほとんどない。それは森に地下貯蔵器官がめったにないからだが、アウストラロピテクスは食料を求めて地面を掘るようになったことで、果実が採れないときにチンパンジーが食べる代替食ではなく、地下貯蔵器官を主食にできるようになったのである。

まとめると、アウストラロピテクスは全般に、果実を含めた多様な食物を摂取する採集民だったが、一部は頻繁に地面から塊茎や球根や根茎を掘り出して、その恩恵にしっかりあずかった。あわせて、葉、茎、種子といった植物性の代替食も間違いなく採集していただろう。また、これは推測だが、チンパンジーやヒヒのように、シロアリやジムシ（地虫）などもよく食べ、機会さえあれば肉も食べていたに違いない。ただし、動きがのろくてふらふらしながら歩く二足動物では優秀な狩人にはなれなかっただろうから、おそらくは腐肉漁りをして手に入れていたものと思われる。しかしいずれにしても、献立の決め手となるものは何だったのだろう。それを裏づける証拠はあるのだろうか。そして何より重要なこととして、夕食にありつくための試練――ダーウィンの言う「生存闘争」の最大要素――は、人類の身体の進化にどんな影響を及ぼしたのだろう。

おばあちゃんの歯はなんて大きいの！

あなたの身体のそこかしこには、食べ物を獲得し、咀嚼し、消化するのに役立つ適応がちりばめられている。なかでも歯の適応ほどわかりやすいものはない。ふだん、歯の見ばえを気にしたり、歯痛のつらさやその治療費の大きさを実感したりすることはあっても、それ以外でわざわざ歯のことを考える人などほとんどいないだろう。だが、調理や食品加工が登場する以前、歯を失うことは死を宣告されるに等しかった。したがって、歯には自然選択が強く働いた。動物は歯で食物を噛み砕き、その噛み砕かれた食物を消化することによって生存に必要なエネルギーと栄養素を取り込むが、このときに歯の一本一本の形状と構造が、食物をどれだけ細かく噛み砕けるかを大きく左右するからだ。消化される食物の断片が細かければ細かいほど引き出されるエネルギーは大きくなるので、アウストラロピテクスのような動物にとって、できるだけ効率よく咀嚼する能力がいかに生存上の重大な利点となるかは容易にわかるだろう。アウストラロピテクスは、類人猿と同様、咀嚼でほぼ半日をつぶしていたようなものなのだ。

地下貯蔵器官を咀嚼するのはひときわたいへんだったことだろう。いまの私たちが食べている栽培化した塊茎や球根は、食物繊維が少なく、やわらかくなるように品種改良されている。それを調理すればさらに咀嚼しやすくなる。対照的に野生の地下貯蔵器官は、現代人にしてみれば、じつに筋っぽくて嫌になるくらい固い。それが未加工なら、何度もしっかりと噛まなくてはとても食べられない。生のヤムイモやカブカンランを食べようとしてみればよくわかるだろうが、かなりの力を入れて繰り返し噛む必要がある。実際、地下貯蔵器官はものによっては繊維質が多すぎるので、狩猟採集民は「ワッジング」という特殊な食べ方を用いている。長い時間をかけて噛んで栄養素と汁を吸い取ったあと、残った果肉を吐き捨てるのである。もし自分がこんな食べ方をしていたら、と想像してみてほしい。お腹がすいてたまらないのに、ほかに食べるものがないから何時間もかけてそれをぐちゃぐちゃと噛みつづけるのだ。固い食べ物を効率よく食べられることが生存とイコールであれば、食物を嚙み砕く能力が高く、力強い咀嚼を果てしなく繰り返すことに耐えられるアウストラロピテクスほど、自然選択において有利だったはずである。

したがって歯の形状と大きさを調べれば、アウストラロピテクスやほかの人類がどんな食物を、とりわけどんな代替食を食べるように選択されたか、いろいろと推測することができる。まず何より、アウストラロピテクスの決定的な特徴を一つ挙げるとすれば、それは厚いエナメル質で覆われた大きくて平らな臼歯である。アウストラロピテクス・アフリカヌスのような華奢型は、チンパンジーの一・五倍の大きさの臼歯を持っており、その岩のようなエナメル質（人体組織で最も硬い）の厚さはチンパンジーのものの二倍である。アウストラロピテクス・ボイセイのような頑丈型はさらに極端で、臼歯の大きさはチンパンジーの二倍以上、エナメル質の厚さは三倍だった。参考までに、あなたの第一大臼歯《だいきゅうし》の咬合面の面積は約一二〇平方ミリメートルで、手の小指の爪程度だが、アウストラロピテクス・ボイセイの第一大臼歯の咬合面積はおよそ二〇〇平方ミリメートルで、手の親指の爪ぐらいになる。アウストラロピテクスの歯は、このように大きくて厚いうえに、平らでもあり、チンパンジーの歯と比べるとはるかに尖っていない。また、歯根が長くて幅広なので、歯が顎にしっかり固定されていた。[15]

研究者は長い時間をかけて、アウストラロピテクスの臼歯がどうしてこんなに大きく、分厚く、平らになったのかを調べた。結果として引き出された新鮮味のない答えは、こうした特徴は、噛み切りにくく、ときに硬質な食物を噛むための適応だったというものだ(16)。靴底が薄いスニーカーよりも靴底が厚くて大きいハイキングブーツのほうが山道では弾力性があるように、厚みがあって大きい歯のほうが、固くて噛みにくい食べ物を噛み砕くのに向いている。分厚いエナメル質のおかげで、強い圧力や、食物に必ずついている塵《ちり》によって歯が磨耗せずに済む。おまけに、大きくて平らな歯の表面は便利だ。噛む力が広い面積に分散し、少々横ばいの動きでもって食物を噛めるので、噛み切りにくい繊維も切り裂ける。基本的にアウストラロピテクス、なかでも頑丈型は、石臼《いしうす》のような形状の大きな歯を持っていて、噛み切りにくい食物をものすごい圧力で長時間すりつぶしたり噛み砕いたりできるようになっている。もしあなたが火を通さず、加工もしていない塊茎を一生涯、一日の半分をつぶして咀嚼しなければならないとしたら、これくらい巨大な歯を持っていてありがたいと思うことだろう。ある程度まで、アウストラロピテクスの遺産のおかげで、あなたにもまだそんな歯が残っている。人間の臼歯はアウストラロピテクスの臼歯より大きくも厚くもないが、チンパンジーの臼歯よりは大きくて厚い。

人生にはたいていトレードオフがつきものだ。歯の大きさもまたしかり。アウストラロピテクスのように鼻から下が長く突き出ていたとしても、顎の内部の歯のスペースは限られている。前歯に関して言えば、たとえばアウストラロピテクス・アファレンシスなど最初期のアウストラロピテクスは、類人猿によく似た門歯《もんし》を持っていた。前に突き出た幅広の門歯は、果実にかぶりつくのによく適応していた。しかし、アウストラロピテクスの臼歯が進化して

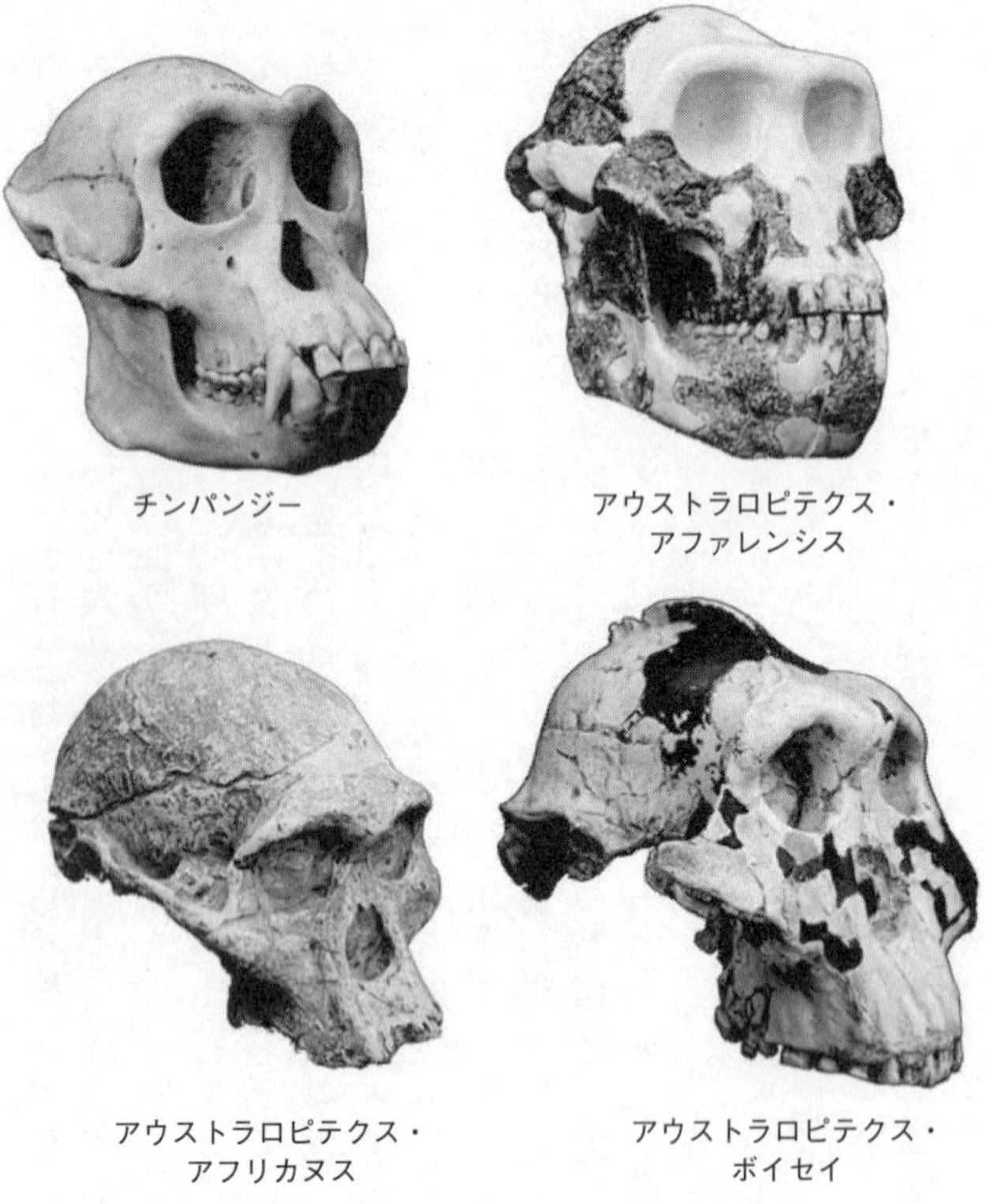

図６　チンパンジーの頭蓋骨とアウストラロピテクス３種の頭蓋骨の比較。アウストラロピテクス・アファレンシスとアウストラロピテクス・アフリカヌスはどちらも華奢型と考えられている。アウストラロピテクス・ボイセイは頑丈型で、歯も咀嚼筋も顔も大きい。

大きく厚くなると、代わりに門歯が小さく垂直になり、犬歯も徐々に小さくなって門歯と同じくらいの大きさになった。前歯が小さくなったのは、これらの人類の食生活において果実の重要性が下がったことのあらわれだろうが、臼歯が大きくなった分だけ場所をとられるようになったという事情を反映してもいる。この変化を引き継いで、いまの私たちも小さな前歯と、門歯のような犬歯（糸切り歯）を持っている。

固くて歯ごたえのある筋っぽい食物を一日に何時間も咀嚼するために臼歯が大さくて厚いのであれば、大きくて丈夫な咀嚼筋も必要だ。驚くにはあたらないが、図6に示したようなアウストラロピテクスの頭蓋骨には、ものすごい咀嚼力が出たであろう巨大な咀嚼筋があったことを示す痕跡が多く残っている。多くのアウストラロピテクスは頭の両側にやたらと大きい扇型の側頭筋を備えていたので、この側頭筋が収まる場所をつくるために、頭蓋骨の頭頂部と後頭部が大きく半円を描いた形になっている。さらに、この筋のふくらんだ部分（こめかみと頬骨のあいだに張っていて、顎についている）は非常に厚いので、アウストラロピテクスの頬骨（頬骨弓）はずいぶん奥へと追いやられてしまった。そのため、顔は横にも縦にも大きい。アウストラロピテクスの大きい頬骨は、もう一つの重要な咀嚼筋である咬筋《こうきん》のために十分なスペースを確保してもいる。咬筋は頬骨から顎の底までつながっている。アウストラロピテクスの咀嚼筋は巨大なだけでなく、嚙む力を効率よく発生させる配置にもなっているのだ。[17]

ひどく固いものを長時間嚙んでいて顎の筋肉が痛くなった経験はないだろうか。じつは、人間も含めて動物は、噛む力が非常に強いので、顎と顔の骨が微妙に歪み、ごくわずかながら損傷している。こうした軽度の変形と損傷は異常ではなく、骨は自力で修復して厚くなっていく。[18] しかし、ひどい歪みが何度も発生すると、骨への打撃は深刻で、骨折するおそれもある。そのため噛む力が強い種は、一噛みするごとに発生する圧力を減らすため、上顎も下顎も厚くて縦横に長くなる傾向がある。アウストラロピテクスも例外ではない。図6からわかるように、アウストラロピテクスは巨大な顎の持ち主で、その大きな顔は骨の柱と板でしっかりと補強されているので、噛み切りにくい固い食物を一日中噛んでいても顔を骨折させずに済んでいた。[19] この顔の補強は華奢型でもよくわかるが、頑丈型の顔と顎はじつにがっしりとしていて、さながら軍用装甲車である。

要するに、チンパンジーやゴリラと同じく、おそらくアウストラロピテクスも果実が大好きではありながら、入手できたものを何でも食べざるをえなかったに違いない。アウストラロピテクスにこれと決まった食事はなく、私たちが知っている六つほどの種は、間違いなく、それぞれの生息する多様な生態系の条件を反映したさまざまな食事をとっていた。しかし気候が変動して果実が希少になると、固い代替食、とくに地下貯蔵器官が、私たちの大昔の親戚にとっていっそう重要になったに違いない。そしてその伝統は私たちもある程度まで受け継いでいる。[20] しかし、そもそも彼らはこうした食料をどうやって手に入れたのだろう。

よろよろ歩いて塊茎探し

　スーパーで食料採集している現代のあなたがメニューを変えたいときは、いつもと違う品に手を伸ばすか、せいぜいがいつもは通らない通路を通るくらいだろう。対照的に、狩猟採集民は食べ物を探して毎日何時間も長い距離を歩く。この点からすれば、チンパンジーなどの森に棲む類人猿は、狩猟採集民より現代の買い物客に近い。大好きな果実を食べるためだろうと、もしくはしかたなく「次善」の葉や茎や草を食べるためだろうと、空腹を満たすために遠くまで足を運ぶことなどめったにないからだ。平均的なメスのチンパンジーの一日の移動距離は約二キロで、こっちの果樹からあっちの果樹へと移動するくらいだ。オスのチンパンジーの一日の歩行距離も、それに一キロ増える程度である[21]。それ以外は、オスもメスも食べて、消化して、毛づくろいして、仲間と交流して過ごす。果実が少ないときは、チンパンジーもほかの類人猿も代替食に頼るが、それはつねにそこらにあるものなので、そうなっても移動距離はほとんど変わらない。基本的に、類人猿はいつも食べ物に囲まれており、ふだんはそれをあえて無視しているだけなのだ。

　果実を主食とする食事から、塊茎などの代替食を主食とする食事に切り替わったことは、アウストラロピテクスの移動距離に並々ならぬ影響を及ぼしたはずである。アウストラロピテクスには多くの種があり、川や湖に接する疎開林に住んでいた種から草原に住んでいた種までさまざまだが、いずれにしても彼らの住環境は、部分的に開《ひら》けた土地だった。そうした環境は、そもそも果樹が少ないうえに、類人猿の一般的な住環境である熱帯雨林と比べて季節差がある。結果として、アウストラロピテクスは広く分散してしまった食べ物を探しに出たに違いない。必要十分な食料を見つけるために毎日長い距離を歩いていたこともほぼ確実だ。ときには開けた土地の真ん中も進んでいかなければならなくて、危険な捕食動物と灼熱の太陽に自らの身をさらしたことだろう。しかし一方で、アウストラロピテクスはまだ木にも登っていた。食物を得るためだけでなく、安全な寝場所を確保するためにも、木登りをやめるわけにはいかなかった。

十分な水と食料を得るために遠くまで移動せざるをえなかった証拠は、アウストラロピテクスのいくつかの種において進化した、歩行のためのいくつもの重要な適応に見ることができる。それらの適応は、今日の人間の身体にもしっかりと残っているものだ。前に述べたように、アルディやトゥーマイなどの初期人類もそれなりに二足歩行をしていたが、アルディは（したがってたぶんトゥーマイも）いまの私たちとまったく同じような歩き方をしてはいなかった。おそらくは、もっぱら足の外側に体重をかけながら、短い歩幅でよちよち歩いていたと思われる。また、アルディは木登りに向いた多くの特徴も保持していて、たとえば足裏で枝をつかめるように足の親指が対向していたから、私たちのように効率よく歩くのは難しかっただろう。ところが約四〇〇万年前から、いくつかのアウストラロピテクスの種に、より常習的で効率的な二足歩行のための数々の適応があらわれはじめる。これはアウストラロピテクスの少なくともいくつかの種を、もっと優秀な長距離歩行者とするべく強い選択圧が働いたことを意味している。これらの適応は、今日の人間の身体のきわめて重要な特徴でもある。したがって、私たちがどうしてこういう歩き方をするようになったのかを理解するうえで、これらの適応を考えることは大いに有益なはずだ。

まずは効率の点から考えてみよう。類人猿は、人間のように腰、膝、足首をまっすぐにして歩けない。これらの関節を極端な角度に曲げた状態で、足を引きずるようにして歩く。グルーチョ・マルクスのような歩き方なので見ているぶんには面白いが、疲れるし、コストも大きい。その理由を説明すると、おのずと歩行の根本的な仕組みが明らかになるだろう。図7は、歩行中の脚の動きが、回転の中心を交互に変える振り子のように機能する様子を示している。脚が前方に振り上げられているとき、振り子の回転中心は腰である。しかし脚が地面に着いて、その上にある身体を支えているとき、振り子は逆さまになって回転中心が足首になる。この上下反転により、私たちやほかの哺乳類はちょっとしたわざを使ってエネルギーを節約することができる。一歩踏み出すごとに、そのステップの前半では脚の筋肉が収縮して脚を下へと押し下げ、足と足首の上の身体に弧を描かせる。この弧を描く動作が身体の重心を持ち上げ、それによって位置エネルギー（ポテンシャルエネルギー）を蓄える。バーベルを地面から持ち上げるとバーベルの位置エネルギーが高まるのと同じ理屈だ。その後、ステップの後半では、身体の重心が下がるとともに、この蓄積されたエネルギーのほとんどが運動エネルギーのかたちで返還される（バーベルを落とすときと同じである）。だから、振り子歩行はじつに効率がいい。しかしチンパンジーのように腰と膝と足首を大きく曲げた

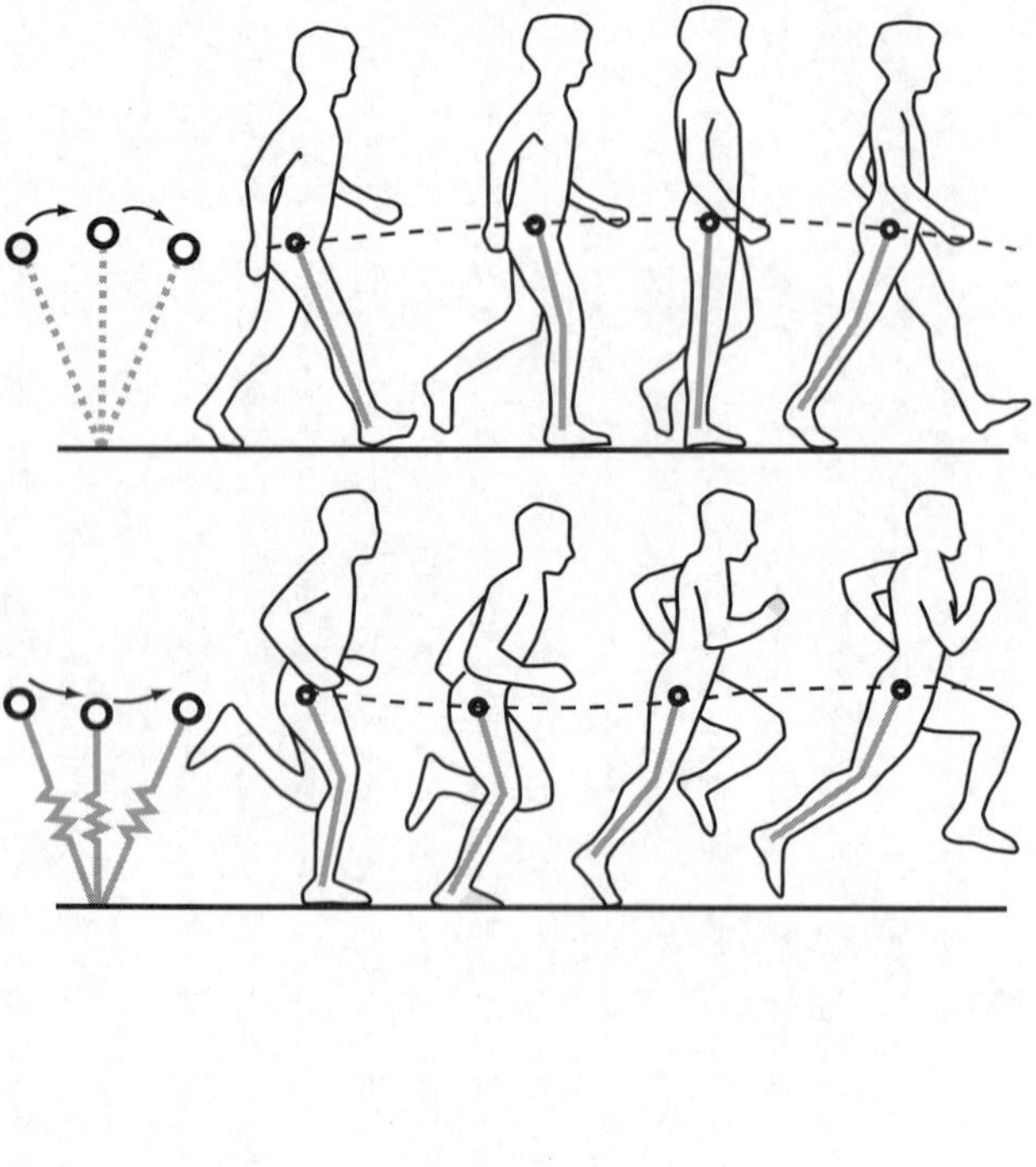

図7　歩行と走行。歩行中、脚は逆さまの振り子のような働きをして、ステップの前半で身体の重心（図中の円）を持ち上げ、後半で下げる。走行中は、脚がばねのように働き、ステップの前半で身体の重心を下げ、後半で反動によって身体を押し上げ、跳躍にもっていく。

状態で歩くと、振り子歩きよりはるかに負担が大きくなる。重力がつねに身体を下へと引っ張り、曲がっている関節をさらに曲げようとするからだ。グルーチョ歩きは臀部《でんぶ》と腿とふくらはぎの筋肉をずっと無理やり収縮させ、脚をひっくり返した振り子のままにしようとする。さらに、脚の関節を曲げると歩幅が短くなるため、一歩ごとの移動距離がはるかに小さくなる。歩行のエネルギーコストの測定実験でも、腰と膝を曲げた歩き方は普通の歩き方よりもずっと効率が悪いことがわかっている。体重四五キロのオスのチンパンジーは三キロ歩いて約一四〇キロカロリーを消費するが、これは同じ距離を体重六五キロの人間が歩いたときの消費カロリーの約三倍にあたる。(22)

残念ながら、アウストラロピテクスが歩いているところを見るのは不可能だし、ましてやアウストラロピテクスに酸素マスクを着用させて歩行コストを測定するなどは論外である。これらの祖先は腰と膝と足首を曲げた格好で、直立したチンパンジーのように歩いていたと考えている研究者もいる。(23)しかし複数の証拠から、アウストラロピテクスも種によっては、あなたや私と同じように、関節をそれなりにまっすぐにして（伸ばして）効率よく歩いていたことがうかがえる。そうした数々の手がかりを残しているのは彼らの足で、そこには今日の私たちが保持しているのと同じ特徴がいくつも備わっているのである。類人猿やアルディの足の親指は、ものをつかんだり木に登ったりするときに役立つように長くて対向しているが、アウストラロピテクス・アファレンシスやアウストラロピテクス・アフリカヌスの足の親指はそれらと異なり、むしろ人間と同じように、太く、短く、ほかの指と並行している。(24)

また、足裏には部分的にではあるが、私たちと同じように縦の土踏まずがあり、歩行中に足裏の中央をこわばらせられるようになっていた(25)。こわばった土踏まずがあるうえに、足指の付け根の関節が上向きになっていることから、アウストラロピテクスは人間と同じように、一歩の最後に足指をうまく使って身体を前へ、上へと押し出せていたものと察せられる。そして決定的なことに、アウストラロピテクス・アファレンシスなどの種には、大きくて平らな踵骨《しょうこつ》（かかとの骨）が見受けられる。これは、ヒールストライク（かかと着地）によって生じる強い衝撃力を受け止められるように適応したものだ(26)。このような、人間の骨格の特徴でもあるかかとがあるということは、ルーシーも歩いているときに、人間のように脚をまっすぐ前方に振り上げて、大股で闊歩《かっぽ》していたに違いない。ただし少なくともアウストラロピテクスの別の一種、アウストラロピテクス・セディバは、かかとがもっと小さく、もっと不安定だったから、おそらくヒールストライクの弱い、歩幅も短い、内股歩きをしていたものと思われる(27)。

いまの私たちにも引き継がれている効率的な歩行のためのまた別の一連の適応は、アウストラロピテクスの多くの化石の下肢にあらわれている(28)。アウストラロピテクスの大腿骨は内向きで、膝が身体の正中線《せいちゅうせん》の近くに位置していたため、よちよち歩きの子供や酔っ払いのように、脚を大きく開いたまま左右に揺れながら歩く必要がない(29)。また、股関節と膝関節が大きく、しっかり支えられているので、歩行中に片脚だけを地面につけたときに生じる強い力にも対応できる。さらにたいていの場合、アウストラロピテクスの足首の配置は人間と同じような向きになっており、チンパンジーの足首よりも安定していて、ぐにゃぐにゃと曲がらない。したがって、おそらく足首を捻挫《ねんざ》する危険も少なかったと思われる。

そしてアウストラロピテクスには明らかに、二足歩行をするときに上体を安定させるためのいくつかの適応があった。臀部の上の胴体に位置する長い湾曲した腰椎が、最初の人類において進化したのかどうかはまだ不明だが、アウストラロピテクス・アフリカヌスやアウストラロピテクス・セディバなどの種には間違いなく存在していた(30)。加えてアウストラロピテクスは、大きく曲線を描いて横に張り出した、たらいのような形状の広い骨盤も持っていた。前に述べたように、横向きの幅広な腰には利点がある。片脚だけが地面に着いているときでも腰の側面の筋肉でもって上体を安定させることができるのだ。もし腰がこのような形状でなかったら、私たちはつねに横向きに転倒する危険と隣り合わせだっただろう。そしてチンパンジーのようによたよたと、ぎこちなく歩くしかなかったはずだ。

つまり全体として、アウストラロピテクス・アファレンシスをはじめとするアウストラロピテクスの多くの種は、そこそこ人間らしい足取りを使ってかなり効率よく歩行していたと思われる。この結論は、タンザニアのラエトリ遺跡で発見された有名な足跡からも示唆される。誰がこの足跡をつけたにせよ（可能性が高いのはアウストラロピテクス・アファレンシスだが）、その足の持ち主は、腰と膝をまっすぐ伸ばして闊歩することができていたようだ(31)。といっても、アウストラロピテクスが私たちとまったく同じような足の運びで移動していたと結論するのは間違いだし、彼らは依然として果実を採集したり、捕食者から身を隠したり、あるいはもしかしたら夜のねぐらとするためにも、木に登っていたに違いない。したがって当然ながら、その骨格には類人猿から受け継いだ、木登りに便利な特徴が保持されている。チンパンジーやゴリラのように、彼らの脚は比較的短く、腕は比較的長く、手足の指は長くて少々湾曲していた。さらに、多くのアウストラロピテクスの種は、前腕の筋肉が強く、いかり肩をしていた。これは木の枝からぶら下がったり、自分の身体を引っぱり上げたりするのに適応していたしるしだ。木登りのための適応がとくに顕著にあらわれているのが、アウストラロピテクス・セディバの上体である。[32]

自然選択により、アウストラロピテクスが脚を伸ばしての大股歩きをするようになったことは、人間の身体にいくつかの遺産を残した。何より重要なのは、彼らの効率よく効果的に歩ける能力が、人類を持久力の高い歩行者に変化させたという点で、人間の進化の一場面に重要な役割を果たしたことだ。持久力は、開けた住環境のなかをくまなくえんえんと歩くのに、なくてはならない適応である。前にも述べたように、歩行のエネルギーコストを減らすような選択がチンパンジーに働いた形跡はほとんどない。それはおそらく、チンパンジーはどんなときでも一日に二、三キロメートル程度しか歩かないうえに、木に登って木々のあいだを飛びまわったりもしなければならないからだろう。だが、もしアウストラロピテクスが果実や塊茎を探して定期的に長距離移動する必要があったなら、歩行の大幅な省エネは、とてつもない利点となったはずだ。典型的なアウストラロピテクスの母親が、仮に体重三〇キログラムとして、チンパンジーの母親より二倍も多い、一日六キロメートルの距離を移動しなければならなかったとしよう。アウストラロピテクスの母親が人間の女性くらい効率よく歩けたら、一日およそ一四〇キロカロリーが節約できることになる（週にすると一〇〇〇キロカロリー近い節約だ）。チンパンジーに比べて五〇パーセントほど効率がいいだけでも、節約できるカロリーは一日七〇キロカロリーになる（週にすると五〇〇キロカロリー近い）。食物が乏しいときには、この差が自然選択に大きくものをいったはずだ。

すでに見てきたように、二足歩行であるということは、そこから必然的に派生する別の難点と利点を人類の身体にもたらした。直立歩行がもたらす最大の不利益は、ギャロップでの全力疾走ができないことだ。アウストラロピテクスも間違いなくのろまだっただろう。大胆にも木から降りていけば、そのたびに、開けた土地で獲物を狩るライオンやサーベルタイガーやチーターやハイエナといった肉食動物にすぐに目をつけられたに違いない。しかしアウストラロピテクスは汗をかけたから、ひょっとするとそれらの捕食者がうまく体温を下げられなくなる真昼ごろまで待機して、それから動きまわったのかもしれない。一方、利点として挙げられるのは、直立して歩きまわるため食料を持ち運ぶのが容易になること、そして直立姿勢のために直射日光にさらされる表面積が少ないことだ。つまり二足動物は四足動物よりも太陽放射による体温上昇が抑えられるのである[33]。

二足動物であることとの最後の大きな利点は、ダーウィンが強調しているように、両手が解放されて、穴掘りなどの別の作業に使えるようになったことだ。地下貯蔵器官は地面の奥深くにあることも珍しくなく、棒を使ってそれを掘り出すのは、ことによると二、三〇分もかかる重労働だ。しかしアウストラロピテクスにとって、穴掘りはなんら問題ない作業だったのではないだろうか。彼らの手の形状は類人猿と人間の中間のようなもので、類人猿より親指が長く、ほかの指が短い(34)。だから棒もうまく握れたはずだ。その棒の調達に関しても、適当なものを選んで適当に加工するのにたいした技能はいらないし、自ら作ることだってチンパンジーの能力の範囲内で十分にできる。実際、チンパンジーは棒を加工してシロアリを掘り出したり小型の哺乳類を突き刺したり、手ごろな石を選んで木の実を割ったりしている(35)。このような棒を使っての穴掘りが普通にできるように自然選択が働いたことが、のちの石器の製作と使用の選択につながる土台を作ったのかもしれない。

あなたのなかのアウストラロピテクス

しかし、今日の私たちがどうしてアウストラロピテクスのことを気にしなければならないのだろう？　直立歩行動物であるという点を除けば、彼らはあなたや私とはまったく違うように見える。この大昔に絶滅した祖先――脳がチンパンジーよりちょっと大きいくらいで、想像もつかないほど固くて食べにくい、おいしくもない食料をひたすら採集して毎日を過ごしていた祖先が、私たちとどう結びつくというのか？

私が思うに、アウストラロピテクスに注目すべきもっともな理由は二つある。一つには、これらの遠い祖先が人間の進化の重要な中間段階であったことだ。進化というのは一般に、長い段階的変化を通じてなされるもので、それぞれの変化はつねに直前の出来事に影響される。サヘラントロプスやアルディピテクスなどの初期人類が二足歩行らしきものを始めていなければアウストラロピテクスは進化しなかったのと同じように、アウストラロピテクスが樹上生活を部分的にやめて常習的な二足歩行を始め、果実への依存を少なくして、その後のさらなる気候変動によって生じる次の進化段階のお膳立てをしなければ、ホモ属（ヒト属）も進化してはいなかっただろう。そして二つめの理由はさらに重要だ。あなたや私のなかには、たくさんのアウストラロピテクスがいるのである。人間は奇妙な霊長類だ。まったくと言っていいほど木の上で過ごさないし（あなたはいま樹上生活をしているか？）、よく歩くし、朝食、昼食、夕食がすべて果物だけということもない。こうした傾向は、私たちが類人猿と分岐した時点ですでに始まっていたのかもしれないが、それが大幅に増幅されたのはアウストラロピテクスのさまざまな種が進化した数百万年間のことだった。その進化実験の痕跡が、あなたの身体にはたくさん残されている。チンパンジーと比べると、あなたの臼歯は分厚くて大きい。足の親指は短くて太く、枝をつかむのにはまったく適していない。下背部《かはいぶ》は長くて柔軟で、足裏には土踏まずがあり、腰はくびれ、膝は大きい。ほかにも多くの特徴が、あなたを優秀な長距離歩行者にしてくれている。いまの私たちはこうした特徴を当たり前のように思っているが、考えてみれば非常に珍しく、数百万年前に代替食を採集して食べるようにと強い自然選択が働いたからこそ、私たちの身体に備わっているものなのだ。

とはいえ、あなたはアウストラロピテクスではない。ルーシーや彼女の親戚と比べたら、あなたの脳は三倍も大きく、脚は長く、腕は短く、そして鼻口部が突き出てもいない。低品質の食物ばかりに依存する必要もなく、肉のような超上質の食物を糧にして、道具、調理、言語、文化などの恩恵にもあずかっている。こうした多くの重要な違いが進化したのは氷河期だった。それは約二五〇万年前に始まる……。

第4章　最初の狩猟採集民
現生人類に近いホモ属の身体はいかにして進化したか

あるとき、うさぎはかめの短い足とのろさをばかにした。するとかめは笑ってこう答えた。「君は風のように速いかもしれないけれど、競走には僕が勝つからね」

――イソップ「うさぎとかめ」

あなたは現在の地球の急激な気候変動を心配しているだろうか。していないなら、心配すべきだ。なぜなら気温の上昇、降雨パターンの変化、そしてこの二つの変動にともなう生態系の推移は、私たちに食糧危機をもたらしかねないからである。とはいえ、これまで見てきたように、地球規模の気候変動が「今日の夕食はなに？」という昔からある問題に影響を及ぼすことで、人類の進化に大きく弾みをつけてきたのも確かだ。結局のところ、地球規模の気候変動に直面しつつも必要十分な食料を入手しようとする営為が、人間の時代の幕開けを呼ぶことにもなったのである。

夕食（もちろん朝食、昼食も）の食料を手に入れるのは、あなたの日々の最大関心事ではないかもしれないが、たいていの生き物はほぼいつも空腹で、どうにかして必要なカロリーと栄養素を摂取することしか考えていない。たしかに動物にとっては配偶相手を見つけることも、自分が食べられてしまうのを避けることも大事だが、生存闘争はたいてい食べ物をめぐっての闘争であり、つい最近までは圧倒的多数の人間も例外ではなかった。そのうえ生息環境が一変しようものなら、食料獲得はいかに厄介になることだろう。ふだん食べているものが消えてなくなったり、なかなか見当たらなくなったりするのである。これまで見てきたように、必要十分な食料を見つけなくてはならない試練は、人類の進化における最初の二つの大きな変化に拍車をかけた。数百万年前にアフリカの気温が下がり、乾燥が進むとともに、果実の採《と》れるところが減り、その結果、効率よく食料採集できるように立ち上がって直立歩行する祖先が有利となった。また、それに対応するもう一つの進化のあらわれが、果実以外の塊茎《かいけい》や根茎《こんけい》や種子や木の実を食べるのに適した大きくて厚い臼歯《きゅうし》と大きな顔だった。しかし、こうした変化はたしかに重要だったが、ルーシーなどのアウストラロピテクスを人間と考えるのは難しい。ルーシーたちは二足歩行ではあるものの、脳の大きさは類人猿並みだし、私たちのように話したり考えたりはせず、食事だって違っていた。

私たちの身体と行動様式がぐっと「人間」らしいものに進化したのは、氷河期の始まりのころだ。氷河期は、三〇〇万年前から二〇〇万年前の継続的な地球寒冷化に端を発し、まさに地球の気候の変わり目となったきわめて重要な時期である。この期間に、海水温は摂氏で約二度下がった。[1]二度くらい、たいしたことではないと思うかもしれないが、地球全体の海水温の平均とすれば膨大なエネルギー量だ。地球寒冷化は行ったり来たりを繰り返していたが、二六〇万年前には、北極と南極の氷冠が拡大するほどにまで冷え込んでいた。私たちの祖先は、はるかかなたで巨大な氷河が形成されているとは思ってもいなかっただろうが、荒々しい地質活動によって生息環境の周期的な変化が激しくなっていくのを確実に感じとってはいただろう。なにしろアフリカ東部では、その影響がとくに甚大だったのだ。[2]巨大な火山性ホットスポットが原因で、この地域全体がスフレのように隆起し、そののち（ときどきスフレがそうなるように）中心部が陥没して、大地溝帯《だいちこうたい》が形成された。大地溝帯は広大な雨陰《うもうかげ》をつくり、アフリカ東部の大部分を干上がらせた。また、この地には湖も多く、今日にいたるまで周期的に水が満ちては枯渇するのを繰り返している。[3]アフリカ東部の気候はたえず変化していたが、全体的な傾向としては、鬱蒼と茂った森林が減少し、疎開林《そかいりん》、草地、そしてそれ以上に乾燥した、一定の季節にしか住めないような生息環境が拡大した。二〇〇万年前には、この一帯は『ターザン』よりも『ライオン・キング』のセットにずっと近くなっていた。[4]

二五〇万年ほど前の腹をすかせた人類を想像してみよう。いっこうに形状の定まらない草地と疎林のなかで暮らしながら、何を食べようか考えている。果実などの好物がどんどん減っていったら、どんな対応策がとれるのだろう。一つには、すでに見てきた大きな顎と馬鹿でかい歯を持つ頑丈型アウストラロピテクスのように、根茎や塊茎や球根や種子などの、しだいに常食となりつつあった固くて嚙み切りにくい食物に、それまで以上に頼るという手がある。これらの人類は、嚙んで嚙んでまた嚙んでと、毎日何時間も根気強く咀嚼《そしゃく》を続けていたに違いない。しかし私たちにとっては幸いなことに、つねに変化する生息環境への対応策として、自然選択は別の画期的な戦略も選んだようだ。それが狩猟採集である。この革新的な生活様式では、塊茎などの植物の採集も引き続き行なわれたが、それに加えていくつかの斬新な行動も取り入れられた。もっと肉を食べる、食物を掘り出したり加工したりするのに道具を使う、仲間どうしで密に協力して食料を分けあったり作業を分担したりする、といったことである。

「人間」と呼べる最初の種、すなわちホモ属（ヒト属）の進化の土台には、この狩猟採集の進化がある。さらに言えば、最初の人間たちにそのような独創的な生活様式を可能にさせた、自然選択による最重要の適応とは、大きな脳ではなく、現代的な体型だった。あなたの身体が現在そのような形状になっているのは、何にもまして、狩猟採集の進化があったからこそなのである。

最初の人間は誰か

氷河期は狩猟採集の進化を促しただけでなく、それと連動して、初期のホモ属のいくつかの種の体型を現代的なものにしたが、なかでも最も重要な種がホモ・エレクトスである。人間の進化を理解するうえで、この種がたいへんに大きな存在として俄然《がぜん》注目されるようになったのは一八九〇年以降のことだ。この年、怖いもの知らずのオランダの軍医、ウジェーヌ・デュボワが、ダーウィンらに触発されて、人類と類人猿とのあいだの真のミッシング・リンクを探しにインドネシアに向かって出発した。運にも恵まれ、デュボワは到着して数カ月で頭蓋冠と大腿骨の化石を発見し、すぐさまそれをピテカントロプス・エレクトス（「直立猿人」）と名づけた。(5) その後一九二九年に、中国・北京近郊の洞窟で似たような化石が発見され、シナントロプス・ペキネンシス（北京原人）と名づけられた。その後数十年で、同じような化石がタンザニアのオルドヴァイ渓谷や、北アフリカのモロッコやアルジェリアなどからも次々と発見された。北京原人の場合と同様に、これらの化石の多くにも、最初は新しい種の名前がつけられていたが、第二次世界大戦後、学界はこれら各地の骨格標本が、じつはすべて同じ種、ホモ・エレクトスのものだという結論をくだした。(6) 現在得られる最良の証拠から察するかぎり、ホモ・エレクトスは約一九〇万年前にまずアフリカで進化して、その後アフリカから旧世界全体にあっというまに散らばった。ホモ・エレクトス（もしくはその近縁種）は、一八〇万年前までにはジョージア（旧グルジア）のコーカサス山脈に、一六〇万年前までにはインドネシアと中国にあらわれている。そしてアジアの一部地域では、ほんの数十万年前まで生息していた。

三つの大陸でほぼ二〇〇万年も生き延びた種だから当然といえば当然かもしれないが、ホ

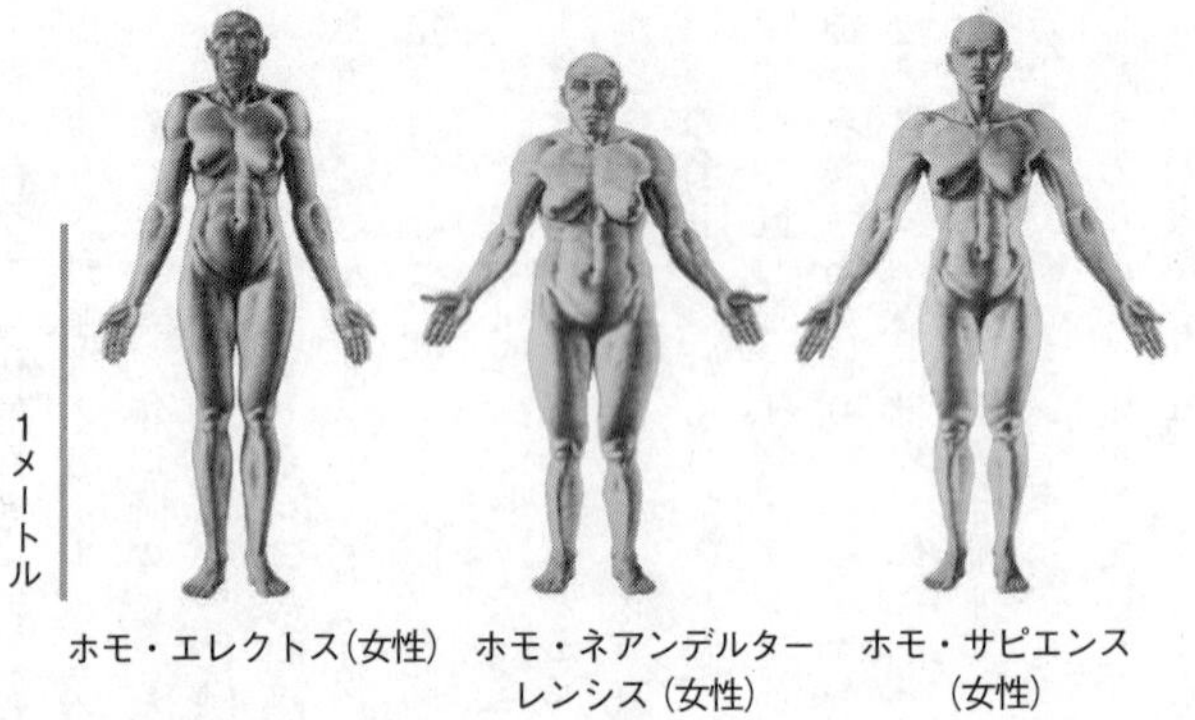

図8　ホモ属の3つの種——ホモ・エレクトス、ホモ・ネアンデルターレンシス（ネアンデルタール人）、ホモ・サピエンス（現生人類）——の女性の復元図。体型は全体的に似ているが、ネアンデルタール人は脳が大きく、現生人類は顔が小さくて頭が丸い。Reconstructions copyright © 2013 John Gurche.

モ・エレクトスには、現在の私たちとほぼ同じように、さまざまな体型がある。次章の表2にいくつかの基本的なデータがまとめてあるが（一八五ページを参照）、体重は四〇キロから七〇キロ、身長は一二二センチから一八五センチと幅がある[7]。多くは現代人と同じ大きさだが、女性は現代人のなかでも最も小柄な女性と同じくらいだ。ジョージアのドマニシ遺跡で発見された化石は全部そうだった。もしも今日、街でホモ・エレクトスの一団に出会ったら、人間そっくりだと思うだろう。首から下はとくにそうだ。図8に描かれているように、アウストラロピテクスと違い、ホモ・エレクトスの体型は現生人類の体型とよく似ていて、比較的脚が長く、腕が短い。ウエストは位置が高く、くびれており、足もまったく現代的だが、腰は私たちよりも左右に張り出していた。私たちのように肩は下がり気味で幅広く、胸は樽のように大きくて厚い。しかし、頭部は私たちとはやや違っていた。ホモ・エレクトスの鼻口部は前に突き出てはいないが、顔は面長で奥行きがあり、男性には目の上に棒のような大きな眉弓《びきゅう》があった。ホモ・エレクトスの脳の容積はアウストラロピテクスと人間の中間ぐらいで、頭蓋骨は長く、頭頂部が平らになっており、後頭部は私たちのように丸くなっておらず、急角度に出っ張っていた。歯は現代人のものとほぼ同じだが、微妙に大きい。

人類の系図に連なる数多くの種のうち、ホモ・エレクトスは重要度で一、二を争うが、その進化の起源ははっきりしない。ホモ属には、ホモ・エレクトスの祖先かもしれない初期の種が少なくとも二つある。それについても次章の表2にまとめてあるが、まず一つはホモ・ハビリス（「器用な人」の意）で、ルイスとメアリーのリーキー夫妻によって一九六〇年に発見された。こう名づけられたのは、石器を作った最初の人類だと推測されているからだ。ホモ・ハビリスが生息していた年代ははっきりしないが、おそらく二三〇万年前までには進化して、一四〇万年前まで生息していたものと思われる。ホモ・ハビリスの身体はアウストラロピテクスに近いと見られ、小柄で、腕が長く、脚が短い。臼歯も大きくてエナメル質が厚い。しかし、脳はどのアウストラロピテクスのものよりも数百グラム重く、頭蓋骨は丸くて、鼻口部が突き出ていない。手はかなり現生人類に近く、石器の製作と使用によく適応していた。

ホモ・ハビリスには、知名度でやや劣る同年代の仲間がいた。それがもう一つの初期の種、ホモ・ルドルフエンシスである。現時点でわかっているかぎり、ホモ・ルドルフエンシスはホモ・ハビリスよりも少しだけ脳が大きいが、歯と顔がホモ・ハビリスより大きく、平坦で、アウストラロピテクスのものに似ている。[8]これらの点から、ホモ・ルドルフエンシスはむしろ脳の大きなアウストラロピテクスで、実際にはホモ属（ヒト属）ではないという可能性も捨てきれない。[9]

初期のホモ属の種がいくつあったのか、そしてそれぞれの種が正確にどれくらい近縁だったのかはひとまず措《お》くとして、これまでに発見されている化石から浮かび上がってくる全体像は、人間のような身体の進化が、少なくとも二つの段階で発生したことを示している。まずはホモ・ハビリスにおいて、脳がやや大きくなり、鼻口部が突き出なくなった。そしてホモ・エレクトスにおいて、はるかに現生人類の形状に近い脚と足と腕が進化し、あわせて小さな歯と、それなりに大きな脳という特徴も備わった。たしかにホモ・エレクトスは一〇〇パーセント人間そっくりとはいかないが、この重要な種の進化が、おおむね人間らしい身体の起源でもあり、いまの私たちがしているような食事や、仲間どうしの協力や、コミュニケーションや、道具の使用や、その他さまざまな現代的な行動の起源ともなっている。煎じ詰めればホモ・エレクトスこそ、はっきり人間と見なすことのできる最初の祖先なのである。この変化はなぜ、どのようにして起こったのだろう。氷河期に突入したこの時代、狩猟採集の開始はどのように初期ホモ属の生き残りに役立ったのか。そしてその生活様式がどのような影響をもたらして、ホモ属の身体、ひいては私たちの身体にも残っている変化の選択へとつながっていったのだろう。

ホモ・エレクトスはいかにして夕食にありついたか

タイムマシンの発明や、未知の島での初期ホモ属の残存種の発見がおよそ不可能である以上、私たちはホモ属の最初のメンバーがどのようにして生き延びたのかについて、化石や遺物と現代の狩猟採集民の生態に関する知識とをあわせて研究し、さまざまな情報をつなぎあわせて全体像を把握しなければならない。このような復元作業にはどうしても当て推量がつきまとう。しかし、その当て推量がどれくらい信頼できるかを知ればびっくりするはずだ。というのも狩猟採集は、採集によって植物性食料を得る、狩猟によって肉を得る、仲間どうしで密に協力する、食料を加工するという、四つの基本要素からなる統合システムだからである。最初の人類はどのようにして、いつ、なぜ、これらの行動をなしとげたのか。

まずは採集から見ていこう。初期ホモ属が暮らしていたアフリカの住環境では、間違いなく採集した植物が食事の大半だった。おそらくは七〇パーセント以上ではないか。採集は簡単そうに見えるかもしれないが、実際はそうではない。熱帯雨林に暮らす類人猿なら、一日に二、三キロほども歩けば、その途中で目についた食用の果実や葉をもぎとるだけで十分な食料を集めることができる。ところが、もっと開《ひら》けた環境に住む人類は、毎日もっと長い距離を歩かなければならなかった。現代の狩猟採集民がいくらかでも参考になるとすれば、少なくとも六キロは歩いていただろう。そうして食べられる植物を見つけても、さらにそれを抜き出す作業をしないと消化可能な食物は得られなかった[10]。それらの植物は栄養豊富な部位がさまざまな方法で守られていて、たとえば地面の下に隠れていたり（塊茎のように）、堅い外殻に覆われていたり（木の実のように）、あるいは毒素によって守られていたり（さまざまなベリーや根茎のように）するため、なんとかそれらをくぐりぬけて栄養のある部位を抜き出さなくてはならないのだ。しかも開けた環境では食べられる植物が密生しておらず、果実が豊富な熱帯雨林と比べて季節差も大きい。したがって最初の狩猟採集民は、抜き出しが必要なさまざまな種類の食料に頼らざるをえなかったことだろう。いまでもアフリカの狩猟採集民は、何十種類もの植物を探してまわるのが普通だが、それらの植物の多くには旬があり、見つけにくく、抜き出すのも一苦労である。たとえば地下貯蔵器官は、アフリカの多くの狩猟採集民の食生活で多大な割合を占めているが、塊茎一つ掘り出すのも一〇分から二〇分はかかる重労働だ。途中で頑固な大きい石をどかさなければならないことも多く、掘り出したら掘り出したで、叩いたり調理したりして消化可能な状態にしなければならない。狩猟採集民が抜き出すもう一つの貴重な食物は、蜂蜜だ。甘くて、おいしくて、カロリー豊富だが、手に入れるのはたいへんで、ときには危険さえともなう。

　植物を食べる利点は、そのありかが予測しやすいこと、比較的ふんだんにあること、そして逃げないことである。しかし反面、植物、とくに栽培化されていない植物には、食料として大きな難点もある。消化できない食物繊維の含有量が多く、その分だけ栄養素が少なくなっていることだ。ざっと計算するだけで、初期ホモ属、とりわけ子供のいる母親にとって、生存と繁殖に必要な食料をかき集めるのはたいへんな問題だったろうと推測できる。体重五〇キロのホモ・エレクトスの女性は生命を維持するだけで一日一八〇〇キロカロリーを必要とするが、成人女性はほとんどの場合、授乳中、もしくは妊娠中であっただろうから、そうであればさらに五〇〇キロカロリーが必要になる。また、乳離れはしていても、自分で食料を探しに行けるまでには育っていない年長の子供がいる可能性も大だから、一日に一〇〇〇キロカロリーから二〇〇〇キロカロリーの食料も追加で確保しなくてはならない。これらを足しあわせると、一日あたり平均三〇〇〇キロカロリーから四五〇〇キロカロリーが必要だったと想像される。ところが、現代のアフリカの狩猟採集民の研究によれば、母親は一日に一七〇〇キロカロリーから四〇〇〇キロカロリー程度の植物しか採集できない。よちよち歩きの幼児を抱えている授乳中の母親なら、その範囲の最低ラインに達するのがやっとである。[11] ホモ・エレクトスの女性が現代の女性よりもことさら採集能力に長《た》けていたとは考えにくいから、平均的なホモ・エレクトスの母親は、自分のエネルギー需要と一人立ちしていない子供たちのエネルギー需要をまかなうだけの、十分な食料を集められないことも珍しくなかったに違いない。この不足分をどうやって解決したかといえば、別のエネルギー源を獲得したのだった。

その一つが肉だ。二六〇万年以上前の遺跡から、切り傷がついた動物の骨が出土している。その傷は、肉を切り離すのに単純な石器を使ったときについたものだ(12)。内部の髄を取り出すために砕いたのだろうと明らかにわかる傷がついた骨もあった。つまりこれは、人類が少なくとも二六〇万年前には肉を食べはじめていたというれっきとした証拠だ。どのくらいの量の肉を食べていたかは推測するしかないが、今日、熱帯地方の狩猟採集民の食生活において肉は約三分の一を占めている(温帯地域では肉と魚の消費量がさらに多い(13))。加えて、今日でもチンパンジーや人間は肉が大好きなのだから、当時の狩猟採集民も同じように肉を食べたがっていたはずだ。そして、それにはもっともな理由がある。レイヨウのステーキを食べれば、同じ量のニンジンを食べたときの五倍ものエネルギーが得られ、必須タンパク質と脂肪分も摂れるのだ。さらに肝臓、心臓、髄、脳といった動物のほかの器官にも、脂肪をはじめとして、塩分、亜鉛、鉄分などの不可欠な栄養素が詰まっている。肉は栄養の宝庫なのだ。

このように初期ホモ属の時代から、肉は人間の食生活の重要な一部をなしていたが、肉食動物でもないのに肉食をしようとするのは、現代の狩猟採集民にとってもなかなか厄介なことである。多大な時間を要するうえに、確実な保証もなく、危険も大きい。ましてや旧石器時代の初めのころなら、槍などの投擲《とうてき》武器が発明されるのはまだまだ遠い先のことなのだから、獲物をとるのはさらに困難で危険な試みだったに違いない。男性は狩猟や腐肉漁りをしていたとしても、妊娠中や授乳中の初期ホモ属の母親が定期的に狩猟や腐肉漁りに参加できたとは考えにくい。小さい子供の世話をしていればなおさらだ。したがって肉食の発祥は、女性がもっぱら食料採集に従事する一方で、男性が採集に加えて狩猟と腐肉漁りも行なうという分業が確立したのと同時期だったと推測できる。この古代の分業の根幹にかかわる特徴は――現在でも狩猟採集民が生存していくうえでの基本だが――食料の分配だ。オスのチンパンジーはまったくといっていいほど食べ物を分けないし、自分の子にも絶対に分けないところが狩猟採集民は結婚し、夫が妻と子に食料を供給するというかたちで多大な投資をする。現代の狩猟採集民の男性は、狩猟によって一日三〇〇〇キロカロリーから六〇〇〇キロカロリーを手中にできる。自分と家族の分を除いてもなお余るほどだ。大きな獲物をしとめたときは、その肉を仲間全員に分け与えるが、それでも最大の取り分は家族に与える。[14] さらに男性は、授乳や細やかな世話が必要な幼児を抱えた妻がいる場合、通常以上に頻繁に狩りをする。その代わり、妻の植物採集への依存度も高い。とくに長時間の狩りが不首尾に終わって、腹をすかせて手ぶらで帰ってきたときなどは、妻が集めてきた食料だけが頼りとなる。したがって初期の狩猟採集民も、食料分配には大いに助けられていたに違いない。もし男女が互いに食料を供給し、さまざまな面で協力しあうことがなかったら、彼らはとうてい生き延びられなかったのではないだろうか。

食料分配はもちろん配偶者間や親子間だけでなく、集団の仲間うちでも行なわれる。仲間どうしの密接な社会的協力が、狩猟採集民のあいだではかくも重要だということだ。そうした協力関係の一つの基本的な形態が、拡大家族である。狩猟採集民の研究によれば、母親の採集した食料だけでは足りない分は、祖母、姉妹、いとこ、おばが手当てする。なかでもとくに重要な役割を果たしているのが祖母であり、この経験豊富な先輩採集者は、通常、世話の必要な幼児を抱えていないことも手伝って、きわめて有能な助っ人となる。実際、人間の女性が出産可能な年齢を過ぎたあとまで長生きできるように自然選択⒂が働いたのは、祖母として娘や孫への食料供給を手伝えるからだった、という説もあるほどだ。祖父、おじなどの男性陣も、ときには同じように手を貸してくれる。食料分配をはじめとするさまざまな協力形態は、家族の枠の外にも大きく広がる。狩猟採集民の母親は互いに助けあって子供に目を配るし、⒃男性は家族にだけでなく、ほかの男性にも広く肉を分け与える。誰か一人が狩りで一〇〇キロ以上もあるようなレイヨウなどの巨大な獲物をしとめると、その肉は仲間全員に分配される。この類《たぐい》の分けあいは、ただ単に親切にしようとか、肉を無駄にしないようにという意図でなされるのではない。これは空腹のリスクを低減するための必須戦略なのだ。いつ狩りに行っても大きな動物をしとめられるなんて可能性は、確率にすればきわめて小さい。しかし、自分が狩りに成功したときに肉を分けておけば、空振りだったときに仲間から肉をもらえる確率が高くなるだろう。また、狩りは単独でなく集団で行なわれることもある。そのほうが狩りの成功率が高まるからでもあり、獲物を持ち帰るのに助けあえるからでもある。驚くにはあたらないが、狩猟採集民はたいした平等主義者であり、相互依存を重視して、全員に日々の食料が少しでも多く行き渡るよう心を砕く。今日でも私たちは貪欲とわがままを罪と見なすが、狩猟採集民のきわめて相互協力的な世界では、分け与えない、協力しないというのは生死に関わってくる。集団内の相互協力は、二〇〇万年以上前から狩猟採集民の生き方にとって基本中の基本だったことだろう。

狩猟採集の最後の基本要素は、食料加工だ。狩猟採集民が食用にしている数々の植物は、抜き出すのがたいへんなうえに、噛みにくく、消化も悪い。なにせ、いまの私たちが食べているすっかり栽培化された植物よりも格段に繊維質の多いものがほとんどだからだ。一般的な野生の塊茎や根茎は、そこらのスーパーマーケットで売っている生のカブよりもずっと固いので、噛むのも消化するのも一苦労だ。初期のホモ属が加工していない野生の植物を大量に食べなければならなかったとすれば、チンパンジーのような食べ方をせざるをえなかっただろう。すなわち、繊維質たっぷりの食物を半日かけて噛みつづけながら腹を満たし、残り半日で胃を空にして、また食べはじめる準備をするのだ。肉にしても、植物より栄養分は高いが、やはり食べるのは大変だった。なぜなら初期ホモ属の歯は、今日の人間や類人猿と同じように低くて咬頭《こうとう》が平らで、肉を噛むのにうまく適応しているとは言えないからである。もし一度でも生の獣肉を食べようとしてみたことがあれば、この問題はすぐにわかるだろう。私たちの平たい歯では固い肉の繊維を噛み切れないので、ひたすら噛みつづけなければならない。チンパンジーが一キロほどのサルの生肉を食べるには、一一時間もかかるのである。[17] 要するに、最初の狩猟採集民が類人猿と同じような食べ方で、生の未加工の食物だけをずっとくちゃくちゃ噛んでいたなら、それに時間をとられすぎて狩猟採集などやっていられなかったはずなのだ。

この問題の解決策が、食物の加工だった。といっても、最初はごく単純な技術が使われていただけだ。実際、最も古い時代の石器はあまりにも原始的で、一見すると道具とは気づかないようなものもある。これらは総称してオルドワン石器と（タンザニアのオルドヴァイ渓谷にちなんで）呼ばれ、粒子の細かい石の一端を別の石で打ち欠いて作ったものだ。大半はただの尖った石の剝片《はくへん》だが、なかには長いナイフ状の刃がついた、チョッピングツールと呼ばれる切断用の石器もある。このような古代の遺物は、いまの私たちが使っている洗練された道具にははるかに及ばないが、それでもチンパンジーにはとうてい作れないものであり、単純な構造だからといってその重要性が減じるものでは決してない。これらはじつに鋭利で、何にでも使える万能型の道具なのだ。私の学部では、毎年春になると学生にオルドワン石器を作らせ、それでヤギを屠《ほふ》らせている。動物の皮をはぎ、骨から肉を切り離し、髄を取り除くのに、この石器がいかに有効であるかを実体験によってわかってもらうためだ。

ヤギの生肉を嚙み切るのは容易ではないが、あらかじめ小さく刻んでおけば格段に嚙みやすくなり、消化もらくになる。(18) 食料加工は植物性食物にも魔法のような力を発揮する。最も単純な加工法は、細胞壁などの消化しにくい食物繊維を分断することで、それによってどんなに固い植物も嚙みやすくなる。また、石器を使って塊茎や肉片などの生の食物を切ったり叩いたりするだけで、一口ごとのカロリー摂取量もぐっと増加する。(19) 口に入れる前に小さくしておいた食物は、消化の効率が断然いいからだ。実際、最古の石器についての研究から、肉を切るのに使われていた石器は一部であって、大半は植物を切るのに使われていたことがわかっているが、それもあながち意外ではないのだろう。人間は、少なくとも狩猟採集を始めたときからずっと食料を加工してきたのだ。

これらさまざまな証拠をつなぎあわせると、最初のヒト属の種は、まったく新しい抜本的な戦略を採用することで、一大気候変動期の「今日の夕食はなに？」問題を解決していたのだと結論できる。彼らは低品質の食料の摂取量を増やすのではなく、狩猟採集民となって良質な食料を入手し、加工し、食べるすべを編み出したのだ。この生活様式では、毎日長い距離を移動して食料を採集し、ときには腐肉漁りや狩猟もしなくてはならない。仲間どうしの密接な協力と単純な技術も必要だ。これらの行動のすべてを想起させる形跡が、現在わかっているかぎり最古の考古学遺跡に残っている。その二六〇万年前にさかのぼるアフリカ東部の遺跡のどれか一つに遭遇しても、あなたは自分が何に出くわしたのか気づかないと思う。これらの遺跡が存在する乾燥した半砂漠地帯には、火山岩が散らばり、化石がたくさん埋もれている。しかし注意深く観察すれば、あちこちにわずかながら（数平方メートル程度のかたまりで）単純な石器と動物の骨の集積が見つかるかもしれない。そのうちのいくつかに、食肉解体処理のあとが見てとれる。一部の石はどこか遠い場所からはるばる運ばれてきて、そこで石器に作り上げられた。多くの骨にはハイエナの噛み跡がついている。私たちの祖先が貴重な肉を味わうために、薄汚い危険な肉食獣と競いあわねばならなかったしるしである。最初にできた遺跡は、おそらく大昔の一時的な作業場だったのだろう。ホモ・ハビリスやホモ・エレクトスが何人かで木陰に集まって、手早くいくばくかの肉を分けあったり、よそで採集してきた塊茎や果実などの食料を加工したり、簡単な石器を作ったりしているところが目に浮かぶようではないか。肉食、分配、道具製作、食料加工という基本的な行動の組み合わせは、いまからするとまったく普通に思えるかもしれないが、じつは人類特有のものであり、これがヒト属を変えたと言ってもいいのである。

では、その狩猟採集は、人間の身体の進化にどんな影響を及ぼしたのだろう。この生活様式がどんな適応を選択したゆえに、最初の人間は狩猟採集民となれたのだろうか。

長距離移動

類人猿は一日三キロも歩かないが、人間は驚異的な長距離歩行者だ。その最たる例が冒険家のジョージ・ミーガンで、彼は一日平均一三キロずつ歩きながら、南米大陸の最南端からアラスカ州の最北端までを踏破した。[20] ミーガンの徒歩旅行は別格だが、彼の一日の平均移動距離は、現代の狩猟採集民が食料を探してまわる距離の範囲に十分に収まる(女性は平均九キロ、男性は平均一五キロだ)。[21] ホモ・エレクトスの成人は、現代の大半の狩猟採集民とほぼ同じ体格で、必要とするカロリーも同程度、住んでいる環境も似たようなものだから、彼らもまた十分な食料を見つけるために、暑い野外で日々同じぐらいの距離を歩いていたに違いない。そして案の定、この長距離徒歩移動の遺産は人間の身体のあちこちに、一連の適応として刻みつけられている。これらの適応は初期ホモ属において発生し、彼らをアウストラ

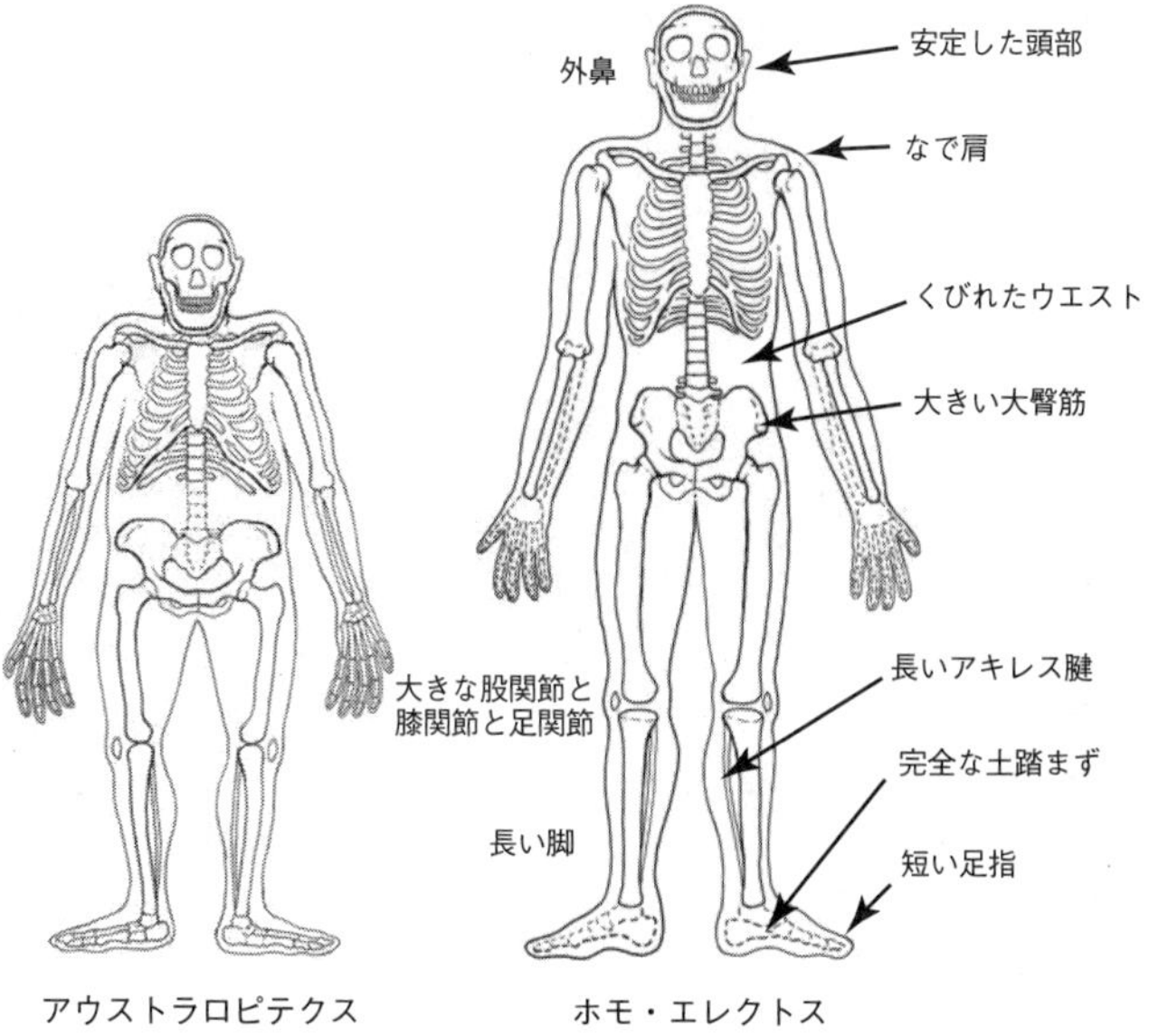

図9　ホモ・エレクトスの歩行と走行に向いた適応（アウストラロピテクス・アファレンシスとの比較）。左側に示した特徴は歩行と走行の両方に役立っていたと思われる。一方、右側の特徴はもっぱら走行にとっての利点だ。アキレス腱は現存していないので、その長さは推測である。Figure adapted from D. M. Bramble and D. E. Lieberman (2004). Endurance running and the evolution of *Homo*. *Nature* 432: 345-52.

ロピテクスよりさらに優秀な長距離歩行者にするのに役立った。

なかでも最も顕著な適応は、長い脚である。これは図9を見れば一目瞭然だ。典型的なホモ・エレクトスの脚は、体格の違いを調整すると、アウストラロピテクスの脚よりも一〇パーセントから二〇パーセント長い。[22] 脚の長さが極端に違う二人の人間が並んで歩けば、脚の長い人のほうが一歩進むごとにどんどん先へ行く。ある一定距離において身体を動かすコストは歩幅によって決まるから、脚が長いほど歩行コストは小さくなる。いくつかの試算では、脚の長いホモ・エレクトスの移動コストはアウストラロピテクスの半分ほどになるという。[23] とはいえ、長い脚にも短所はある。それは木登りが不得意になることだ（木登りには短い脚と長い腕が向いている）。

ホモ・エレクトスの歩行を助けた別の重要な適応は、いまもあなたの足に残っている。すでに見てきたように、アウストラロピテクスの一部の種はそれなりに現代的な足を持っていた。ほかの足指とほぼ並行した頑丈な親指があって、足裏の中央をこわばらせられる部分的な土踏まずもあったので、一歩の最後に爪先で身体を押し上げながら前方に進ませることができたはずだ。しかし、これらの種でも、歩くときはいくぶん扁平足気味であったと見られる。これまでのところホモ・エレクトスの完全な足は見つかっていないが、ホモ・エレクトスがつけたと思われる一五〇万年前の足跡ならケニアで発見されていて、それはあなたや私が砂浜を歩いたときにつける足跡と非常によく似ている。[24] 誰がこの足跡を残したにせよ、この足の持ち主は背が高く、完全に発達した土踏まずを使って現代的な足取りで闊歩していたはずだ。

長距離歩行のためのさらにもう一つの適応は、私たちの脚の骨の骨幹と関節にあらわれている。これらの部位は、私たちが足を踏み出すたびに強い力を受ける。人間や鳥のような二足動物は、四本ではなく二本の脚で歩くので、四足動物と比べて一歩ごとに脚にかかる力がほぼ倍になる。時間が経つと、この力の影響が積もり積もって疲労骨折を起こさせたり、関節の軟骨部分を損傷させたりするかもしれない。こうした強い力に対抗するために自然が編み出した単純な解決策が、骨と関節を大きくすることだ。今日の人間と同様に、ホモ・エレクトスもアウストラロピテクスより厚い骨幹を持っており、それによって曲げ応力《おうりょく》やねじり応力を軽減していたと考えられる。[25] また、ホモ・エレクトスは腰や膝やかかとの関節も大きいため、それらの関節の応力も同じように軽減されていただろう。[26]

一方、種類は違うが、最初の狩猟採集民にとって同じぐらい重要な課題だったのが、今日の多くの人間もいまだ悩まされている問題である。すなわち熱帯の猛暑のなかで長い距離を歩いているときに、いかに身体を涼しく保つかということだ。赤道直下の炎天下で長距離移動をするとなれば、その間《かん》ずっと灼熱の直射日光にさらされるわけであり、そもそも歩いているだけで体温は相当に上がるものだ。肉食動物も含めて熱帯のほとんどの動物は、賢明にも日中は日陰で休息をとっている。二足動物の人類はあまり速くは走れないから、日中に体温を上げすぎずに長距離を歩ける能力は、おそらくアフリカの最初の狩猟採集民にとっては何より大事な適応だったことだろう。それができれば、肉食動物の餌食になる可能性が最も低い時間帯に食べ物を探せるようになる。かつてイギリス演劇界の愉快な才人ノエル・カワードは、「真昼の太陽が照りつけるなかで外に出るのは気のふれた犬とイギリス人」だけだ、という名文句を放ったが、むしろ彼はこう言うべきだった——そんなことをするのは「気のふれた犬と大昔の人類」だけであると。

じつのところ体温を低く保つための一つの単純な方法は、二足歩行をすることだ。立ち上がって直立歩行をすれば、直射日光にさらされる身体の表面積が大幅に減るから、太陽熱で身体が熱くなるのを抑えられるのである(27)。私たちの場合だと、太陽に焦がされるのはもっぱら頭頂部と肩ぐらいだが、四足動物の場合はさらに背中全体と首にも太陽が照りつける。体温を下げるためのもう一つの適応として、ホモ・エレクトスがアウストラロピテクスよりも背が高く、腕と脚が長いことが挙げられる。すらりと伸びた体型は、発汗、すなわち皮膚表面に水分を分泌することによって体温を下げるのに役に立つ。かいた汗が気化するときに、皮膚の温度が下がるので、その下の血流の温度も下がるのである。この理由から、暑くて乾燥した住環境で進化した人間集団は、体重に対する身体の表面積の比率が大きくなるように、寒冷な住環境に適応した人間集団よりも背が高く、手足が長く、ほっそりとする方向に自然選択の作用を受けてきた(北極圏のイヌイットに比べて赤道付近のツチ族のほうが背が高いことを考えてみればいい)。ホモ・エレクトスの腰まわりがどれほど細かったかは依然として議論の対象だが、彼らの体型が全体として、日中の太陽の下で熱を逃がすのに一役買っていたのは間違いない(28)。

最後に、私たちが初期のホモ属から受け継いだ、長距離歩行中も身体を涼しく保つための適応のうち、とりわけ感心するのが高い鼻だ。アウストラロピテクスの顔を調べてみると、そこには明らかに、類人猿やほかの哺乳類と非常によく似た平たい鼻がついていたことがうかがえる。しかし、ホモ・ハビリスやホモ・エレクトスには外側に向けて曲がった鼻腔《びくう》の縁が残っている。これは人間と同様の、顔から突き出た外鼻があった証拠だ。[29] この人間独特の高い鼻は、魅力的に（と私たちには）映るというほかに、鼻腔内に吸い込んだ空気に乱流を発生させることで体温調節に重要な役割を果たしてもいる。類人猿や犬が鼻から空気を吸い込むと、気流は鼻孔から鼻腔まで一直線だ。しかし人間の鼻呼吸では、空気は鼻孔から入って上にあがり、直角に曲がったあと、また別の一対の弁を経由して鼻腔に達する。これらの独特な流れによって、空気に無秩序な渦巻が発生する。この乱流のおかげで、肺は少々がんばって働かなくてはならないが、鼻腔に入ってきた空気は鼻腔内の表面を覆う粘液の膜とたくさん接触できることになる。粘液には水分がたっぷり含まれているが、粘度はあまり強くない。したがって外鼻から乾燥した熱い空気を吸い込んでも、そのあと生じる乱流の働きによって空気は鼻腔内の粘液としっかり接触し、十分に湿気を帯びることができる。この鼻腔内での加湿には重要な意味がある。吸い込まれた空気が水分で飽和されていないと、その空気の送られる肺がからからに乾燥してしまうからだ。そしてもう一つ重要なことに、鼻から息を吐き出すときにも、やはり鼻腔内の乱流のおかげで、鼻はその湿気をふたたび取り込めるようになっている。[30] 初期ホモ属における大きな外鼻の進化は、暑くて乾燥した環境のもとでも脱水症状を起こすことなく長い距離を歩けるようにするために、自然選択が働いた強力な証拠なのである。

走るために進化した

長距離を歩けるのが狩猟採集民であることの根本的な条件だが、人間、たまには走らなければいけないときもある。その大きな動機の一つが、捕食者に追いかけられたときに木などの避難場所まで疾走しなければならないということだ。ライオンに追いかけられたら、隣の人間より速く走ればいいだけなのだが、二足歩行の人間は比較的走るのが遅い。人類最速の人間は時速三七キロで一〇秒から二〇秒走れるが、平均的なライオンは約四分間その倍以上の速さで走れる。私たちと同じく、初期のホモ属も情けない短距離走者だったに違いない。恐怖に駆られて走っても無駄だったことも多かったろう。とはいえホモ・エレクトスの時代になるころには、私たちの祖先もすばらしい走力を進化させていたようで、暑い環境でもそれなりのスピードで長距離を走れていたことをうかがわせる証拠がたくさんある。この能力の根底にある適応が、人間の身体をある意味で決定的に変えたのであり、この適応がなされたからこそ人間は、たとえアマチュアランナーでも、哺乳類屈指の優秀な長距離走者なのである。

現在、人間は健康のため、通勤のため、または単純に楽しいからという理由で長距離を走るが、もとをたどれば、肉を得るための必死の努力が持久走の起源の土台をなしている。この意味を理解するには、二〇〇万年前の最初の人間にとって狩りや腐肉漁りとはどういうものであったかを想像してみればいい。大半の肉食動物は、スピードと力との合わせ技で獲物を殺す。ライオンやヒョウといった大型の捕食動物は、狙った獲物がいれば、追いかけるか飛びかかるかしたのち、強烈な一撃を食らわせてとどめを刺す。これらの凶暴な肉食獣は最高時速七〇キロで走れるだけでなく、生まれつき恐ろしい武器を備えてもいる。剣のような牙、かみそりのような鉤爪、重量級の足を使って、獲物に重傷を負わせ、殺すのだ。また、ハイエナやハゲワシやジャッカルなどのように、狩りのほかに腐肉漁りをする動物にも、走力や戦闘力は必要だ。なにしろ動物の死骸は競争率の高い資源で、ほかの獰猛な腐肉食動物もこれを骨までしゃぶり尽くすチャンスを虎視《こし》眈々《たんたん》と狙っているため、たちまち激しい奪いあいとなり、すぐに消えてなくなってしまうからだ[31]。いまでこそ、私たちは投擲《とうてき》武器などの技術を用いて狩りをし、自分の身を守るが、弓矢が発明されたのは一〇万年前よりあとのことで、最も単純な石の槍先でも五〇万年前ぐらいにならないと出てこない[32]。それよりはるか昔の最初の狩猟採集民が手にできた武器といえば、最も殺傷能力が高いものでもせいぜい尖らせた木の棒や、棍棒、岩石ぐらいである。のろくて非力で武器も持たない初期の人類が、ほかの動物を夕食にするという乱暴で、きつくて、運まかせの仕事に参入するのは、とんでもなく危険で困難だったに違いない。

この問題を解決する重要な手段が、持久走だった。当初、走るための自然選択がなされたのは、それが初期ホモ属の腐肉漁りにとって有益だったからだろう。現代の狩猟採集民は、ハゲワシが上空を旋回しているのを見て腐肉漁りのスイッチを入れることがある。ハゲワシが上空にいるのは、その真下に獲物がいるという絶対確実なサインだからだ。それを見つけたら死骸のもとに走っていって、ライオンなどの肉食獣を勇敢にも追い払い、残り物のごちそうにありつくのである。[33] もう一つの戦略は、深夜に耳を澄ませてライオンが狩りをしている物音を聞きつけ、朝一番で、ほかの腐肉食動物がやってくる前に死骸のありかに駆けつけるという方法だ。どちらの手段をとるにせよ、こうした腐肉漁りをするには長距離を走れなくてはならない。加えて、肉を手に入れたあとにも走力はものを言う。おそらく初期の人類は、運べるだけの肉を持って走り去り、ほかの腐肉食動物の手の届かないところで無事にその肉を食べていたことだろう。

狩猟採集民は何百万年と腐肉漁りをしてきたが、考古学上の証拠から、少なくとも一九〇万年前には、初期ホモ属がヌーやクーズーといった大型動物の狩猟も始めていたことがわかっている。[34] 腐肉漁りに走力が欠かせなかったとしても、最初の狩猟民にとって走ることがどれほど重要であったかは想像に難くない。なんといっても、彼らは動きが遅くて、武器もろくに持たなかったのだ。棍棒や先の尖っていない木の槍といった程度の武器でシマウマやクーズーなどの大型動物を殺そうとするくらいなら、菜食主義者でいたほうがずっとましだろう。先の尖っていない槍では、至近距離で突き刺さないかぎり獲物をしとめるのは不可能だ。[35]

しかしながら初期ホモ属の狩猟民が獲物に接近できるぐらい速く駆け寄れたとはまず考えられないし、すぐそばまで忍び寄ることならできたとしても、狙った獲物に足で蹴られたり、角や牙で突き刺されたりするリスクがあった。この問題を解決する手段として、私が同僚のデイヴィッド・キャリアー、デニス・ブランブルとともに主張してきたのが、「持久狩猟」と呼ばれる持久走にもとづいた古代の狩猟方法だ[36]。この持久狩猟は、人間の走行の二つの基本的な特徴を利用している。まず人間は、四足動物なら速歩（トロット）から襲歩（ギャロップ）へと切り替えなくてはならないぐらいのスピードで長距離を走れる。次に、走っている人間は発汗作用によって体温を下げられる。一方、四足動物は浅速《せんそく》呼吸（あえぐように息をすること）によって体温を下げるのだが、ギャロップで駆けているあいだはそれができない[37]。したがって、全速力で走っている人間よりシマウマやヌーのほうがずっと速く走れるとしても、人間は自分たちより足の速いそれらの動物を猛暑のなかでの長時間のギャロップに追い込んで、体温を限界以上に上昇させ、倒れたところでとどめを刺すことができる。これがまさしく持久狩猟のやり方だ。通常、個人でやる場合でも集団でやる場合でも、狩猟者はある一頭の大型哺乳類（できれば一番大きいもの）に狙いをつけて、暑い日中に追いかける[38]。追走劇の序盤では、獲物がギャロップで逃げ切って日陰に身を隠し、そこで浅速呼吸をして体温を下げる。しかし狩猟者は、すぐにその跡をたどって獲物に迫る。このときは徒歩でもかまわない。そして狙った獲物を見つけたら、今度はふたたび走って追いかける。ぎょっとした獲物は、まだ体温が完全に下がりきってもいないのに、またもやギャロップで逃げ出さなくてはならない。こうした追跡と追走を――歩行と走行を組み合わせて――何度も繰り返していけば、最終的に、獲物は体温を致命的なレベルにまで上昇させ、熱射病を起こして倒れる。ここまでくれば、あとは洗練された武器がなくとも安全に、簡単に、獲物をしとめられる。狩猟者に必要なのは、走ったり歩いたりしながら長距離（ときに三〇キロ程度）を踏破できる能力と、開けた環境を通りながらもずっと跡をたどっていける賢さと、狩猟の前後に飲み水を確保できるようにすることだけだ。

弓矢が発明され、さらに網などの技術や、狩猟犬、銃なども登場して、持久狩猟はめったに見られなくなったが、それでもアフリカ南部のサン族、南北アメリカのネイティブアメリカン、オーストラリアのアボリジニなど、世界各地の部族のあいだでは、最近でも持久狩猟が行なわれていた記録がある。[39] この伝統が遺したものは、人間の身体に消えることなく受け継がれている。私たちの身体には、優れた長距離走者となるよう適応した痕跡がたくさんあるが、その多くはホモ・エレクトスが発祥だ。

人間の走りを助けるきわめて重要な適応の一つは、浅速呼吸ではなく発汗によって体温を下げられるという独特の能力である。これは人間に柔毛《じゅうもう》がなく、代わりに無数の汗腺があるおかげだ。たいていの哺乳類は掌（足裏）にしか汗腺がないが、類人猿と旧世界ザルはほかの部位にも多少の汗腺があり、さらに私たちは人類の進化のどこかの段階で、汗腺の数を五〇〇万個から一〇〇〇万個と飛躍的に増やした[40]（訳注：通例二〇〇万～五〇〇万個とされる）。人間は体温が上昇すると、汗腺から汗が体表面に分泌される。この汗のほとんどは水分で、それが蒸発するときに皮膚を冷却し、その下を流れる血液の温度も下げるので、結果的に全身の温度が下がる。[41]人間は一時間に一リットル以上の汗をかくこともあり、それだけ発汗できれば、高温の条件下で必死に走っているアスリートの身体も十分に冷やされる。二〇〇四年のアテネ・オリンピックの女子マラソンでは気温が摂氏三五度にも達したが、大量に汗をかける能力のおかげで、勝者は平均時速一七・三キロというペースで高体温症になることもなく二時間以上を走りつづけられた！　こんなことができる哺乳類はほかにない。ほかの哺乳類には汗腺がほとんどないうえに、たいていの哺乳類は全身を柔毛で覆われているからだ。柔毛は、帽子のように日光を反射させる役割と、皮膚を保護する役割と、配偶相手を引きつける役割がある点では有益だが、反面、柔毛があるせいで空気が皮膚のそばで循環せず、汗が蒸発しない。人間の体毛密度はじつのところチンパンジーと同じなのだが、人間の体毛の大半は、桃の産毛《うぶげ》のように非常に細いのだ。[42]人間が進化のどの時点で大量の汗腺を備え、柔毛を失ったのかは定かでないが、私の推測では、これらの適応は最初にホモ属で進化したか、もしくはアウストラロピテクスで進化して、のちにホモ属で精巧になったのではないかと思われる。

柔毛と汗腺は化石にならないが、人間の筋肉や骨にはほかの持久走のための適応がいくつもあり、その最初の痕跡がホモ・エレクトスの化石にあらわれている。これらの特徴の大半は、私たちが走るときの脚の使い方に関係しており、その特徴のおかげで人間の脚は大きなばねのように作用して、効率よく片足でジャンプしてからもう片足で着地することができる。

これは歩くときの脚の使い方とはまったく違う。歩くときの脚は振り子のような作用をするのだ。前章の図7（一一二ページ）に示されているように、走行中に片足を地面につけたとき、その一歩の前半では腰と膝と足首が曲がり、身体の質量中心が下がるため、脚の多くの筋肉と腱が伸ばされる。[43]これらの組織が伸ばされたときには、そこに弾性エネルギーが蓄えられるが、その蓄えられたエネルギーは一歩の後半で反動とともに放出される。したがって足が地面を蹴るとともに身体が宙に浮き上がるのだ。走行中の人間の脚は、このエネルギーの蓄積と放出をじつに効率よく行なっている。持久走の速度範囲なら、走行は歩行と比べても、なんと三〇パーセントから五〇パーセント程度しか負担が大きくならない。しかも、この脚のばねは抜群に性能がよいため、持久走のコストはスピードに左右されることもない（全力疾走では話が異なるが）。つまり五マイル（約八キロ）をマイルあたり七分で走ろうが一〇分で走ろうが、[44]消費カロリーは変わらないということだ。まさか、と多くの人が思うような現象である。

走行では脚をばねのように使うので、人間の身体における走行のための最も重要な適応のいくつかは、文字どおりのばねである。主要なばねの第一は、足裏の土踏まずだ。子供が歩いたり走ったりしはじめると、靭帯と筋肉が足の骨を接合して、足裏のアーチを形成する。前に述べたように、アウストラロピテクスの足にも部分的な土踏まずがあって、歩くときに足裏をこわばらせられるようになっていた。しかし、おそらく彼らの土踏まずは私たちの土踏まずほど大きく弧を描いてもいなければ、安定してもいなかっただろう。つまり、ばねと呼べるほど効果的には機能できなかったということだ。初期ホモ属の完全な足の化石は見つかっていないが、足跡と部分的な足の化石から察するに、ホモ・エレクトスには人間とまったく同じような土踏まずがあったものと思われる。完全な弧を描いているばねのような土踏まずがなくとも歩くぶんには支障がないが（誰でもいいから扁平足の持ち主に聞いてみるといい）、土踏まずがばねのように働いてくれたなら、走るときのコストはおよそ一七パーセントも下げられる。[45]人間の脚に新たにできたもう一つの重要なばねは、アキレス腱だ。チンパンジーやゴリラのアキレス腱は長さ一センチにも満たないが、人間のアキレス腱は通常一〇センチ以上の長さがあって、非常に太く、歩行中ではなく走行中に身体が生み出す力学的エネルギーのほぼ三五パーセントを蓄積したり放出したりする。残念ながら、腱は化石にならないが、アウストラロピテクスの踵骨《しょうこつ》に見られるアキレス腱の接着部分が小さいことから、アウストラロピテクスにおいてもアキレス腱の大きさは、アフリカ類人猿と同程度のちっぽけなものであったことがうかがえる。したがってアキレス腱も、やはりホモ属において初めて大きくなったのだろう。

ホモ属において進化した走るための明らかな適応の多くは、身体を安定させる役割を果たしている。走るというのは基本的に片脚からもう片脚へと飛び跳ねている状態なので、歩いているときよりはるかに足取りが安定しない。走っている最中にちょっと押されたり、でこぼこした地面に着地したり、あるいはバナナの皮があったりしただけで、簡単に転倒して怪我をする。足首の捻挫などは現在でもよくある怪我だが、二〇〇万年前のサバンナでは死の宣告に等しかった。したがってホモ・エレクトス以来、私たちは頭のてっぺんから足の先にまで、走行中の転倒を防ぐのに役立つ新しい特徴をさまざまに備え、そのおかげで命を永らえてこられた。なかでも最も顕著な特徴は、大臀筋《だいでんきん》だ。これは人間の身体のなかで最大の筋肉で、歩行中はたいして働かないが、走行中にはぎゅっと収縮して、一歩ごとに胴体が前のめりになるのを防いでいる(46)(ためしに自分のお尻をつかみながら歩いたり走ったりしてみるといい。走っているときは、この筋肉が一歩ごとにぎゅっと締まるのが感じられるだろう)。類人猿の大臀筋は小さく、寛骨《かんこつ》(骨盤の一部)の化石から察するにアウストラロピテクスの大臀筋もそれほど大きくはなく、最初にこれが大きくなっているのはホモ・エレクトスである。臀部の大きな筋肉は、木登りや全力疾走にも役立つが、アウストラロピテクスもそうした活動をホモ・エレクトスと同程度にはしていたはずだから、大臀筋が発達した第一の要因は、やはり長距離走のためだったと思われる。

初期ホモ属に最初にあらわれている、また別の重要な一連の適応は、走行中に頭を安定させるための働きをする。歩行と違って、走行は身体の揺れの激しい足取りなので、頭が前後左右にがくがく動き、そのままにしておくと視界がぼやけてしまう。この問題は、髪をポニーテールにしたランナーを観察してみればよくわかる。頭そのものはたいして動いていないのに――目に見えない安定化メカニズムが働いている証拠だが――ポニーテールは頭部にかかる力のせいで、一歩ごとに8の字を描くように揺れているはずだ。人間の首は短くて、頭《ず》蓋底《がいてい》の中心部に接着しているため、人間は四足動物のように首を曲げたり伸ばしたりして頭部を安定させることができない。その代わり、私たちは安定した視線を保つための新しい仕組みを進化させた。その適応の一つが大きくなった平衡感覚器官、すなわち内耳の三半規管だ。三半規管はジャイロスコープのような役割を担っており、頭がどれほどの速度で前後左右に揺れたり回転したりしているかを感知して、反射回路を作動させ、それらの運動を無効にするように目と首の筋肉に働きかける（たとえ目を閉じていてもそうなる）。三半規管は大きいほうが感度が高いので、頭をしょっちゅう細かに動かしているイヌやウサギのような動物は、動きの少ない動物よりも概して三半規管が大きい。幸い、発見されている頭蓋骨から三半規管の大きさもわかるので、体格に対する三半規管の比率が、ホモ・エレクトスと現生人類においては類人猿やアウストラロピテクスよりもずっと大きく進化していることがわかっている。[47] そしてもう一つ、頭の揺れを抑えるための特別な適応が、項靭帯《こうじんたい》（うなじ靭帯）だ。この小さな組織は奇妙な存在で、初期ホモ属において初めて認められ、類人猿やアウストラロピテクスには見られない。だが、これが首の正中線《せいちゅうせん》に沿って後頭部と両腕をつなげるゴムバンドのような働きをする。走っているときに片方の足が地面に着くと、そのたびに同じ側の肩と腕が下がり、同時に頭が前のめりになるのだが、項靭帯がその頭と腕をつないでいるために、下がった腕がやさしく頭を後ろに引き戻すので、頭が安定を保てるのだ。[48]

　むろんこのほかにも、効率のよい走りを支えるための、ホモ属で最初に進化したと思われる特徴が人間の身体にはいろいろある。[49] 図9にまとめてあるような比較的短い足指（足が安定する）[50]、くびれたウエストに幅広なで肩（走行中に腰や頭とは無関係に胴体をひねれる）[51]、さらには脚の遅筋《ちきん》線維の多さ（スピードは出にくいが長距離を走れる）[52]などもそうである。こうした形質の多くは走行にとっても歩行にとっても長所だが、大きな大臀筋、項靭帯、大きな三半規管、短い足指といったいくつかの形質は、効率よく歩けるかどうかにはさほど影響を及ぼさず、もっぱら走るときに役に立つ。つまり、これらは走るための適応なのだ。これらの形質は、ホモ属が歩行だけでなく走行にも優れるように、強く選択が働いたことを示している。それはおそらく腐肉漁りと狩猟のためだろう。一方で、長い脚や短い足指のようないくつかの適応は、私たちの木登り能力を犠牲にするものでもある。走るための選択がなされたことで、人間は史上初の木登り下手な霊長類になったのかもしれない。

要するに、腐肉漁りや狩猟をして肉を手に入れることに利点があったから、人間の身体には多くの変化が生じ、それが最初に明白にあらわれているのが初期ホモ属で、それらの変化により初期の狩猟採集民は、長い距離を歩くだけでなく、走ることもできるようになったのだ。ホモ・エレクトスが現生人類より速く走れたかどうかは知るよしもないが、これらの祖先は疑いなく、私たちの身体のさまざまな部分に適応の遺産を残してくれた。だからこそ、人間は長い距離をらくらくと走れる数少ない哺乳類の一つなのであり、暑いなかでもマラソンを走れる唯一の哺乳類なのである。

道具あれこれ

道具なしで生きてくれ、と言われたら、あなたはなんと答えるだろう。かつては道具を作るのは人間だけと考えられていたが、じつはチンパンジーなどほかのいくつかの種も、まれに岩石のような単純な道具を使って木の実を砕いたり、小枝を細工した棒でシロアリを掘り出したりする。[53] しかし人間の場合、狩猟採集が進化してからというもの、植物を掘り出したり動物を狩って解体したり、食物を加工したりするための道具に生存をかけてきたと言っても過言ではない。人間が石器を作るようになってから少なくとも二六〇万年が経っており（たぶんもっと長いだろう）、いまでは地球上のどんな片隅にも、どんな人間集団のあいだにも、洗練されたさまざまな道具が行き渡っている。そう考えると、ホモ属において最初に進化した人体の数々の独自の特徴が、道具を製作し、使用するように自然選択が働いた結果だったとしても不思議ではない。

道具への依存を最も直接的に反映した人間の身体の部位を一つ挙げるとすれば、それは手だ。一般にチンパンジーやほかの類人猿はものをつかむとき、あなたがハンマーの柄を握るときと同様に、ものを指と掌のあいだにくるんで押しつぶすようなつかみ方（握力把持《はじ》）をする。小さなものをつかむときなどに、親指の脇と人差し指の脇で挟むようにして持つことならあるだろう。しかし、むちむちした親指の腹と対向する四本の指の先端で、鉛筆などの道具を正確につまむこと（精密把持）はチンパンジーにはできない。[54] 人間にそのようなつまみ方ができるのは、相対的に親指が長くて、ほかの四本の指が短いからであり、あわせて親指の筋肉が非常に強く、ほかの四本の指の骨がしっかりしていて、指関節が大きいからである。[55] これまでに石器を作って、それで動物の解体をしようとしたことのある人ならすぐにわかるだろうが、初期の狩猟採集民にとっては、精密さと握力の両方を兼ね備えていることが本当に重要だったに違いない。石と石とを何度もぶつけあわせて道具を作るには強い握力が必要だし、死骸の皮膚や肉を剝ぎとるあいだ剝片石器をずっと精密把持でつまんでいるには、指の力がかなり強くないといけない。使っているうちに剝片石器はなまってくるし、脂肪や血で滑りやすくもなるからだ。[56] ルーシーのような華奢《きゃしゃ》型アウストラロピテクスは、類人猿と人間の中間のような手を持っていた。彼らは穴掘り用の棒をつかむことなら間違いなくできただろうが、力強い精密把持ができるような手に進化したことが確実なのは、約二〇〇万年前だ。[57] 実際、オルドヴァイ渓谷から出土した現生人類にかなり近い手の化石を見て、発見者のルイス・リーキーらは、この最古のホモ属の種をホモ・ハビリス（「器用な人」）と名づけたのである。

もう一つ、ホモ属で進化したと思われる道具がらみの技能で、私たちの身体を変えるのに一役買ったのが、投擲《とうてき》である。最初の狩猟者は、遠くからでも獲物を殺せるような先の尖った本格的な槍は持っていなかったかもしれないが、もう少し単純な槍状の武器を投げたり突き刺したりはしていた。これができるのは人間だけだ。チンパンジーやほかの霊長類は、ある程度の狙いをつけて岩石や木の枝や糞などの汚物を放ることならままあるが、何かに向かって速く正確にものを投げつけることはできない。その動作はとてもぎこちなく、肘をまっすぐに伸ばしたまま、上体だけを使ってものを投げる。一方、私たちの投げ方はまったく違う。まず投げる方向に向かって片足を一歩踏み出しながら、身体を横向きにし、肘を曲げ、腕を身体の後ろに引く。それから腰、次いで胴体を回転させ、鞭がしなるような格好で、膨大なエネルギーを生み出す。そのエネルギーを使って、肩、肘、そして最後に手首をいっきに前進させるのだ。力強い投擲をするには脚と腰も重要だが、投擲エネルギーの大半は肩から生み出される。腕を頭の後ろに引くことによって、この肩が投石機のような役割を果たすのである。(58) ちょうどいいタイミングで投擲物を手から放せば、人間は槍でも石でも野球のボールでも、最高時速一六〇キロでピンポイントに投げることができる。この一連の動きを正確にこなすにはかなりの練習が必要だが、適切な身体構造も必要だ。そのいくつかはアウストラロピテクスで最初に進化しているが、すべてがそろってあらわれるのはホモ・エレクトスからである。可動域の大きい腰、幅広なで肩、垂直ではなく横向きになっている肩関節、かなり伸びる手首などがその例だ。(59) おそらくホモ・エレクトスの狩猟者は、人類初の優れた投手だったことだろう。

人間が道具を必要とするのは、狩りをして獲物を解体するためだけでなく、食物を加工するためでもある。ためしに生の食材を、道具を使って切ったり、すりつぶしたり、柔らかくしたりせずに食べてみてもらいたい。レタスやニンジンやリンゴなら食べられるだろうが、肉や塊茎《かいけい》のような固い食物は、なかなかそのままでは飲み込めないだろう。調理が発明されたのは、おそらく一〇〇万年前以降だと思われるが、最古の考古学遺跡から出土した石や骨を見るかぎり、すでに初期ホモ属はさまざまな食物を噛む前に、それを切り刻んだり叩いたりしていたことがうかがえる。(60) こうした簡単な加工でも、利点は十分にある。その第一は、咀嚼と消化にかかる時間と労力を節約できることだ。チンパンジーは食事と消化に一日の半分以上を費やすが、道具を使える狩猟採集民はもっと自由な時間が持てるので、それを採集や狩猟をはじめ、ほかの有益なことに費やせる。第二に、塊茎や肉片を噛みはじめる前に柔らかくしておくだけで、消化がよくなり、摂取できるカロリーが大幅に増える。(61) そして第三に、食物が加工してあれば歯と咀嚼筋が小さくてすむ。すでに見てきたように、アウストラロピテクスは固くて嚙み切りにくい大量の食物を口のなかで細かくするために、巨大な臼歯と咀嚼筋を進化させた。ところがホモ・エレクトスでは、臼歯が約二五パーセントも小さくなって、現生人類の臼歯とほぼ同じ大きさになっている。(62) 咀嚼筋も同様に、現生人類の咀嚼筋とほとんど変わらない大きさにまで縮まっている。そして臼歯と咀嚼筋が小さくなったことにより、ホモ属の顔の鼻から下は、自然選択を通じて短くなっていった。私たちが突き出た鼻口部を持たない唯一の霊長類なのは、ある意味では道具のおかげなのである。

腸と脳

通常、人は脳でものを考える。しかし時として、消化器系がその役を乗っ取り、身体のほかの部分を代表して判断をくだすことがある。実際、腹の底から出てくる直感には単なる衝動や本能を超えたものがあり、これはいみじくも、ホモ属において狩猟採集が始まったのを受け、脳と腸との切っても切れない関係が決定的に変わったことをあらわしている。

自然選択を通じて狩猟採集に向いた身体ができあがっていったとき、脳と腸という別々の部分のそれぞれに、またその二つの関係性にどのような変化が生じることが有利だったのか。それを理解するには、これらの器官がともに高コストであることを考えてみるといい。脳も腸も、成長と維持に膨大なエネルギーを要する組織なのである。実際、脳と腸がそれぞれ消費する単位質量あたりのエネルギーはほぼ同量で、ともに身体の基礎代謝コストの約一五パーセントを使い、酸素や燃料の運搬と老廃物の除去のために同量の血液供給を必要とする。[63]しかも、腸には約一億もの神経がある。脊髄や末梢神経系全体にある神経の数より多いのだ。このいわば第二の脳は、食物を分解する、栄養素を吸収する、口から肛門にいたるまでの食物と老廃物の通過を促すといった、腸の複雑な活動を監視して制御するために何億年も前に進化した。

人間の奇妙な特徴の一つは、脳と消化管（空のとき）がどちらも重量一キログラムあまりで、同じような大きさをしているということだ。人間と同じくらいの体重の哺乳類の大半は、脳の大きさが人間の約五分の一で、腸の長さが人間の二倍ある。[64]言い換えれば、人間は相対的に小さな腸と、大きな脳を持っていることになる。これに関する画期的な研究を行なったレズリー・アイエロとピーター・ホイーラーは、この人間独特の脳と腸の大きさの比率が、最初の狩猟採集民の登場とともに始まった一大エネルギー転換の結果だと提唱した。つまり初期ホモ属は本質的に、食事を良質なものに切り替えることによって大きな腸を大きな脳と交換したというわけだ。(65) この論理によると、食事に肉を取り入れ、食料加工への依存度を高めることで、初期ホモ属は食べたものの消化に費やすエネルギーを大幅に節約できたので、余ったエネルギーを大きな脳の成長と維持にまわすことができた。実際の数字を見ると、アウストラロピテクスの脳は約四〇〇グラムから五五〇グラム、ホモ・ハビリスの脳はもう少し大きくて約五〇〇グラムから七〇〇グラム、初期のホモ・エレクトスの脳は六〇〇グラムから一〇〇〇グラムだ。これらの種は順々に体格も大きくなっているから、それを考慮に入れて調整すると、典型的なホモ・エレクトスの脳はアウストラロピテクスの脳より三三パーセント大きかった。(66) 腸は化石記録に保存されないが、いくつかの仮説によれば、ホモ・エレクトスの腸はアウストラロピテクスの腸より小さかったとされている。もしそうなら、狩猟採集のエネルギー面での利点のおかげで最初の人間は小さな腸でも用が足りるようになり、それが大きな脳の進化を可能にした一因だったということになる。

脳が大きくなったことは、エネルギーコストがその分だけ大きくなるのを差し引いても、最初の狩猟採集民にとって間違いなく利点だったはずだ。効果的な狩猟採集には、食料や情報やその他の資源を共有し、密接に協力することが欠かせない。しかも狩猟採集民の協力関係は、親族間だけにとどまらず、同じ集団内の血のつながりのないメンバーどうしにまで広がって、みんなで助けあいをする。(67) 母親たちは互いに助けあって食料を採集し、加工し、互いの子供の世話をする。父親たちも互いに助けあって狩猟をし、戦利品を分けあい、一致団結して棲みかをつくったり資源を守ったりする。しかし、こうした協力体制を築くには、類人猿にはとうてい望めないような複雑な認知スキルが必要となる。各人が「心の理論」（他人が何を考えているかを直観的に理解できる心機能）、言語コミュニケーション能力、推論能力、衝動を抑える能力を備えていなければ、協力関係の成功は望めない。また、狩猟採集には記憶力も必要で、多種多様な食物がいつどこで見つかるかを覚えていなくてはならないし、どこを探せば食物が見つかるかを予測するナチュラリストの目も持っていなくてはならない。とくに追跡には、演繹的思考と帰納的思考をはじめとする、多くの洗練された認知スキルが必要だ[68]。もちろん二〇〇万年前の最初の狩猟採集民が、現在の人間と同じぐらい高度な認知スキルを持っていたとは言わないが、アウストラロピテクスより大きく優れた脳を持っていたのだから、その恩恵はあったに違いない。ともあれ狩猟採集がうまくいき、それまでより多くのエネルギーが使えるようになると、この生活様式はさらに大きな脳の進化を促す選択を呼び込んだ。脳が格段に大きくなった時期が狩猟採集の開始後であるのは、ただの偶然の一致ではない。

もし自分が無人島に取り残されて、生き残るために狩猟採集民になるしかなかったら――と想像したことはあるだろうか。ごくまれに、実際にそういう状況が発生する。有名なところでは、ロビンソン・クルーソーのモデルになったと言われるアレクサンダー・セルカークの例がある。彼はチリの西岸から六四〇キロほども離れた小さな島に取り残されて、野生のヤギを裸足で追いかけるすべを学んだ[69]。もう一つの例は、マルグリット・ド・ラ・ロックというフランス貴族の女性で、一五四一年から数年間、ケベックの沖合の島に置き去りにされた。ただし彼女は一人ではなく、恋人と女中と、その後に生まれた赤ん坊もいっしょだった。しかし残念ながら、この哀れな四人組のうち、生き残ったのはマルグリットだけだった。彼女は救助されるまで、掘立小屋に住み、食用植物を採集し、単純な武器で野生動物を狩って生き延びた[70]。この二つをはじめとするサバイバル譚《たん》は、ほとんどの人が当たり前のように受けとめている人間ならではの特徴を浮き彫りにする。肉を求めて狩りをし、植物を採集する能力、道具を作り、使う能力、そして忍耐力である。人間独自のこれらの資質は、いずれもホモ属、とくにホモ・エレクトスに端を発する。

しかしアレクサンダーもマルグリットも、ホモ・エレクトスではなかった。二人はホモ・エレクトスよりずっと大きな脳を持っていただけでなく、祖先とはまったく違う繁殖のしかた、成長のしかたをとっていた。そして考え方も、コミュニケーションのとり方も、その他さまざまな行動のしかたも大きく異なっていた。これらの違いが、その後の人類に生じた変化を浮き彫りにする。氷河期の変動が生息環境を何度も急速に変化させていくなかで、あいかわらずホモ属は生存闘争を続けていた。そのあいだに、すでに確立していた狩猟採集の成功は、いかにして人間の身体にさらなる重要な変化を引き起こしたのだろう。

第5章　氷河期のエネルギー
私たちはいかにして大きな脳と、ゆっくり成長する大きな太った身体を進化させたか

私たちは是《ぜ》が非《ひ》でもエネルギー需要と急速に枯渇しつつある資源とのバランスをとらなければならない。いま行動を起こせば、私たちは未来にコントロールされるのではなく、未来をコントロールすることができる。

――ジミー・カーター（一九七七年）

二〇〇万年前のホモ・エレクトスの家族がクローンとなって、もしくはタイムマシンで運ばれて二一世紀にあらわれ、タンザニアのセレンゲティで狩猟採集生活をすることになったと想像してみよう。サファリツアーに参加して彼らの姿を遠巻きに眺めてみると、この原始人たちの体つきは、首から下を見るかぎり自分の家族とほとんど変わらない、と思うだろう。しかしよく見ると、彼らがいくつかの重要な点で大きく違っているのにも気がつくはずだ。何より顕著なのは、彼らの脳がずいぶんと小さいこと、そして、おとがい（顎先）がない大

きな顔の上のほうに立派すぎるほどの眉弓《びきゅう》があって、その先に傾斜した大きな額が広がっていることである。さらに長い年月をかけて彼らを観察すると、その子供は現生人類の子供よりも成長するのがずっと早く、一二歳か一三歳で完全な成人になっている。加えて、彼らの出産間隔が今日の狩猟採集民より長いことも発見できるかもしれない。そしておそらく、彼らの体型はがりがりで、今日の最もスリムなスーパーモデルよりも格段に体脂肪が少ないことだろう。これらの違いは、ホモ属が最初に進化したあとも私たちの祖先がなお進化を続け、重要な変化を遂げてきたことをくっきりと浮かび上がらせる。その結果、私たちはこのように脳が大きく、成熟するのが遅く、出産間隔が短く、ほかのどの霊長類よりも体脂肪を多く蓄えた種になったのである。これらの変化はおそらく徐々に進んだのだろうが、この変容は、人間の身体のエネルギーの使い方に一大革命があったことのあらわれである。その革命が私たち現生人類、すなわちホモ・サピエンスという種を進化させる土台となったのだ。

あなたは気づいていないかもしれないが、じつは私たちの身体はかなり特殊なエネルギーの使い方をしている。私たちがいかに変わった方法でエネルギーを獲得し、貯蔵し、消費しているかを理解するには、生きるということが根本的に、また新たな命を生み出すためにエネルギーを使うことだと考えてみればいい。バクテリアからクジラにいたるまで、すべての生命体は日々、食物からエネルギーを得て、そのエネルギーを成長と生存と繁殖に費やす。自然選択は、個体群のなかで他者と比べて、のちのち生き残れる子を多く持てるよう適応した個体を好むため、進化は必然的に、生き残れる子と孫の数を増やすような方法でエネルギーを獲得し、消費する方向へと生命体を促す。この目的を果たすにあたって、ネズミやクモやサケをはじめとする大半の生物は、できるだけエネルギーをかけずに成長し、できるだけエネルギーをかけて繁殖する方法をとる。これらの種はすぐに成熟して、短い一生のあいだに数十、数百、場合によっては数千もの卵や赤ん坊を産む。生まれた子のほとんどは死んでしまうが、ごく一握りの幸運な子は生き残る。こうした最小限投資の戦略——駆け足のように生きて、若くして死に、大量に子を産む——は、資源が予測不可能で死亡率が高いときには意味がある。人生が不確かなら、手っ取り早く容易な利益を狙えということだ。

おおむね人間は、もっと遅いペースでの繁殖に、もっと多くのエネルギーをかけるという、まったく別の戦略を進化させた比較的少数派の種に属する。類人猿やゾウと同じく、人間もゆったりとしたペースで成熟し、身体を大きく成長させ、産む子供の数は少ないが、その子供を無事に育てるために時間とエネルギーをたっぷり注ぐ。この珍しい戦略がなぜ成功するかといえば、類人猿やゾウは産む子の数がネズミより少ないが、子の半分以上は生き残って、今度は自分が繁殖できるからである。ハツカネズミは生後わずか五週間で母親になり、一度に四四から一〇四匹の子を産み、およそ一二カ月の生涯のあいだ二カ月ごとに出産する。しかし、子のほとんどは幼いうちに死ぬ。対照的に、チンパンジーやゾウが母親になるのは少なくとも一二歳になってからで、その後の約三〇年のあいだ、五年か六年ごとに一頭の子を産むだけだ。そうして生まれた子の約半数が無事に成長して親になる。この高投資戦略——ゆっくり生きて、年をとってから死に、少なめに子を産む——が進化できるのは、資源が予測可能で、乳児死亡率が低いときだけだ(1)。

人間のエネルギーの使い方、繁殖のしかたがネズミよりもチンパンジーに近いのは言うまでもない。しかし氷河期のあいだに、さまざまな条件の積み重ねによって、私たちの祖先はこの戦略にびっくりするほど大幅な変更を加えた。まず一方では、類人猿の戦略をさらに強化して、身体を成長させることにいっそうのエネルギーと時間を費やすように進化した。チンパンジーは一二年から一三年でおとなになるが、人間は約一八年もかけて成熟する。また、日々のエネルギー収支のかなりの割合を食う巨大な脳がついた、維持費のかかる大きな身体を成長させるため、膨大な量のエネルギーを消費する。言い換えれば、人間は身体を成長させ、維持するだけのためにチンパンジーよりも絶対的に多いエネルギーを投資するのである。しかし同時にもう一方で、私たちは繁殖のスピードを速めるようにも進化した。一般に狩猟採集民は三年ごとに出産するが、これは類人猿の二倍のペースだ。さらに、人間の赤ん坊は成熟するまでに長い時間がかかるので、狩猟採集民の母親は、先に産んだ子供がまだ自分一人で食料採集できるようになっていないうちから、その世話をしつつ、次に生まれた赤ん坊への授乳や世話を始めなければならない。類人猿の母親なら、このような子育ての難題に対処する必要はない。要するに、私たちは類人猿とネズミの戦略をうまく合体させて、まったく新しいやりかたをとるように進化したわけだ。とはいえ、そのためにはエネルギー面での革命が必要だった。そしてその革命が、いまなお人間の健康に悩ましい派生的な影響を及ぼしている。

長い寿命のあいだに多大なエネルギーを使って立派な脳を備えた大きな身体を成長させ、その一方で繁殖ペースを速めるという独特の戦略を人類がどうやって進化させたのか——これが人間の身体の物語における次の大きな転換点だ。その幕が上がるのは氷河期の始まりとほぼ同じころ、すなわち狩猟採集が発明され、ホモ・エレクトスが出現した直後のことである。

氷河期をやり過ごす

さて、われらが英雄ホモ・エレクトスと前章で別れたとき、この種はまだ進化したばかりだった。現時点で最古とされるホモ・エレクトスの化石はケニアから出土したもので、時代は一九〇万年前にさかのぼるが、それからほどなくして、この種（もしくは非常に近縁の別の種[2]）は旧世界のほかの地域にもあらわれている。アフリカの外で発見されている現時点で最古の化石は、カスピ海と黒海に挟まれたジョージア（旧グルジア）の丘陵地帯に位置する、一八〇万年前のドマニシ遺跡から出土したものだ。これまでにここから出てきている六体の化石が本当にホモ・エレクトスだとすれば、いままで見つかったホモ・エレクトスの化石のなかでも最小の部類に入る。そのなかには歯のない老人の化石もあって、食物を嚙むのに何らかの介護がなされていた可能性をうかがわせる。[3] さらに別の場所での発見から、ホモ・エレクトスが東方へは南アジア、おそらくはヒマラヤ山脈以南にまで広がったことがわかっており、一六〇万年前にはジャワ島に、そしてほぼ同時期に中国にもあらわれている。(4)ホモ・エレクトスは地中海に沿って西方へも拡散し、遅くとも一二〇万年前にはヨーロッパ南部に到達した。(5)つまり、ホモ・エレクトスは複数の大陸をまたにかけた史上初の人類なのである（一部にはホモ・ハビリスもアフリカを出たという意見があるが、それについては本章の最後で論じる）。

ホモ・エレクトスはなぜ、どのようにしてこれほど急速に世界中に広がったのだろう。ハリウッドの巨匠セシル・B・デミルなら、この出来事を大移動として映画化したかもしれない。みすぼらしい格好をした、眉弓の大きい人類が、望郷の念に駆られたような顔つきで長い列をなし、アフリカを出て北へ向かってとぼとぼと行進しているシーンが、壮大なオーケストラの音楽を背景に登場したことだろう。想像をさらに膨らませれば、初期ホモ・エレクトスのモーセが紅海を真っ二つに割り、一族を中東へと率いていったシーンさえ浮かんでくる。とはいえ実際のところ、これは移住ではなく、段階的な分散だった。分散とは、集団が人口密度を増やさずに拡大することであり、最初にそれなりに成功した狩猟採集民のなりゆきとして必然的に予想されるものである。前にも述べたように、狩猟採集民は広大なテリトリーに小集団でまとまって、人口密度が低い状態で生活する。ホモ・エレクトスも現代の狩猟採集民と同じように生活していたのであれば、二五〇平方キロメートルから五〇〇平方キロメートルの広さの土地に、二五人ほどの集団（七家族か八家族ほど）で暮らしていたと推測できる。この人口密度でいけば、マンハッタン島には六人から一二人くらいしか住んでいないことになる！　さらに、幼少期を生き延びたホモ・エレクトスの女性は、おそらく生涯に四人から六人の子を産めたと考えられるが、そのうち成人まで生き延びられるのは半分ぐらいだっただろう。この数値を使って計算すると、ホモ・エレクトスの平均人口成長率は年間およそ〇・四パーセントで、人口が倍増するまでにかかる時間が一七五年、そしてわずか一〇〇〇年でホモ・エレクトスの人口は五〇倍以上に増加する。これらの狩猟採集民は町や都市に住んでいるわけではなかったから、人口密度が低いままでの人口成長を可能にするには、人口密度が高くなりすぎた集団が分裂して、新しいテリトリーに分散するしかない。ケニアのナイロビ近辺に住んでいた最初のホモ・エレクトスの採集民の一団が五〇〇年ごとに新しい一団を切り離して北へ進ませ、そして新しい一団のそれぞれが面積五〇〇平方キロメートルのほぼ円形のテリトリーを持ったとすれば、五万年もしないうちに、ホモ・エレクトスはそうやってナイル流域からエジプトへと分散し、さらに北上してヨルダン渓谷を越え、はるばるコーカサス山脈までたどりつくことができる。(6)　たとえ集団が分裂するのが一〇〇〇年ごとだとしても、ホモ・エレクトスがアフリカ東部からジョージアまで分散するのに一〇万年はかからない。

このように、ホモ・エレクトスがあっというまに広く分散したのにはもっともなわけがある。さらに注目すべきは、この狩猟採集民が氷河期のさなかに温帯に住みはじめたことだ。氷河期には地球のほぼ全体が巨大な氷河に覆われていたと思う人は多い。だが、実際には氷河が拡大する氷期と、急速に温暖化して氷河が縮小する間氷期《かんぴょうき》との繰り返しだった（第2章の図4で見たジグザグ線はこの周期をあらわしている）。最初のうちは、この周期の変化はほどほどで、期間も四万年ほどだった。ところが一〇〇万年前ぐらいから、周期の波が大きく、長くなって、約一〇万年も続くようになった。その周期ごとに、初期の人類が必死に生き延びようとしていた生息環境は大きな影響を受けた。最高に寒い時期のあいだ（とくに五〇万年前ごろに極端に寒くなりだした）、平均海水温は数度下がり、氷床が地球の表面の三分の一を覆って、全体で五〇〇〇万立方キロメートル以上の水が氷床になった。氷河ができて海水位はぐっと下がり、大陸棚がむきだしになった。氷河が最大だったときには、ベトナムからジャワ島やスマトラ島まで歩いていけたし、イギリス海峡を徒歩で渡ってフランスからイギリスに行くこともできた。また、氷河期の各周期の気候変動で、動植物の分布も一変した。氷期には、中央ヨーロッパと北ヨーロッパの大部分が苛酷なツンドラ地帯となり、コケとトナカイ以外に食べるものはほとんどなかった。南ヨーロッパはクマやイノシシだらけの松林となった。このような環境は初期の狩猟採集民にとって地獄だっただろう。ましてや火が発明される前のことである。この氷期のあいだ、アルプス山脈とピレネー山脈より北に初期人類はいなかったとされている。しかし間氷期には、氷床が極地まで後退するので、地中海性の豊かな林が南ヨーロッパに戻り、カバがテムズ川で元気に遊んだ。[7] 穏やかで暮らしやすいこの時期には、人類が旧世界の温帯の大部分に住み着いた。

アフリカに住んでいた集団は、直接的には氷河の影響を受けなかったものの、やはり気候変動の周期を感じとっていた。湿度と温度が上下するたびに、サハラ砂漠もサバンナのような開《ひら》けた環境も、森林や疎林と連動して拡大したり縮小したりを繰り返した。(8) こうした周期は、巨大な生態系ポンプのような働きをした。雨が多い時期にはサハラ砂漠が縮小し、狩猟採集民はおそらく繁栄して、サハラ以南のアフリカからナイル沿いに北上して、中東経由でヨーロッパやアジアへと分散しただろう。しかし乾燥した時期にはサハラ砂漠が拡大して、アフリカの狩猟採集民は世界のほかの地域から分断される。そしてもっと寒い、もっと乾燥した氷期のヨーロッパとアジアでは、ホモ・エレクトスはたいへんな苦難に直面したはずだ。その結果、絶滅したか、もしくはやむなく南にくだって、地中海や南アジアへと後退しただろう。

　要するに、ホモ・エレクトスはアフリカで、地球の歴史のなかでもとりわけ変動の激しい困難な時期の始まりに進化するという不運をこうむった。にもかかわらず、彼らはじっとアフリカで耐え忍ぶかわりに、急速に世界各地に出ていって、アフリカ大陸とユーラシア大陸の広大な範囲で進化を続けた。そうして進化した人類はどんなものだったのか、どうやって氷河期の激しい変化に対処しただけでなく、そのなかで繁栄までしていったのか——それをこのあと詳しく見ていこう。

氷河期に生きた旧人類

家族や大学のルームメイトが別れると、あとは互いに連絡が途絶えてしまうことがよくあるが、種が分散すると、この断絶はいっそう強く、必然的なものとなる。遠くにまで拡散した個体群が繁殖面で孤立した状態になると、自然選択をはじめとするランダムな進化プロセスが、時間をかけて、その個体群をほかの個体群とは違うものに変化させる。ガラパゴス諸島を訪れた人なら、この現象をウミイグアナで簡単に確認できる。ガラパゴス諸島のウミイグアナは大きさや色にかなりの違いがあるため、専門家なら、あるウミイグアナがどの島で生まれたのかを一目で言い当てられることもある。おそらくはこれと同様のプロセスが、ホモ・エレクトスにも作用した。狩猟採集民の集団が複数の大陸に散らばって、そこで氷河期の変動に直面するにつれ、彼らはさまざまに変わりはじめた。とくに変わったのが身体の大きさだ。たいていは大きくなったが、場合によっては小さくもなった。ホモ・エレクトスの個体の平均体重は四〇キロから七〇キロ、平均身長は一三〇センチから一八五センチだが、前述のドマニシ遺跡で発見された個体群はこの範囲の最低ラインに相当し、アフリカの親戚と比べると身体も脳も二五パーセントほど小さかった(9)。とはいえ、種の全体に共通する傾向として、時を経るとともにホモ・エレクトスの脳は絶対的にも相対的にも大きくなった。図10に示されているように、ホモ・エレクトスの存在期間のあいだに脳の大きさは約二倍になり、一〇〇万年で現生人類とほぼ同じ大きさにまでなった(10)。また、集団によってさまざまなばらつきはあるものの、ホモ・エレクトスの化石にはどの時代のどの場所で出土したものに

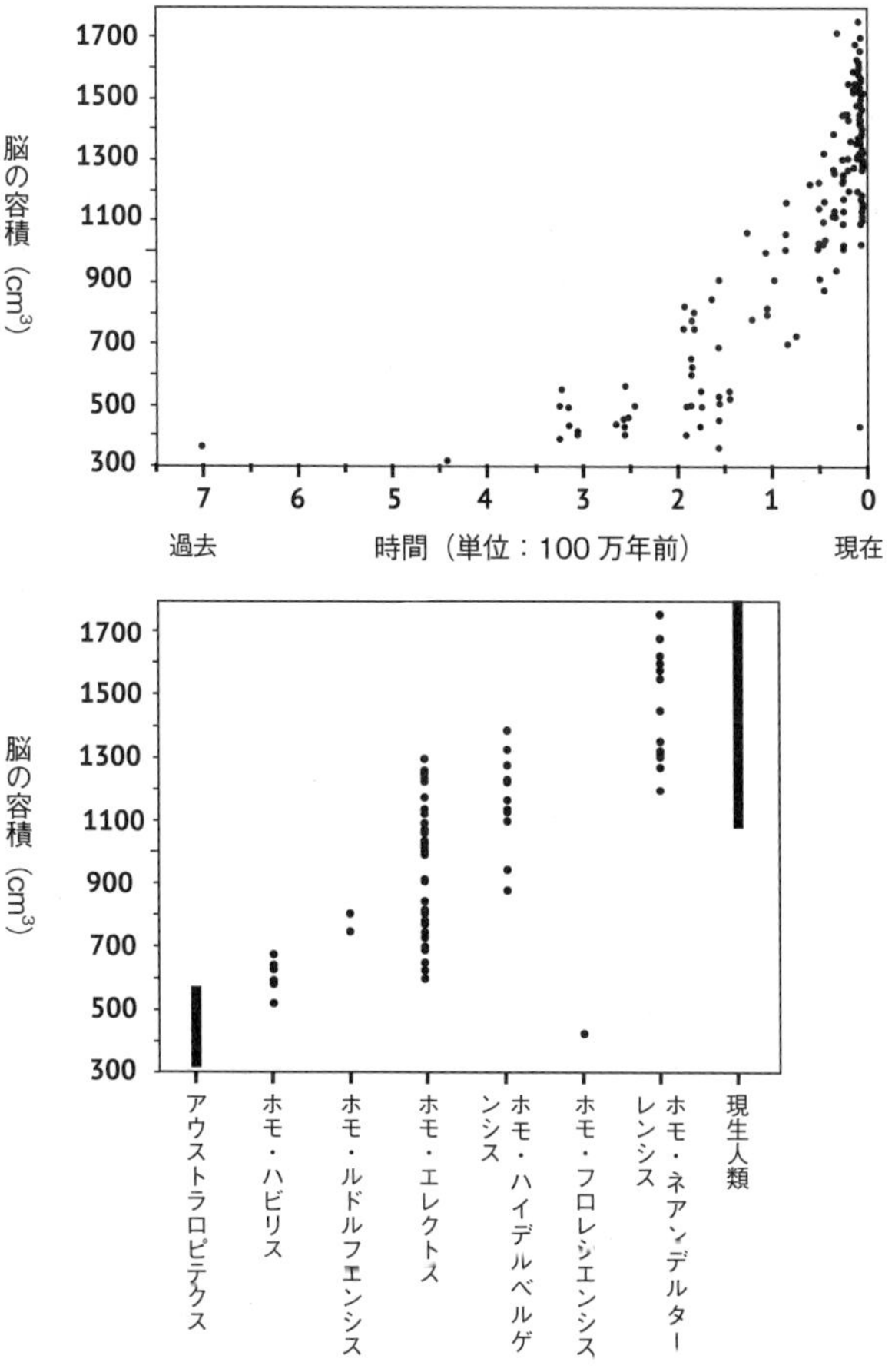

図10　脳の大きさ。上の図は、人間の進化の過程で脳の容積がどのように大きくなっていったかをあらわす。下の図は、人類のさまざまな種における脳の容積の最大値から最小値までをあらわす。

も共通する一連の特徴がある。それを示したのが図11だ。彼らの頭蓋骨はどれも長く、横に平坦で、額が引っ込んでおり、眉弓が大きく、後頭部にもう一つの水平な骨の隆起がある。みな顔が大きく、縦に平坦で、眼窩《がんか》が大きく、鼻も広々としていた。頭頂部の正中線《せいちゅうせん》に沿ってわずかに隆起した骨（竜骨のようなもの）を持っているものも多かった。これまで見てきたように、ホモ・エレクトスの体型は全体的に現生人類の体型によく似ているが、ホモ・エレクトスのほうが腰が大きく張り出しており、全身の骨も太い。

六〇万年前になると、ホモ・エレクトスの子孫の一部は、祖先とは違う種に分類されるに値するほどの進化を遂げていた。最もよく知られているのが、図11に並んで示されているホモ・ハイデルベルゲンシスで、彼らはアフリカ南部からイギリスとドイツに広がった。ホモ・ハイデルベルゲンシスの最も壮観な化石の一群は、スペイン北部のシマ・デ・ロス・ウエソス（「骨の採掘坑」）という遺跡からまとめて発見されたものだ。六〇万年前から五三万年前に、ここで少なくとも三〇人のホモ・ハイデルベルゲンシスが、崖の奥深くの曲がりくねった天然のトンネルをえんえんと引きずっていかれ、穴に投げ込まれた（おそらくは死後だろう）。彼らの頭蓋骨は、この種の集団の在りし日の姿をうかがわせてくれる貴重なスナップショットだ。ホモ・エレクトスと同様に、彼らも頭蓋骨が長くてのっぺりしており、眼窩の上に大きな眉弓があるが、脳は彼らのほうが大きくて、一一〇〇立方センチメートルから一四〇〇立方センチメートルある。また、顔も彼らのほうが大きくて、とくに鼻が広々としている[11]。体格も大きく、体重は六五キロから八〇キロあった[12]。同じころ、ホモ・エレクトス

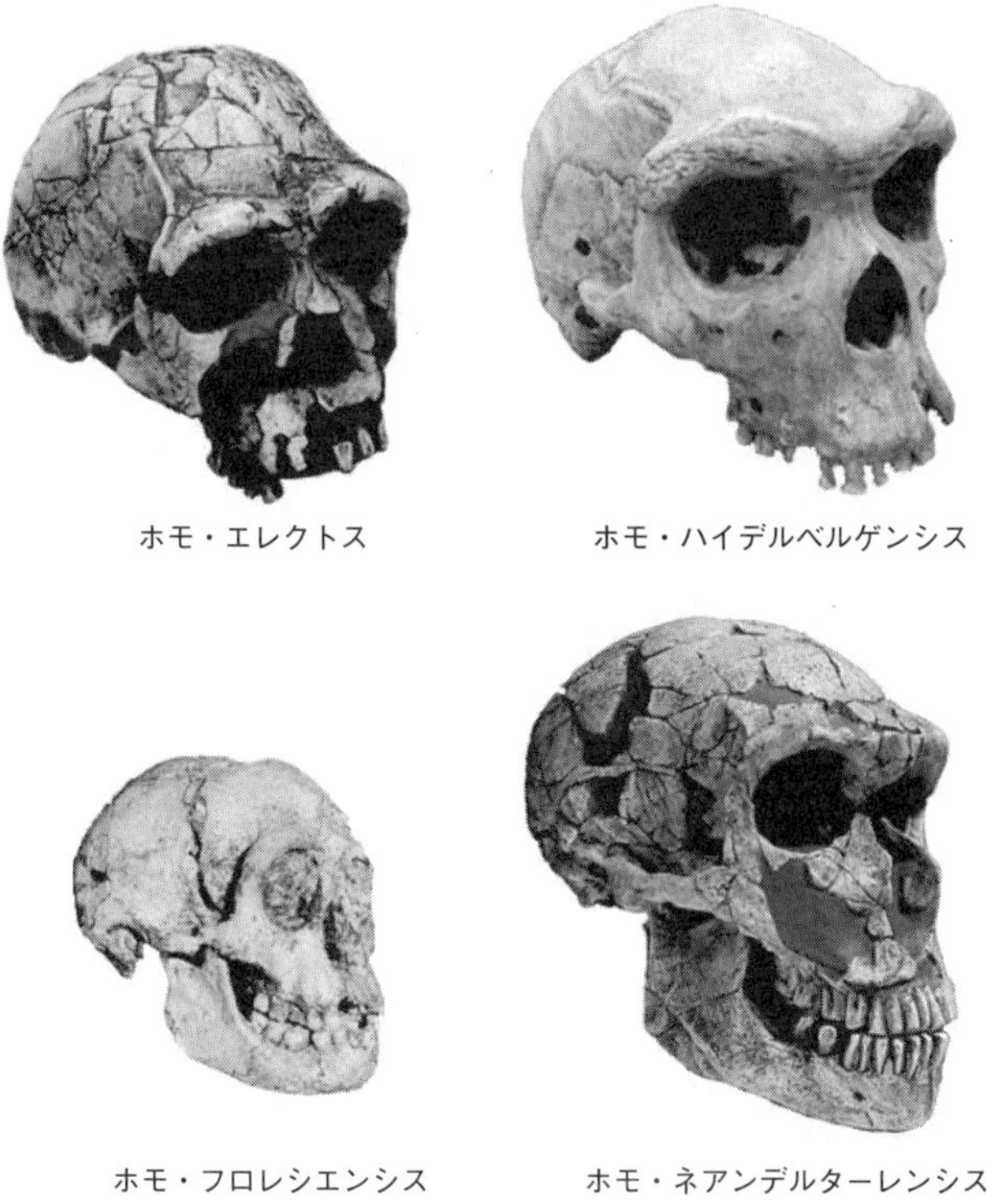

図11　旧ホモ属の種の比較。非常に小さいホモ・フロレシエンシスも含め、いずれの種も、ホモ・エレクトスに明らかに見られる普遍的なパターンを踏襲した変異体である。顔は大きく、縦に平坦で、長くて平たい頭蓋から飛び出している。ただし、脳の大きさと顔の大きさは種によって異なり、ほかにもいくつかの特徴的な差異がある。Image of *H. floresiensis* courtesy of Peter Brown.

の一部はそのままの種としてアジアで生きつづけたが、また別の一部は、やはり大きな脳と大きな顔を持つもう一つの近縁種に進化したと推測される。このグループの興味深い遺物は、バングラデシュの北三二〇〇キロほどに位置するシベリアのアルタイ山脈の洞穴からきわめて良好な保存状態で出土した、一本の指の骨だ。この骨のかけらのDNAから、指の持ち主は、現在デニソワ人として知られる一族の子孫だと判明した。デニソワ人は、おそらくホモ・エレクトスの子孫で、一〇〇万年前から五〇万年前までのあいだに人間とネアンデルタール人との最終共通祖先（LCA）を持っていたと推察される。[13] デニソワ人が何者だったのかはいまもって謎だが、現生人類がアジアに移住してきたときに、ごく少数ではあるが、デニソワ人と現生人類の一部が異種交配した。[14]

化石を種ごとに正確に分類するのはなかなか難しいし、いったいいくつの種がホモ・エレクトスの末裔なのか、どの種がどの種の祖先なのかについても一致した見解はない。ともあれ重要なのは、これらの人類が基本的に、大きな脳を持ったホモ・エレクトスの変異体であるということだ。そして人間の身体の進化について考えるなら、彼らをひとくくりにして「旧ホモ属」（俗に「旧人類」）と称するのは便利だし、理にかなってもいる。これらの旧ホモ属は、お察しのとおり、腕のいい狩猟採集民だった。彼らが作った石器はホモ・エレクトスが作った石器よりも少しばかり洗練されていて、種類も多かった。[15] しかし武器に関して言うと、彼らの最大の発明は、槍の穂先だった。先の尖っていない槍ならば、石器時代の始まったころから作られていたと思われるが、それが見つかる見込みはほとんどない。木製のものはまず保存されないからである。[16] しかし五〇万年前ごろに、出来上がりの形状をあらかじめ想定して非常に薄い剝片石器を作り上げるという新しい巧妙な技法を旧ホモ属が発明し、そうやって作られたものの一つが、三角形の尖頭器《せんとうき》だった。[17] この技法を習得するには相当な技能が必要で、かなりの訓練も積まなければならないが、これが投擲《とうてき》技術に革命を起こした。この技法で作られた石の尖頭器は軽くて鋭利で、動物の腱や樹脂を使って槍の柄の先端に容易に接合することができたからだ。狩猟のときに、こうした石の尖頭器がどれだけ違いをもたらしたかを想像してもらいたい。にわかに槍が段違いに鋭くなって、もう獲物に当たって跳ね返ることもなく、獣皮を貫通し、肋骨さえも突き通せるようになる。そしていったん肉に食い込めば、ぎざぎざの縁が恐ろしい裂傷をもたらすのだ。薄い石の穂先という武器を備えた狩猟民は、いまや遠くからでも獲物を殺せるし、自分が負傷する確率は下がったのに、狩りを成功させる確率は上がっている。この石核調整技法（訳注：「石核」とは、剝片を剝がすもとになる原石のこと）で作られたほかの道具も、皮を剝ぐなどのさまざまな作業の効率を大いに上げた。

さらに重要な発明は、火の扱いだ。人間がいつから定期的に火をおこし、使うようになったのかは定かでない。人間が意図的に火を使用したことを示す現時点での最古の証拠は、一〇〇万年前の南アフリカの遺跡と、七九万年前のイスラエルの遺跡から出ている。[18] とはいえ、火の痕跡が珍しくなくなるのは四〇万年前からだ。このころの遺跡から、炉や焼けた骨が頻繁に出土するようになり、ホモ・エレクトスとは違って旧ホモ属は常習的に食物を調理していたことがうかがえる。[19] 完全に普及した調理は、人間の姿や生活を変えてしまうほどの進歩だった。まず何より、火を通した食物は生の食物よりもエネルギーの産生量がずっと多く、食べて具合が悪くなる危険がずっと少ない。また、旧人類は火のおかげで寒冷な環境でも暖をとれたし、ホラアナグマのような危険な捕食者を寄せつけずにもいられたし、夜遅くまで起きていることも可能になった。

むろん、たとえ火があっても、氷河期の極寒の時期はやはり旧人類に厳しかったに違いない。ことにヨーロッパとアジアの北方にいた集団にとっては、耐えがたいつらさだったことだろう。たとえば氷河が北ヨーロッパ全体を覆っていた時期には、地中海沿岸のわずかな地域を除いて、ホモ・ハイデルベルゲンシスがすっかり姿を消した。おそらく北方にいた集団は絶滅したか、もしくは南に移動したのだろう。しかし気候がよくなると、彼らはふたたび北に分散した。もしこうした分散が事実だったなら、ヨーロッパとアフリカのホモ・ハイデルベルゲンシスの集団は、遺伝子的に完全に断絶していたわけではなかったはずだ。しかし分子データや化石データから察するかぎり、彼らは四〇万年前から三〇万年前までに、部分的に異なるいくつかの系統に分岐した。[20] アフリカの系統は現生人類に進化した（その起源については第6章で論じる）。別の系統はアジアでデニソワ人に進化した。そしてヨーロッパと西アジアでは、最も有名な旧ホモ属の種、ネアンデルタール人が進化した。

ネアンデルタール人といういとこ

ホモ・ネアンデルタールレンシス――いわゆるネアンデルタール人ほど、情熱をかきたてる古代の種はない。ネアンデルタール人の化石は、『種の起源』が刊行された一八五九年以前にもいくつか見つかっていた。しかし、この種が正式に認められたのは一八六三年になってからだ。以来、この原型のような原始人についてはあまりにもいろいろなことが書かれ、論争されてきて、いつしか彼らは鏡のような存在になっていた。つまり彼らに対する見解は、むしろ私たちが私たち自身をどう見ているかを如実にあらわしていたりするのである。最初のうち、ネアンデルタール人はミッシング・リンクだと誤解され、むさくるしい、野蛮で原始的な祖先だと思われていた。しかし第二次世界大戦後、こうした見方は覆《くつがえ》された。それはもっともな反応だったが、極端な反応でもあった。背景の一部にナチスの似《え》非《せ》科学的な人種差別への反発が広まっていたことがあるからだが、それとは別に、ネアンデルタール人が現生人類の近縁種として正しく認識されたことも大きかった。彼らは氷河期の厳しい条件のなかをどうにかヨーロッパで生き延びた、現生人類とほぼ同じ、もしくはそれ以上の大きさの脳を持つ、私たちのいとこだったのである。一九五〇年代以降、多くの古生物学者がネアンデルタール人を人間と別個の種ではなく、人間の亜種（地理的に隔離された種族）に分類した。しかし近年のデータでは、ネアンデルタール人と現生人類はまぎれもなく別個の種で、遅くとも八〇万年前から四〇万年前までには遺伝子的に分岐したことが示されている[21]。この二つの種のあいだには、わずかながら交配があったものの、ネアンデルタール人はごく近しいいとこであって、祖先ではない(22)。

ネアンデルタール人について最も重要な事実は、彼らが二〇万年前から三万年前ぐらいのあいだにヨーロッパと西アジアに住んでいた旧ホモ属の一種だということだ。腕のいい賢い狩猟者で、自然選択による適応に加え、彼ら自身の才覚もあいまって、半ば極地のような氷河期の寒冷な環境のもとでも生き延びることができた。図11に描かれているように、ネアンデルタール人の頭蓋骨は、ホモ・ハイデルベルゲンシスに見られるのと同様の普遍的な構造をしている。大きくて平たく、顔面が巨大で、鼻も大きく、眉弓が目立ち、おとがいがない。ただ、ネアンデルタール人のほうが脳は大きく、平均容積が一五〇〇立方センチメートル近くもあった。また、ネアンデルタール人の頭蓋骨には一目でわかる一連の独自の特徴もあって、ちょっと訓練すれば誰でも容易にネアンデルタール人を見分けられる。典型的なネアンデルタール人の特徴は、大きな顔のなかで鼻の両脇がとくに膨らんでいること、後頭部に卵くらいの大きさの膨らみがあること、後頭部に浅い溝が刻まれていること、下顎の智歯《ちし》（親知らず）の奥にぽっかりと空間があることなどだ。それ以外の身体の構造はほかの旧ホモ属とよく似ているが、ネアンデルタール人はひときわ筋肉質でがっしりしており、前腕とすねが短い。このような身体つきは、北極圏に住むイヌイットやラップランド人などに典型的に見られる特徴で、身体の熱を逃さないようにするのに役立った。

ネアンデルタール人は有能で成功した狩猟採集民だった。もしもホモ・サピエンスがいなかったら、彼らはいまでも存在していたのではないだろうか。ネアンデルタール人は複雑で洗練された石器を作り、それをもとに掻器《そうき》や尖頭器など、さまざまな種類の道具をこしらえた。火を使って食物を調理し、野生のオーロックス（原牛）やシカやウマなどの大型動物をしとめた(23)。しかし、これだけの偉業を達成したにもかかわらず、その行動は完全に現代的とは言えなかった。たとえば骨角器をほとんど作らなかったから、動物の毛皮で服を作っていたはずなのに針をこしらえていなかった。死者の埋葬は単純で、芸術のような象徴的な行為の痕跡もまったくといっていいほど残していない。彼らの生息環境の一部には魚も甲殻類《こうかくるい》もふんだんにいたのに、どちらもめったに食べなかった。原材料を二五キロメートル以上運ぶこともほとんどなかった。あとで見るように、約四万年前に現生人類がヨーロッパに到達しはじめると、ネアンデルタール人はほとんど現生人類に取って代わられてしまった。

大きな脳

ホモ・エレクトスとその子孫である旧ホモ属に明確にあらわれている数々の変化のなかでも、何より目立って印象的なのは、脳が大きくなっていることだ。図10に見られるとおり、氷河期のあいだにホモ属の脳の容積はほぼ二倍になり、ネアンデルタール人のように現代人の平均サイズよりわずかに大きな脳を持った種さえある。巨大な脳が進化した理由は、おそらくそれによって思考や記憶など、複雑な認知作業が容易になるためだと思われるが、賢いというのがそんなにいいことなら、なぜもっと早くから大きい脳が進化しなかったのだろう。そしてなぜもっと多くの動物が、私たちのような大きい脳を持つようになっていないのか。その答えは、前に触れたように、エネルギーに関係している。大きな脳はとんでもなく大量のエネルギーを消費するから、たいていの種はとてもそんなコストを払いきれないのだ。しかしホモ・エレクトスとその後の旧ホモ属は、狩猟採集の利益配当のおかげで、かつては許されなかったような大きい高コストの脳を持てるようになったのである。

脳がいかにして大きく進化したかを見きわめるには、まず初めに、そもそも脳の大きさをどう測るのかという厄介な問題を考えなくてはならない。あなたが平均的な人間だと仮定すると、あなたの脳の容積は約一三五〇立方センチメートルだ。それに比べて、マカクザルの脳は八五立方センチメートル、チンパンジーの脳は三九〇立方センチメートル、ゴリラの脳は四六五立方センチメートルである。つまり人間の脳は、サルに比べるとずっと大きく、大型類人猿と比べても三倍は大きい。だが、身体の大きさを考慮に入れると、人間の脳はいったいどれくらい大きいのだろう。その答えを示したのが図12だ。いくつかの霊長類の種について、その体重に対する脳の大きさを点であらわしたものである。ごらんのとおり、この関係性は非線形となっている。身体が大きくなるほど脳は絶対的には大きくなるが、相対的には小さくなるのだ[24]。この脳の大きさと身体の大きさの関係は、きわめて相関的で、一貫している。したがって種の平均体重がわかっていれば、その種の相対的な脳の大きさは、脳の実

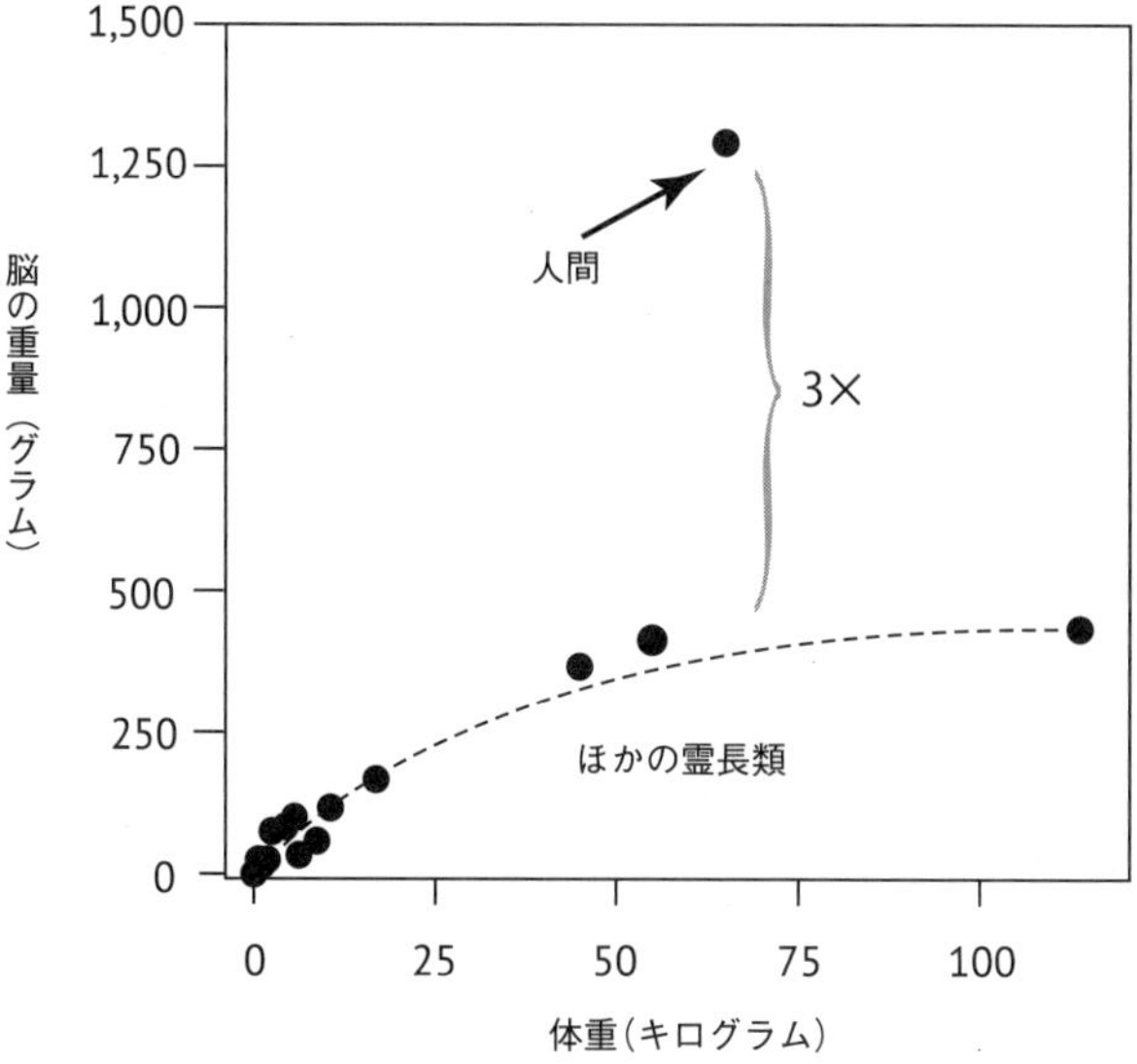

図12　霊長類における身体の大きさと脳の大きさの関係。身体の大きい種ほど脳も大きいが、その関係性は非線形だ。類人猿に比べると、人間は身体の大きさから予測されるより3倍も大きい脳を持っている。哺乳類全般と比べると、私たちの脳は約5倍も大きい。

際の大きさを体重から予測される脳の大きさで割れば算出できる。この比率は脳化指数（EQ）といって、チンパンジーでは二・一、人間では五・一だ。要するにチンパンジーは同じ体重の典型的な哺乳類と比べて脳の大きさが二倍あり、人間は五倍あるという意味だ。ほかの霊長類と比べると、人間は予測される大きさより三倍も大きい脳を持っている。

ではあらためて、脳の大きさがどのように進化したかを考えていこう。材料にするのは骨格から予想される体重の推定値と、頭蓋骨から計測した脳の容積だ[25]。この数値は表2にまとめられているとおりで、これによると、最古の人類の脳の容積は類人猿並みだったが、初期ホモ・エレクトスの脳は絶対的にも相対的にもそれなりに大きくなっていた。脳の容積八九〇立方センチメートル、体重六〇キログラムの一五〇万年前のホモ・エレクトスの男性は、EQが三・四で、チンパンジーのEQより約六〇パーセント高い。言い換えれば、ホモ属が最初に進化したころは、脳はそこそこのペースで大きくなっていたが、その後、身体の大きさに対して脳の大きさは加速度的に大きくなる。図10に示されているとおり、一〇〇万年前には一〇〇〇立方センチメートルを超え、五〇万年前には現生人類の脳と同程度の大きさにまで達した。それどころか氷河期の末期には、身体が今日の人間よりも大きくなっていたために、脳も今日の人間より大きくなる傾向さえあったのだ。この一万二〇〇〇年で世界中が温暖化するにつれ、身体はわずかに縮小したが、脳も同じく縮小したため、相対的な脳の大きさは、初期の現生人類でも最近の現生人類でもほぼ同じだ[26]。体重のわずかな差を勘案すると、平均的な現生人類は、平均的なネアンデルタール人よりもほんの少しだけ脳が小さい。

表2　ホモ属の種

種	生息時期（単位：100万年前）	発見場所	脳の大きさ（cm^3）	体重（kg）
ホモ・ハビリス	2.4-1.4	タンザニア、ケニア	510-690	30-40
ホモ・ルドルフエンシス	1.9-1.7	ケニア、エチオピア	750-800	?
ホモ・エレクトス	1.9-0.2	アフリカ、ヨーロッパ、アジア	600-1200	40-65
ホモ・ハイデルベルゲンシス	0.7-0.2	アフリカ、ヨーロッパ	900-1400	50-70
ホモ・ネアンデルターレンシス	0.2-0.03	ヨーロッパ、アジア	1170-1740	60-85
ホモ・フロレシエンシス	0.09-0.02	インドネシア	417	25-30
ホモ・サピエンス（現生人類）	0.2-現在	世界各地	1100-1900	40-80

ホモ属の脳はどのようにして大きくなったのだろう。脳を大きく成長させるには、おもに二通りの方法がある。時間をかけて成長させる方法と、急速に成長させる方法だ。類人猿と違い、私たちは両方の方法をとっている。[27]生まれたときのチンパンジーの脳の容積は一三〇立方センチメートルで、その後三年かけて三倍になる。[28]人間の新生児の脳は三三〇立方センチメートルで、その後六、七年かけて四倍になる。つまり人間は生まれる前にチンパンジーの二倍のスピードで脳を成長させ、生まれてからはチンパンジーよりも時間をかけつつ、かつ急速に成長させるのだ。脳がチンパンジーよりも大きくなっているのは、脳の神経細胞、すなわちニューロンが約二倍あるというのがおもな理由だ。[29]この増えている分のニューロンの細胞体は、ほとんどが、脳の外層部にあたる大脳新皮質という部位に存

在する。ここは記憶や思考、言語、認識といった複雑な認知機能をほぼすべてつかさどる。人間の大脳新皮質はわずか数ミリメートルの幅しかないが、折りたたまれているのを伸ばすと〇・二五平方メートルにもなる。チンパンジーの脳にあるよりも多くのニューロンが、さらに何百万も多くの接続をつくりだす。[30] 脳は接続ネットワークを通じて機能するため、人間の大脳新皮質はこのように大きくて接続が多いおかげで、記憶、推論、思考といった複雑な作業をする潜在能力がずっと高い。脳が大きいほど賢くなるなら、ネアンデルタール人や、脳が大きかったほかの旧人類は、ずいぶんと知的だったことになる。

しかし大きな脳には相当なコストがかかる。脳は、重さで見ると体重の二パーセント程度なのに、安静時の身体のエネルギー収支の約二〇パーセントから二五パーセントを消費する。寝ていようが、テレビを見ていようが、この文章に頭をひねっていようが、つねにそれだけのエネルギーが奪われるのである。絶対的な数字でいえば、あなたの脳は一日二八〇キロカロリーから四二〇キロカロリーを消費する。それに対して、チンパンジーの脳の一日あたりのカロリー消費量は約一〇〇キロカロリーから一二〇キロカロリーだ。エネルギー豊富な現在の食料事情では、一日にドーナツ一個で補給できる量だが、ドーナツなどない狩猟採集民は、このカロリーを得るために、ニンジンを六本から一〇本余計に採集しなければならない。食べさせなければならない子供がいると、この負担はさらに増える。三歳と七歳の子供二人の世話をしている妊娠中の母親は、自分と胎児と二人の子供の分として、一日に約四五〇〇キロカロリーを得なくてはならない。[31] この子供たちがチンパンジー程度の大きさの脳を持っていたなら、母親が必要とする一日あたりのエネルギーはおよそ四五〇キロカロリー少なくてすむ。この数値は、旧石器時代には決して小さくなかった。

大きな脳を持つことの重大な問題はほかにもある。脳にはいついかなるときも、燃料を補給し、老廃物を取り除き、体温を適度に保つために、全身に供給される血液量の約一二パーセントから一五パーセントにあたる一リットル近くの血液が流れている。そのため人間の脳には、酸素を含んだ血液を運び入れ、ふたたび心臓、肝臓、肺に戻すための特別な配管が必要となる。また、脳はもろい組織なので、転倒したり頭に打撃を受けたりしたときに損傷しないよう、十分すぎるほどの保護が必要だ。脳のかたちをしたゼリーを二個、揺らしてみるとしよう。片方はもう片方の二倍の大きさだ。ゼリーを崩壊させる力はゼリーの大きさとともに指数関数的に増大するので、大きいゼリーのほうがはるかに表面付近から割れてきやすい。したがって大きな脳ほど、脳震盪《のうしんとう》からしっかりと守らなければならない。[30] さらに、脳が大きいと出産もたいへんだ。人間の新生児の頭は、縦が約一二五ミリ、横が約一〇〇ミリだが、母親の産道の一番狭いところは、平均で縦一一三ミリ、横一二二ミリだ。[33] ここを通るためには、新生児は横向きになって母親の骨盤に入らなくてはならない。それから産道内で九〇度回転し、不便なことに上向きではなく下向きになった状態でようやく出てこられる。[34] どんなにいい条件のもとでも、この間《かん》は非常に窮屈で、そのため人間の母親は出産時にほぼつねに介助を必要とする。

これらのコストをすべて考慮すれば、たいていの動物にあまり大きな脳がないのも不思議ではない。大きな脳があったほうが賢くはなるかもしれないが、そのつけは大きく、多くの問題が発生する。ホモ・エレクトスが最初に進化してからずっと脳が大きくなりつづけてきたということは、それに必要なエネルギーを旧人類が十分に得られていたというだけでなく、賢くなることによる便益が費用を上回っていたということだ。残念ながら、火を使えるようになったことと、槍の穂先などの複雑な道具を作れるようになったこと以外に、旧人類が達成した知的な偉業の直接的な痕跡はほとんど残っていない。脳が大きくなったことによる最大の利益は、おそらく考古学記録には見つからない種類の行動だろう。このとき旧人類が新たに獲得した一連の技能は、協力する能力をいちだんと強化するものだったに違いない。人間は、ともに力をあわせることが得意中の得意だ。食物をはじめ、生きるのに欠かせない資源をみんなで分けあう。他人の子育てを互いに手伝い、有益な情報があれば互いに伝えあい、ときには友人のみならず見知らぬ他人であっても、切迫している人があれば自分の命を危険にさらしてまで助けようとする。とはいえ、協力行動には複雑な技能が必要で、自分の意思を効果的に伝えたり、身勝手な衝動や攻撃的な衝動を抑制したり、他者の欲求や意図を理解したり、集団内の複雑な社会的相互作用をつねに把握しておいたりといったことができなくてはならない。[35] 類人猿も、狩りのときなどに協力することはある。しかし、事情の異なるさまざまな状況でつねに効果的に協力するという行動はできない。たとえばチンパンジーのメスは自分の子にしか食物を分けないし、オスにいたってはまず誰にも分け与えない。[36] したがって、大きな脳を持つことの利点の一つは、人間ならではの協力的な相互作用を促して、それを大きな集団でもできるようにすることだと思われるのだ。人類学者のロビン・ダンバーが行なった有名な分析によれば、霊長類のそれぞれの種の大脳新皮質の大きさは、集団規模とある程度の相関関係にあるという[37]。この相関関係が人間にも当てはまるなら、私たちの脳は、だいたい一〇〇人から二三〇人の社会ネットワークに対処できるように進化したことになる。旧石器時代の典型的な狩猟採集民が一生涯に何人と出会っていたかと考えると、この数字はあながち外れてもいまい。

大きな脳を持つことのもう一つの重要な利点として考えられるのは、自然科学者としての能力が向上することだ。今日では、自分のまわりに生息する動植物について熟知している人はめったにいないが、かつてはそうした知識が必須だった。狩猟採集民は一〇〇種類もの植物種を食料としており、どの季節にはどの植物が手に入るのか、広大で複雑な地形のなかのどこでそれを見つけられるのか、どういう加工をすればそれを食べられるのかを知っているかどうかで生死が左右されるのだ。狩猟はさらに難しい認知上の課題を突きつける。非力で動きののろい人類にとってはとくに大きな難題だ。動物は捕食者から身を隠しているうえに、旧人類は狙った獲物を力で打ち負かすことはできなかったから、初期の狩猟民は運動能力と才覚と、ナチュラリストとしてのノウハウを総合的に駆使するしかなかった。狩猟者は、獲物を見つけるにも、殺せるぐらいまで近寄るにも、傷を負って逃げた獲物を追跡するにも、狙いをつけた動物の種が異なる条件下でどのような行動をとるかを予測しなくてはならない。一般に、獲物を見つけるときには帰納的な技能を利用する。視覚と嗅覚を頼りにして、足跡や臭跡などの手がかりから獲物のいる場所を探しあてる。しかし獲物を追跡するときは、演繹的な論理も必要だ。狙った獲物がとりそうな行動の仮説を立てて、手がかりを解釈しながらその仮説を検証する。獲物を追跡するときに使われる技能は、科学的思考の原点であるのかもしれない(38)。

大きな脳のそもそもの利点が何だったにせよ、それはコストを払うに値するものであったに違いなく、そうでなければ大きな脳は進化しなかったはずである。だが、どうして人間は、その大きな脳と身体を成長させるのに何年もよけいにかかるのだろう。私たちはいつ、どうして、脳と身体をこんなにゆっくり成長させるようになったのだろうか。

時間をかけて成長する

子供でいるのは楽しいが、進化論的な観点から言えば、成熟するまでの時間がいやというほど引き延ばされたことで人間は高いつけを払っている。子供が大人になるまで、およそ一八年も続く長い養育期間は、親に多大な出費を負わせるだけでなく、適応度の面でもかなりのコストだ。とくに母親にしてみれば、産める子供の数が限られてしまう。あなたやほかのきょうだいが二倍のスピードで大人になっていたら、あなたのお母さんは二倍の数の子を残せていたかもしれないのだ。ゆるやかに成熟するというのは、あなた自身にも適応度の面である程度のコストを負わせる。繁殖可能年齢が遅くなり、繁殖寿命が短くなって、子を一人も持てない可能性も高くなる。エネルギーの点から見ても、人間のように成長のスピードが遅いと、子孫一人あたりのエネルギーコストが膨らむ。人間一人が一八歳の大人に成長するまでには、なんと一二〇〇万キロカロリーも必要なのだ。チンパンジーならその約半分のカロリーで成体になれる。私たちが成長するのにこれだけ余分な年月とエネルギーを費やさなくてはならないのは、おおかた旧ホモ属のおかげである。

大きな脳を持った旧ホモ属が、それだけのコストを払ってまで成体になるのを引き延ばすようになったのには、どのような経緯があるのだろう。それを理解するために、まずは大半の大型哺乳類が成体になるまでの主要な発達段階を比較していこう（図13を参照）。最初の段階は「乳児期」（infant stage）だ。この期間、哺乳類の赤ん坊は授乳をはじめ、さまざまな支援を母親に依存しながら、脳と身体を急速に成長させる。やがて乳離れをすると（これも実際には段階的に進むプロセスだが）、今度は「若年期」（juvenile stage）に入る。この段階では、もう母親に依存しなくても生きていけるようになっていて、身体をゆるやかなペースで引き続き成長させながら、社会的技能と認知技能をさらに発達させていく。成体になる前の最後の段階は、「青年期」（adolescence）と呼ばれ、精巣や卵巣が成熟し、成長のスパートが始まる。[39] 青年期というのは基本的に、思春期が始まってから骨格の成長が止まって生殖能力が完全に成熟するまでのあいだの、あのいろいろともどかしい、通常はまだ生殖ができない期間のことである。人間の場合だと、この青年期のあいだに乳房や陰毛といった

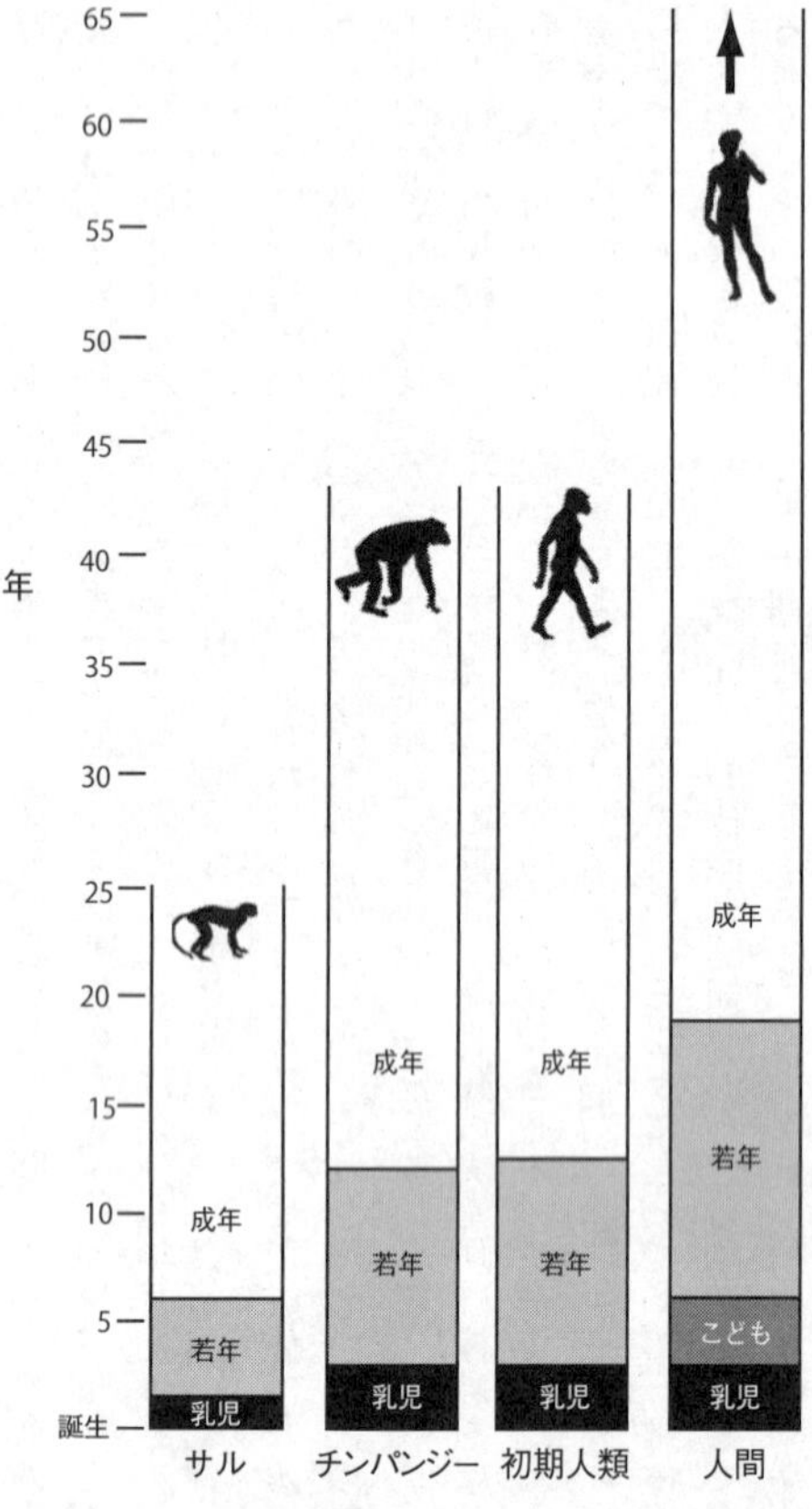

図 13　生活史の比較。人間の長い生活史にはこども期が追加されており、成年期に入る前の若年期も長い。アウストラロピテクスと初期ホモ・エレクトスの生活史はおおむねチンパンジーの生活史と類似する。人類の生活史のペースが遅くなったのはおそらく旧ホモ属の種からだと見られるが、正確な時期と程度はいまだに不明だ。

第二次性徴があらわれ、身体が成長を止め、数々の社会的技能や知的技能が完全に発達する。

図13には、人間の個体発生の過程がいくつかの特殊な面で引き延ばされていることも示されている。最も重大な差異は、人間には「こども期」(childhood)という新しい段階が追加されていることだ。[40] こども期は人間にしかない独特の依存期間で、すでに乳離れはしているが、自分自身の力で食べていくのはまだ無理で、脳もまだ成長を終えていない。チンパンジーの乳児の場合、三歳ごろに脳の成長が止まり、最初の永久歯が生えてくるが、四歳か五歳になるまでは引き続き母乳を飲んでいる(ただし頻度は減るが)。[41] 対照的に、人間の狩猟採集民の乳児の場合、ふつう三歳までには乳離れする。ところがそのあと、少なくとも三年先までは、脳の成長も止まらないし、永久歯も生えてこない。この乳離れをしたあとの約三年間がこども期で、ふつう三歳から六歳か七歳ぐらいまで続く。この時期の子供はまだきわめて未熟で、質の高い食物をたくさん与える必要がある。大人が辛抱強く、全面的に投資してやらないと、子供は生きていくことができない。だが一方で、狩猟採集民の母親はこのように早く子を乳離れさせ、こども期へと送り込むため、類人猿の母親よりも早めに次の妊娠をすることができる。こども期という離乳後の依存期間が加わったことで、食物と支援を十分に得られる環境さえ整っていれば、狩猟採集民の母親は一般的な生涯年数のあいだに類人猿の母親の倍近い数の子を持てるのである。[42]

人間の生活史のもう一つ特殊なところは、こども期のあとに続く、青年期を含めた若年期が大幅に引き延ばされている点だ。この段階を全部合わせてもサルなら約四年間、類人猿なら約七年間だが、人間ではおよそ一二年間も続く。典型的な人間の狩猟採集民の女児は、一三歳から一六歳のあいだに初潮を迎えるが、そのあと五年は経たないと、繁殖面でも社会面でも完全に成熟したとは言えず、少なくとも一八歳になるまでは母親になる確率も低い(43)。一方、狩猟採集民の男児は思春期を迎えるのが女児よりも少し遅く、二〇歳になるまではめったに父親にならない。親や高校教師なら誰でもわかっていることだが、人間の場合、青年期の段階ではまだ完全には親離れしていない。しかし、年下のきょうだいの世話や、調理などのもろもろの家事を手伝ったりすることはできて、採集や狩猟も始めるようになり、最初は助けを借りるが、しだいに自分だけでこなせるようになる。今日の大半の若者はこうした移行を、狩猟採集をしながらではなく、中学高校に通ったり農作業をしたりしながら果たしていくということだ。

では、人間の発達過程はいつから、どうしてこんなに長引かせられるようになったのだろう。脳を成長させるのになぜ二倍もの時間がかかるのか。なぜこども期が加わって、未成熟で世話の必要な子供がいるあいだに母親が新生児の授乳をしなければならないようになったのか。さらに、あの長くて苦痛な青年期も含めた若年期までがどうして引き延ばされなければならなかったのか。

大型動物は総じて成熟するのに時間がかかるものだが、ホモ属の発達期間が長くなったのは、身体が大きくなったからでは説明がつかない。オスのゴリラは人間の二倍もの体重がありながら、成長が止まるまでに一三年しかかからないのだ(体重五トンのゾウも同じぐらいの時間で成熟できる）。それよりもずっと信憑性の高い説明は、人間の場合、脳が成長するのに時間がかかるからというものだろう。人間の脳はそれほど大きく、複雑な配線を必要とする。なにしろ第一に、脳そのもののサイズが大きい。霊長類においては、脳が大きいほど完全な大きさに達するまでに時間がかかる。マカクザルの小さな脳なら、一年半で成長する。チンパンジーの脳はその五倍の大きさなので、成長するのに三年かかる。そして人間の脳はチンパンジーの脳より四倍大きいから、完全な大きさに達するまでに最低でも六年はかかる。絶滅した人類に関しても、成人の脳の大きさになるまでにどれだけの時間がかかっていたかをかなり正確に推定できる（なんと歯を使って算出する）[44]。ルーシーのようなアウストラロピテクスは、脳の成長の速さがチンパンジーと同じくらいだった。どちらも脳の大きさが同じくらいなので、当然といえば当然だ。初期ホモ・エレクトスの場合は、脳の大きさが八〇〇立方センチメートルから九〇〇立方センチメートルに成長するのに四年ほどかかった[45]。その後、もっと脳の大きい旧ホモ属の種が進化したころには、すでに生活史の初期段階のパターンが、今日の人間と同じようなものになっていたようだ。たとえばネアンデルタール人は脳の大きさが現生人類とほぼ同じ、場合によってはそれより少し大きいくらいで、成人の脳の大きさに達するまでに、五年か六年がかかっていた。今日の私たちの大半も、これより少し時間がかかる程度で、人によってはほとんど変わらない[46]。

　人間の脳は六年か七年で成人並みの大きさに達する（だから子供と大人が同じ帽子を共有できる）が、六歳児の脳と身体が完全に発達するまでには、明らかにそれから一〇年以上かかる。人間の生活史において若年期と青年期がいつから長くなったかを特定するのは難しいが、興味深い手がかりはいくつかある。最も強力な証拠の一つが、ナリオコトメ・ボーイだ。これは一五〇万年前に沼地の近くで死んだ（おそらくは感染症が原因で）未成年のホモ・エレクトスのほぼ完全な骨格で、泥土に完全に埋もれていたおかげで、骨格の大部分が保存された。その歯から、死亡推定年齢は八歳か九歳だとされるが、体格は今日の一般的な一三歳児と同等だった[47]。第二大臼歯《だいきゅうし》が生えてきたばかりだったので、おそらくは成人になるまであと数年を要しただろう。ここから推測するかぎり、初期ホモ・エレクトスは成熟するのがチンパンジーより少し遅い程度だったと思われる。したがって、若年期と青年期が長くなったのは人類の進化過程のもっとあとの時点なのだ。ネアンデルタール人もこの点においてはホモ・エレクトスとそう変わらなかった可能性を示す手がかりがある。ル・ムスティエ遺跡から出土した若いネアンデルタール人の一人は、一二歳で死んだ（歯から判明した）が、親知らずはまだ生えていなかったので、あと一、二年は成長したと思われる[48]。さらなるデータが必要だが、こども期のあとの発達期間がたいそう長いのは、ひょっとすると現生人類だけの特徴なのかもしれない。旧人類はティーンエイジャーでいられる時間をあまり持てなかったのではないだろうか。

いまある証拠をすべて考えあわせると、ホモ属の脳が大きくなるにつれ、大きな脳を成長させられるように初期発達の臨界期（乳児期とこども期）が延びた可能性は高いように思われる。若年期と青年期が完全に長くなったのは現生人類が進化してからだったかもしれないが、それでも旧人類の母親はエネルギー面で確実に二重苦に見舞われていたはずだ。まずはこども期が加わったせいで、大半の母親は新生児への授乳をしながら、よちよち歩きの幼児の世話を同時にしなければならなかった。したがって旧人類の母親には、多大な追加エネルギーと支援が必要だった。典型的な授乳中の母親は、自分の身体を維持するのに一日あたり約二三〇〇キロカロリーを必要とするほかに、子供を食べさせるためにさらに数十キロカロリーを必要とした。肉や調理した食物など、質のよいものを食べられる状態になければ、とてもまかなえない。加えて、子供の父親や祖父母などから定期的に支援を得られるような、きわめて協力的な集団内で暮らすことも必要となる。

大きな脳を持つ母親とその子供が直面したもう一つのエネルギー面での苦労は、無慈悲なほど高くつく大きな脳のコストをどうやって払うかだった。脳組織は自分でエネルギーを蓄えておけないため、血液から常時たっぷりと糖分を受け取らなくてはならない。血糖の供給がほんの一、二分でも止まったり、不足したりすると、取り返しのつかない損傷が生じ、死にいたることも少なくない。したがって大きな脳を持つ人間の母親は、自分の分だけでなく、やはり大きな脳を持つ子供の分も含めて、貪欲な脳の要求につねに応えられるよう、いざというときのために大量のエネルギーを備蓄しておかなければならない。飢饉や病気が原因で、場合によっては長期間、エネルギーがほとんど、最悪ならまったく摂取できないときがあるかもしれないからだ。こうした欠乏期には、おそらく自然選択が非常に強く働くはずである。それを初期の人間の母親はどうやって乗り切ったのだろう。

答えは、大量の脂肪である。ほかの動物と同様、私たちもたいてい余剰エネルギーを脂肪として蓄えて、つねにいざというときの備えをしている。とはいえ、ほかの大半の哺乳類と比べると、人間は異様なほどに脂肪が多い。おそらく旧ホモ属において脳が拡張し、発達のペースが遅くなってから、それといっしょに私たちは比較的でっぷりするようにもなったのだろう。そして、そう考えるだけのもっともな理由もあるのだ。

太った身体

現代の本末転倒な特徴の一つに、多くの人が脂肪について悩んでいるという現象がある。たしかに脂肪と体重の問題は、何百万年ものあいだ人々の頭を深く悩ませつづけてきたと思われるが、つい最近までは、食事で十分な脂肪が摂取できず、体重も足りないのが私たちの祖先の心配の種だったのだ。脂肪はエネルギーを貯めるのに最も効率的な手段である。どこかの時点で、私たちの祖先はいくつかの重要な適応を進化させ、それによってほかの霊長類よりも大量の脂肪を身体に蓄えられるようにした。この祖先たちのおかげで、いまやどんなに痩せている人間であっても他の野生の霊長類と比べれば脂肪が多いし、とくに人間の赤ん坊は、他の霊長類の赤ん坊と比べるとずいぶん太っている。この脂肪を蓄える能力と傾向がなかったら、旧人類は決して大きな脳と成長の遅い身体を進化させられていなかったという仮説が立つのももっともだ。

あなたの身体が脂肪をどう使い、どう蓄えるかは、あとの章で詳しく論じるが、さしあたってこの大事な物質について知っておくべきことは二つある。まず、脂肪の各分子の構成要素は、脂肪分の豊富な食物を消化することによって得られるが、私たちの身体は炭水化物からもそれらを簡単に合成できる（だから脂肪分ゼロの食物を食べても太るのだ）[49]。次に、脂肪分子はじつに便利で、エネルギーを凝縮して蓄える。脂肪一グラムのエネルギー量は九キロカロリーで、炭水化物やタンパク質一グラムあたりのエネルギー量の倍以上だ。食後、体内ではホルモンの働きによって糖分、脂肪酸、グリセリンが脂肪に変換され、脂肪細胞という特別な細胞内に貯蔵される。この脂肪細胞が体内には約三〇〇億個ある。そして身体がエネルギーを欲すると、また別のホルモンが脂肪を構成要素に分解するので、身体はそれを燃焼させるわけである（これについては第10章で詳述する）。

どの動物にも脂肪は必要だが、とくに人間は生まれた直後から大量の脂肪を必要とする。それは主として、エネルギーをつねに欲する脳のためだ。乳児の脳は成人の脳の四分の一の大きさだが、それでも一日に約一〇〇キロカロリーを消費する。その小さな身体の安静時エネルギー収支の約六〇パーセントにも相当する量だ（ちなみに成人の脳は一日に二八〇キロカロリーから四二〇キロカロリー、すなわち身体のエネルギー収支の二〇パーセントから三〇パーセントを消費する）[50]。脳はひっきりなしに糖分を要求するので、脂肪をたっぷり蓄えているというのは、尽きることのない信頼できるエネルギー供給源を確保しているということだ。サルの赤ん坊は体脂肪率が約三パーセントだが、健康な人間の赤ん坊は、約一五パーセントもの体脂肪率をもって生まれてくる[51]。実際、妊娠期間の最後の三ヵ月は、おもに胎児に脂肪をつけさせるために費やされる。この三ヵ月のあいだに胎児の脳の質量は三倍になるが、脂肪貯蔵量はなんと一〇〇倍にもなるのだ[52]！　さらに、こども期のあいだに健康な人間の体脂肪率は二五パーセントにまで上昇し、そのあとふたたび下がって、成人の狩猟採集民では男性が一〇パーセント、女性が一五パーセントというあたりで落ち着く。脂肪は、脳と妊娠・授乳のためのエネルギー貯蔵庫というだけではない。狩猟採集民はどうしても持久力を要する運動をしなければならないが、その燃料としても脂肪は不可欠だ。あなたが歩いたり走ったりするときでも、使われる燃焼エネルギーの大半は脂肪由来なのである（ただしスピードが上がると、炭水化物を燃焼させる割合も増えてくる）[53]。また、脂肪細胞はエストロゲンなどのホルモンの調節や合成に関与しているし、皮膚の脂肪はすばらしい断熱材として、体温低下を防ぐのに一役買っている。

要するに、もし大量の脂肪がなかったら、人間の脳はここまで大きくなれなかったし、狩猟採集民の母親は大きな脳を持って生まれてくる子に栄養をつけさせる高品質の母乳を十分に出せなかったかもしれないし、私たちの持久力ももっと下がっていただろう。残念ながら脂肪は化石記録に残らないので、私たちの祖先がいつからほかの霊長類より脂肪を蓄えるようになったのかは確認のしようがない。したがって推測だが、この傾向はホモ・エレクトスから始まって、彼らの少しだけ大きくなった脳と、彼らがやっていた長距離の歩行と走行に燃料を与えていたのではないだろうか。そしてその後の旧ホモ属にとって、体脂肪率が高いことは――とくに赤ん坊の場合――さらに重要だったはずだ。もし私が氷河期のヨーロッパで冬を過ごしているネアンデルタール人だったら、凍えるのを防いでくれる大量の体脂肪にきっと感謝しただろう。最終的に、どの遺伝子が人間の脂肪貯蔵量を増やす役割を果たしているのかが特定できて、それらの遺伝子の適応がいつ進化したのかが確定すれば、そのときこそ晴れてこの仮説の検証が可能になるかもしれない。

　人間の進化にきわめて重要な役割を果たした脂肪だが、その逆説的な遺産として、いまや私たちの多くは脂肪を欲し、蓄えることに適応しすぎてしまった。映画監督のモーガン・スパーロックはドキュメンタリー作品『スーパーサイズ・ミー』で自らを実験台にして、マクドナルドのメニューだけを食べつづけたところ（一日平均五〇〇〇キロカロリー！）、わずか二八日で約一一キロも体重が増えた。このようなとんでもない芸当ができるのも、脂肪が得られるめったにない機会にできるだけたくさん脂肪を蓄えることに適応するよう、大昔から何千世代にもわたって人間に自然選択がかけられてきた所産である。火曜日にある程度の脂肪を貯めこんでおけば、それで水曜日の持久狩猟をまかなえるかもしれないのだ。食料が豊富なときにそれなりの脂肪を蓄えておくのは、いずれ必ずやってくる不毛の時期のためにも必須だったに違いない。銀行預金と同じことで、予備の脂肪があるからこそ人間は栄養の乏しい時期にも活動的でいられ、身体を維持しながら、繁殖をすることさえ可能となる[54]。ただし残念ながら、自然選択は私たちの身体を果てしない豊饒《ほうじょう》の時代、ましてやファストフード全盛の時代に対応できるようにはしてくれなかった。この点については第10章であらためて論じよう。

エネルギーはどこから来たのか

これまで見てきたように、旧ホモ属は祖先よりも大きく身体を成長させ、それ以上に大きく脳を成長させた。成長にかかる期間も長くした。加えて、子供をもっと早く乳離れさせ、脂肪をもっとたくさん蓄えるようにもなったと思われる。だが、これらを実現するのに必要なエネルギーを、彼らはどうやって得たのだろう。こうした離《はな》れ業《わざ》を可能にする手段は二つしかない。一つは、単純に獲得エネルギーの総量を多くすることだ。そしてもう一つは、エネルギーの配分を変え、脳の成長と繁殖に多くのエネルギーを費やせるように、それ以外の機能にまわすエネルギーを少なくすることである。どうやら旧ホモ属は、その両方を行なっていたらしい。

このエネルギー戦略を理解するには、身体の総エネルギー収支が、いくつかの異なる勘定からなっていると考えてみればいい。第一の勘定は、基礎代謝率（BMR）だ。基礎代謝とは、身体を動かしたり食物を消化したりといった活動をいっさいしないときでも必要となる、身体の多くの組織を生かしておくためのエネルギーのことである。哺乳類の場合、BMRはおしなべて体重の関数であり、[55]この点では人間も例外ではなさそうだ。体重四〇キロの平均的なチンパンジーなら、BMRは一日約一〇〇〇キロカロリーで、体重六〇キロの平均的な狩猟採集民なら、BMRは一日およそ一五〇〇キロカロリーだ。[56]ただし第4章で論じたように、人間はBMRの各要素に振り分けられるエネルギーの割合を変更している。ホモ・エレクトスと旧ホモ属の個体が異様に大きい脳を維持できたのは、腸が比較的小さいことが一因だったというのは妥当な推測だ。そして腸が小さくなれたのは（歯が小さくなれたのもそうだが）、これらの種が、肉や加工した食物を豊富に取り入れた良質な食事を摂れていたからにほかならない。

腸が小さければ脳は大きくなれるだろうが、実際に身体が毎日どれくらいエネルギーを消費しているか（総エネルギー消費量：TEE）と、どれくらいエネルギーを獲得しているか（エネルギー日産量：DEP）を考慮する必要もある。人間はどちらの面でも特殊であり、おそらく旧人類もそうだったろう。チンパンジーのTEEは一日あたり平均約一四〇〇キロカロリーだが、現代の狩猟採集民のTEEは一日に二〇〇〇キロカロリーから三〇〇〇キロカロリーで、体格だけから予想される数値よりも高くなっている。[57]狩猟採集民のTEEが比較的高いのは、長距離を歩いたり走ったり、子供や食料を抱えて移動したり、植物を掘り出したり食料を加工したり、その他さまざまな日常の雑事を機械や荷役用の動物の力を借りずに行なったりと、そこそこ活発な生活をしているからだ。おそらく旧人類も、同じような体格の現代の狩猟採集民と同じぐらい移動したり働いたりしていただろうから、TEEはさほど変わらないだろう。しかし重要なのは、成人の狩猟採集民のDEPが総じてTEEよりも高いということだ。DEPは測定するのが難しく、日によって、季節によって、個体によって、さらには個体群によっても大きく変動するが、数多くの社会を対象とした研究で、典型的な成人の狩猟採集民は一日約三五〇〇キロカロリーを獲得するという結果が示されている。(58)これは大ざっぱな見積もりで、個々の差は大きく、誤差の原因となる要素も多々あるが、要は、成人の狩猟採集民は通常一日に一〇〇〇キロカロリーから二五〇〇キロカロリーずつ黒字を出している。このかなりの黒字がどこから出ているかというと、その原因はいくつかある。狩猟によって肉が得られるからでもあるし、採集範囲を広げることによって蜂蜜や塊茎《かいけい》や木の実やベリー類など、調達にかけるエネルギーよりも多くのエネルギーをもたらしてくれる良質の資源が手に入るからでもある。(59)

旧人類にそこそこの余剰エネルギーを得させていた大きな要因として、あと二つ考えられるのが、協力と技術だ。狩猟採集民はなんらかの分業や、血縁関係を超えた間柄での多大な分かちあい、その他さまざまなかたちでの協力をしないと生きていかれない。最初の狩猟採集民が今日の狩猟採集民と同じくらい密に協力していたかどうかはわからないが、自然選択は速やかに彼らをその方向に促したことだろう。もう一つの要因である技術については、もっと発端がたどりやすい。すでに見てきたように、初期ホモ属が初めて石器を使いだし、それによって食物を切ったり叩いたりできるようになったのは確実である。その後、今度は旧ホモ属が先端に石をくくりつけた投擲《とうてき》物を発明し、そのおかげで従来よりはるかに簡単に、かつ安全に獲物を殺せるようになったのだ。調理もまた、同じぐらい大きな技術の進歩だった。私たちはものを食べるたび、それを嚙んで消化するのにエネルギーを使わなければならない（だから食事のあとは脈拍と体温が上昇する）。しかし植物性食料でも動物性食料でも、それをあらかじめ切り刻んだり、すりつぶしたり、叩いたりして物理的に加工しておくと、消化にかかる負担が大幅に低減される。加熱調理の効果はさらに絶大だ。たとえばジャガイモなどは、生で食べるよりも加熱して食べたほうがカロリーもほかの栄養素も倍近く得られる[60]。さらに加熱調理には病原菌を殺せるという利点もあって、おかげで免疫系の負担がずいぶんと減ることになる。

旧人類がいかにして頼もしい良質な食物の余剰を定期的に獲得できていたのかの正確な事情はともかくとして、この黒字収支は明らかに正のフィードバックループを稼働させた。このフィードバックループがどう働いたかについては諸説があるが、いずれも基本には同じ原則がある。身体の基本的ニーズを満たせたならば、あとは余ったエネルギーを四つの使い道のどれかに費やせる、ということだ。まだ幼いうちであれば成長のために使ってもいいし、あるいは脂肪として蓄えてもいいし、いっそう活動的になってもいいし、より多くの子を産み育てるのに使ってもいい[61]。生活が不安定で、幼児死亡率が高いのであれば、最善の進化戦略は類人猿型ではなくネズミ型であり、できるだけ多くの余剰エネルギーを繁殖に注ぎ込むことだ。しかし、もし子供が元気に育っているのなら、別の進化戦略をとったほうが断然割りがいい。旧ホモ属は明らかにそちらをとった。数は少ないが質の高い子に多くのエネルギーを投資して、彼らの脳が大きく成長できるように発達期間を引き延ばすのだ。脳が大きくなれば、学習能力は高まり、言葉や協力といった複雑な認知行動や社会行動も可能になるから、子供は立派な狩猟採集民へと成長し、無事に生き残って繁殖できる見込みが高くなる。そうすれば、この賢くて協力的な狩猟採集民がさらに多くの余剰を生み出すから、自然選択はますますその方向に働いて、大きくて成長の遅い脳と、より多くの脂肪を蓄えた成長期間の長い身体がますます有利になっていく。加えて、十分な食料供給と強力な社会的支援に恵まれている母親ならば、子供をできるだけ幼いうちに乳離れさせたほうが得となる。そうすることで、より多くの子を産めるからである。

このシナリオは、まだ多くの部分が検証できない。人間がいつから類人猿より脂肪が多くなったのか、いつから子を幼くして乳離れさせるようになったのかを証明できないからだ。しかし、脳と身体がいつから大きくなったのか、成長の初期段階がいつから長くなったのかは計測できる。そちらの証拠は、進化のプロセスが徐々に進んだことを示していて、フィードバック仮説の予測するところと一致する。図10に示されているように、ヒト属の脳のサイズは急に大きくなったのではなく、ホモ・エレクトスが登場してから一〇〇万年以上をかけて着実に大きくなっていった。そして人間の発達過程が長くなったのも、同じように漸進《ぜんしん》的な軌跡をたどっての変化だったと思われる。この推測を検証するにはさらなるデータが必要だが、エネルギーの余剰が生まれたことでエネルギー収支の配分が変えられて、それが氷河期に生息していた大昔の狩猟採集民の身体を進化させる一大原動力となったという考えは、あながち外れてはいないだろう。

とはいえ、もっとエネルギーを獲得して、もっとエネルギーを使おうというのがホモ属の全体的な傾向ではあったとしても、どこでもその傾向が通ったわけではない。当然ながら、氷河期に生息していたホモ属のすべての集団がエネルギーの余剰を生み出せていたとは考えにくく、実際に化石記録には、生存闘争が時期によっては非常にきつく、危うくて、ときには悲惨な結末を迎えたことを示す証拠が満ちあふれている。いざ食料が欠乏すると、たくさんの燃料を消費するようにできている私たち人類の身体は、たちまち資産ではなく負債となる。ガソリンをやたらと食う車が、ガソリン代が高騰するとカネのかかる厄介物扱いされるのと同じことだ。温帯のヨーロッパにいた旧人類の集団は、氷河が拡大した時期には甚大な被害を受けていたはずで、絶滅した集団も少なくなかっただろう。そして熱帯でも、食料欠乏は起こりうる。そこが島であればなおさらだ。実際、人類の過度なエネルギー依存に対するしっぺ返しの実例は、インドネシアの島に住んでいた旧人類の種の一つに最もよくあらわれている。ホビットという呼び名でも知られる小人の種、ホモ・フロレシエンシスがそれである。

エネルギー問題の思わぬ展開——フロレス島のホビットの物語

奇抜な進化はよく島で発生する。広い大陸に比べ、小さな孤島は概して植物が少なく、ほかに食料となるものも少ないので、そこに棲む大型動物はたびたびエネルギー危機に見舞われる。そうした環境では、あまりに大きな動物はなかなか生きていかれない。生きるのに必要な食物の量が、その島の供給できる量を上回っているからだ。対照的に、島に棲む小さな動物は、本土に棲む近縁種よりもうまくやっていけることが多い。食料は十分にあり、ほかの小動物の種との競争も少ないうえに、島には捕食者がめったにいないので、身を隠す必要からも解放されるのだ。多くの島では、小型種は大型化し、大型種は小型化する（一種の巨人症と小人症だ）。したがってマダガスカル、モーリシャス、サルディニアなどの島は、巨大なネズミやトカゲ（コモドドラゴン）の棲みかであるとともに、小型のカバ、ゾウ、ヤギの棲みかともなった。

このようなエネルギー上の制約がかかるのは狩猟採集民も同様で、彼らもまた同様のプロセスを経ることがあるが[62]、その最も極端な例が、大陸から遠く離れたフロレス島の人類にあらわれたものと思われる。フロレス島はインドネシア群島の一部であり、バリ島、ボルネオ島、ティモール島などを含めた一連の島々とアジア大陸とを隔てる深い海溝の東側に位置する。氷河期のあいだに水位が最も低くなったときでさえ、フロレス島はすぐ隣の島とも深い海で隔てられていた。しかしながら、それでも数種の動物がその距離を泳ぎきってフロレス島に渡ったらしく、ネズミやオオトカゲやゾウなどが、この島で大型化や小型化を経験することになった。今日、フロレス島には巨大なネズミやコモドドラゴンが棲んでおり、過去には小型種のゾウ（ステゴドン）も生息していた。

そしてホビットの登場だ。一九九〇年代に、フロレス島で作業していた考古学者たちが八〇万年以上前の原始的な道具を発見した[63]。それはすなわち、その年代よりもさらに前に、いずれかの人類――もしかしたらホモ・エレクトス――が筏《いかだ》に乗るか自力で泳ぐかして島に渡ってきていたということだ。次いで二〇〇三年に、今度はリアンブア洞窟で発掘作業をしていたオーストラリアとインドネシアの研究者チームが世界中の見出しを飾った。九万五〇〇〇年前から一万七〇〇〇年前のあいだのものと推定される、非常に小柄な化石人類の部分骨格を発見したのだ。彼らはそれをホモ・フロレシエンシスと名づけ、小型化した初期ホモ属の種の化石であるとの考えを示した[64]。メディアはすぐにこの種にホビットというあだ名をつけた。さらに発掘を進めると、少なくともあと六人分の小さな個体の化石が出てきた[65]。この種は小人といってよく、身長が約一メートル、体重が二五キロから三〇キロで、脳も約四〇〇立方センチメートルと非常に小さく、成体のチンパンジー並みだった。そのほか化石には、眉弓が大きい、おとがいがない、脚が短い、足は大きいが完全な土踏まずがないといった特徴がばらばらと混在している。いくつかの研究では、体格の差を調整するとホビットの脳と頭蓋骨（図11参照）はホモ・エレクトスに最も近いとされている[66]。もしそうなら、ホモ・エレクトスが八〇万年以上前にフロレス島にたどりつき、そこで遭遇した食料不足と折り合いをつけるため、自然選択を通じて脳と身体を小さくさせたというのが理にかなったシナリオだ。

言うまでもなく、ホモ・フロレシエンシスについては議論が交わされている。その脳のサイズが身体のサイズと比べるとあまりに小さいと論じる学者もいる。体重の異なる動物を比べたとき、身体の大きい種や個体の脳は、絶対的には大きくても、相対的には小さいという場合がほとんどだ。ゴリラの身体の大きさはチンパンジーの三倍だが、その脳はたった一八パーセント大きいだけだ。一般的なスケーリング則にしたがえば、もしホビットが通常の半分の大きさの人間なら（たとえばピグミーのような）、脳の大きさは一一〇〇立方センチメートル前後と予想される。一方、もし小型化したホモ・エレクトスなら、脳の大きさは五〇〇立方センチメートルから六〇〇立方センチメートル程度だ[67]。これらの予測から、複数の研究者は、このホビットの化石はある種の病気にかかった現生人類の集団のものに違いなく、その病気によって小人症になったとともに、脳も病理学的に異常に小さくなったのだと結論した。しかし、その脳の形状や、頭蓋骨の形状、四肢を慎重に分析すると、ホモ・フロレシエンシスはいかなる既知の病気を患っていたとも思われないし、成長が異常だった形跡もない[68]。さらに言えば、ほかの島の小型化したカバの研究から、島嶼《とうしょ》矮化《わいか》の過程で自然選択によって脳も極端に縮小される場合があることがわかっており、それならホモ・フロレシエンシスの非常に小さい脳も説明がつく[69]。小さな島で状況が厳しくなると、どうやら大きい高コストの脳を維持するような贅沢は許されなくなるらしいのである。

シャーロック・ホームズは（小説の中での話だが）かつてこう言った。「ありえないことをすべて取り除いてしまえば、残ったものがいかにありそうになかろうと、それが真実だ」。

ホビットが脳の小さい小人症の人間ではないのだとすれば、これは正真正銘の一つの人類の種であるに違いない。実際に可能性としては二つある。一つは、ホモ・フロレシエンシスがホモ・エレクトスの子孫だというものだ。そしてもう一つの、さらに驚愕する可能性は、ホモ・フロレシエンシスの原始的な手足から察するに、これがホモ・ハビリスのようなもっと原始的な種の残存種だというものだ。その場合、この種はアフリカを非常に早い段階で去り、はるばるインドネシアまで到達して、さらに泳いでフロレス島にたどりつき、アフリカ以外にはほかにまったく化石を残さなかったというわけだ。どちらのシナリオにしろ、脳の大きさはかなり縮小させられたことになる。これまでに発見されている最も小さいホモ・エレクトスの脳は六〇〇立方センチメートルで、最も小さいホモ・ハビリスの脳は五一〇立方センチメートルだ。したがって、自然選択によって脳の大きさが少なくとも二五パーセントは縮小したのでなければ、ホビットのあまりの脳の小ささは説明がつかない。

　私からすると、ホビットに関して何より重要なのは、人間の進化においてどれほどエネルギーが大事かということを、この驚愕の種が身をもって示していることである。資源が限られた島という状況においては、脳と身体が縮小するのはとくに突飛な事態ではなく、むしろ初期ホモ属や旧ホモ属がエネルギー供給の不足に直面した場合に予測されるとおりの結末である。大きな身体と大きな脳は高くつくものであり、したがってコスト削減のための自然選択にまっさきに狙われる。おそらくホモ・フロレシエンシスは縮小することにより、一日あたり一二〇〇キロカロリー、授乳時でも一日一四四〇キロカロリーで生きていけたのだろう。

これが完全な大きさのホモ・エレクトスの母親だったなら、妊娠も授乳もしていなくても一日約一八〇〇キロカロリーが必要で、授乳中なら一日二五〇〇キロカロリーもが必要となる。ホモ・フロレシエンシスがこれだけ小さな脳を持つようになったことの代償として、認知面でどんな犠牲を払ったのかは知らないが、そのトレードオフはやるだけの価値があったということなのだろう。

旧人類に何が起こったか

現在の熱帯をぐるりとまわってみれば、霊長類のさまざまな近縁種に出くわして、類似点や相違点を発見できるかもしれない。たとえばチンパンジーには種が二つあり、ヒヒなら五つ、マカクザルになると二〇ほどもある。これまで見てきたように、氷河期のあいだの自然選択により、初期ホモ属の子孫にも同じような多様性が生まれ、ヨーロッパのネアンデルタール人、アジアのデニソワ人、インドネシアのホビットなどが分岐した。そしてもちろん、もう一つの種、ホモ・サピエンスもあらわれた。私たち現生人類が進化したのはネアンデルタール人とほぼ同時期で、もし現在、あなたが二〇万年ほど前の最初の現生人類を観察できたなら、いまの自分たちと基本的にそう違っていないのではないかと思うことだろう。ホビットをべつにすれば、現生人類も旧人類も総じて同じような身体つきで、同じように大きい脳を持っている。しかし明らかに、現生人類にはいくつかの独特な面があり、なぜか幸いにも私たちの種だけが（ここまでのところ）まったく異なる進化上の運命をたどった。氷河期が終わるころまでに、私たちの近縁種はすべて絶滅し、人類の系統のなかで現生人類だけが唯一生き残った種となったのである。

どうしてだろう。なぜほかの人類は絶滅してしまったのか。現生人類の生物学的構造や行動に、何か特別なところがあったのだろうか。なんらかの適応を現生人類だけが果たせたのだろうか。旧ホモ属は、まったく新しいエネルギーの使い方、活用のしかたができるようになるなど、さまざまな能力を獲得した。だが、その遺産がどのようにして、人間の身体の物語の次の大きな変容を生むことになったのだろうか。

第6章　きわめて文化的な種
現生人類はいかにして脳と筋肉の組み合わせで世界中に住みついたか

われわれがやってサルがやらないこと、そのほぼすべてが文化だ。
——フィッツロイ・サマセット（ラグラン男爵）

かつて人間はみな石器時代の狩猟採集民だったのだ——と初めて私が知ったのは八歳のときだった。当時の私は、テレビで見た粗悪な映像に映っていたタサダイ族に、すっかり夢中になったものだ。タサダイ族というのは、そのころフィリピンで「発見」されたばかりの、現代世界とはいっさい接触を持ったことのない原始人の部族である。全部で二六人しかいなくて、みなほとんど裸で、洞穴《ほらあな》に住み、石器を作り、昆虫やカエルや野生の植物を食べて暮らしている。この発見は世界を震撼させた。私の学校の先生も含め、大人たちは、タサダイ族が暴力や戦争に関わる言葉を持っていないことにとりわけ感銘を受けていた。もしもっと多くの人がタサダイ族のようだったなら……。

残念ながら、このタサダイ族は、でっちあげだった。この部族の存在は、どうやらその「発見者」であるマヌエル・エリザルデが演出したもので、エリザルデは近くの村民に小金を握らせて、ジーンズとTシャツの代わりにランの葉の腰巻を着けさせ、コメと豚肉の代わりに虫とカエルを食べるところをテレビカメラに撮影させたのだという話だ。私が思うに、このでっちあげが世界中をまんまとだませたのは、エリザルデの指揮下で描かれた原始的な人間社会が、ベトナム戦争真っ只中の当時において、まさに多くの人が見たがり、聞きたがっていたものだったからではないだろうか。文明に汚染されていない人間は自然のとおりに善良で平和的で健康であるというルソー主義的な考えを、タサダイ族は体現していたのだ。加えて、タサダイ族のゆったりした暮らしぶりは、それまで固く信じられていた、石器時代の生活はたいへんな艱難辛苦《かんなんしんく》で、農業の発明以降の人間の歴史はほぼ途切れることのない長い進歩の過程だったという考えと、きわめて対照的なものでもあった。そしてタサダイ族が世界中のテレビ画面に登場し、《ナショナル・ジオグラフィック》誌の表紙を優美に飾ったのと同じ年、人類学者のマーシャル・サーリンズが、世に大きな影響を与えた『石器時代の経済学』を出版した(1)。サーリンズはこの本で、狩猟採集民は「始原《しげん》のあふれる社会」だったと論じている。なぜなら彼らは、生きていくのに必要なだけの基本的なものしか求めず、猛烈に働く必要もなく、栄養のある多様なものを食べて、自由な時間のたくさんある、暴力にほとんど損なわれることのない豊かな社会生活を送れていたからだという。この考え方はいまでも人気があるが、これにしたがえば、約六〇〇世代前に私たちが農業を始めてから、人間《ヒューマン》の条件《コンディション》はひたすら悪化の一途をたどってきたのだということになる。

しかし実際のところ、そう遠くない石器時代の生活は、おそらく一部の極端な見方で推察されているような恐ろしいものでもなければ、牧歌的なものでもなかっただろう。たしかに狩猟採集民は、農耕牧畜民ほど一日の労働時間が長くはなかったし、伝染病にかかることも少なかったが、だからといって、必ずしも狩猟採集民がのんびりしていたことにはならない。とくに何も欲しいものがないからというだけで、働く必要のほとんどない豊かな旧石器時代のカウチポテト族だったわけではないのである。むしろ狩猟採集民はたいてい飢えていて、必死の協力とかなりの労働量を介して、やっと十分なだけの食料を手に入れていたのが実情だ。だからもちろん、一日に何時間も歩いたり走ったり、ものを運んだり地面を掘ったりすることも必要とされた。しかし一方、サーリンズの分析にも多少の真実はある。もしあなたが狩猟採集民だったら、あなたは自分の家族と仲間が毎日生きていくのに必要な分だけ働けばよい。それが終われば、あとはゆっくり休んでかまわないし、噂話に興じたり、家族や仲間とともに過ごしたりといった社会活動に時間を充てることもできる。現代につきものの多くのストレス——通勤、失業の心配、大学進学、退職後のための貯蓄など——を思えば、たしかに狩猟採集民の経済制度にはある種の利点があったと認めざるをえないだろう。

タサダイ族のような部族は現実には残っていないが、一握りの真正の狩猟採集民族はつい最近まで存続していたし、どれだけ真の狩猟採集民と言えるかはわからないが、いくつかは今後も存在していくだろう。これらの人々は、私たちの祖先が何千世代ものあいだ送ってきた生活様式に最も近い暮らしをしている最後の人間という意味で、研究するのにふさわしい魅力的で重要な存在だ。彼らの食事や活動や文化を学ぶことは、現生人類が何に適応しているかを見きわめるのに多少の助けにはなるだろう。しかし、ただ現代の狩猟採集民を研究しただけでは、なぜ人間が現在このような姿になっているのかを完全に理解することはできない。私たちの身体は、もはや狩猟と採集だけではなく、もっと多くのことをするように進化したからだ。さらに言えば、これらの集団はどれ一つとして純粋な石器時代の採集民ではなく、どれもがこの何千年ものあいだ、農耕民や牧畜民と関わりあってきているのである。

現生人類の身体がなぜ、どのようにして、その姿になったのか、なぜ私たちが地球上で最後に生き残ったヒトの種となったのかを理解するには、やはり時間をさかのぼって、私たちの身体の歴史における最後の種分化となった出来事、すなわちホモ・サピエンスの起源を見ていく必要がある。この変化の化石記録だけに注目したなら、もともと現生人類が進化したのは解剖学的にちょっとした変化があったため、と結論しかねない。たしかに顔が小さくなったり、脳と頭蓋が丸くなったりといった、頭部においてとくに顕著な一握りの変化があったのは事実である。しかし実際のところ、それらの変化と、考古学記録からわかることを考えあわせると、現生人類と旧人類との最も根本的な違いは、私たちに文化的変化を生み出す能力があったことだと言えるだろう。新しいものを作り出し、情報やアイデアを人から人へ伝達するという、まったく前例のない独特の能力を私たちは備えている。当初、現生人類の文化的変化はゆっくりと加速していって、まずは私たちの祖先の狩猟採集のやりかたに、重要ではあるが少しずつの変化を生じさせた。その後、約五万年前から起こりはじめた文化的、技術的な革新のおかげで、人類が地球のいたるところに生息できるようになった。そして以後、文化的進化はますます回転の速い、優勢で強力な変化のエンジンとなっていったのである。したがって、ホモ・サピエンスのどこが特別なのか、いまも生き残っている唯一のヒトの種がなぜ私たちなのかという疑問に対する最良の答えは、まず私たちが自らのハードウェアにおいて二、三の小さな変化を進化させ、その進化によって、いまも加速する勢いで進行中のソフトウェア革命に火をつけたから、ということになるだろう。

誰が最初のホモ・サピエンスだったか

どの宗教も、私たちの種、ホモ・サピエンスがいつどこで生まれたかについての各自の説を持っている。ヘブライ語聖書によれば、神がエデンの園で塵からアダムを作り、そのアダムの肋骨からイブを作ったとされている。また別の宗教では、最初の人類は神から吐き出されたとか、泥をこねて作られたとか、巨大なカメから産み出されたなどと説明されている。しかし科学では、現生人類の起源について、たった一つの説明があるだけだ。そして、その出来事はとてもよく研究され、複数の証明方法を使って検証されてもいるので、かなりの自信を持ってこう断言してもかまわないだろう——すなわち現生人類は、少なくとも二〇万年前にアフリカで旧人類から進化したのだと。

私たちの種の起源が正確に時間と場所まで特定できているのは、おもに人間の遺伝子が研究されてきた成果による。世界中の人々のあいだの遺伝的変異を比較することにより、遺伝学者は誰が誰とつながっているのかを全員に関してまとめた系統図を計算することができ、その系統図を正確に調整することによって、最後に全員が共通の祖先を持っていたのがいつだったかを見積もることができる。そうした何千もの人々のデータを使ってなされた何百もの研究が、一致して認めていること——それが、現存するすべての人間は、もとをたどれば三〇万年前から二〇万年前ぐらいのアフリカに住んでいた共通の祖先の集団に行き着き、その集団の一部が、一〇万年前から八万年前ぐらいにアフリカを出て各地に分散した、というものなのだ。(2) 言い換えれば、ごく最近まで、人間はみなアフリカ人だったのである。これらの研究は、いま生きているすべての人間が、びっくりするほど少数の祖先からくだってきていることを明らかにしてもいる。ある計算によれば、今日の人間全員の祖先は、サハラ以南のアフリカ出身の一万四〇〇〇人足らずの繁殖個体の集団で、非アフリカ人のすべてを生んだ最初の集団は、おそらく三〇〇〇人以下だったとされている。(3) 私たちがつい最近、そのような小さな集団から分岐したということは、また別の重要な事実を説明してもいる。これは人間なら誰しも知っているべきことだが、私たちは遺伝学的に同質の種であるということだ。私たちの種の全体に存在する遺伝的変異をすべて列挙したとすれば、およそ八六パーセントがどの集団内にも見られることがわかるだろう。(4) この事実を大局的に見れば、たとえばフィジーやリトアニアなどの一部の集団を除いて世界中の全集団を一掃したとしても、人間の遺伝的変異のほぼすべては維持できるということである。このパターンは、チンパンジーなど、ほかの類人猿とは明らかに異なる。後者の場合、あらゆる集団内に存在する種全体の遺伝的変異が四〇パーセントにも満たないのだ[5]。

私たちの種の起源が少し前のアフリカにあることの証拠は、化石のＤＮＡからも得られている。ＤＮＡの断片は、条件さえ適切であれば、化石骨の中で何千年も保存されることが可能だ。高温になりすぎず、酸性になりすぎず、アルカリ性にもなりすぎなければよい。これまでに、数体の初期現生人類と、ネアンデルタール人を主とする十数体の旧人類から、大昔のＤＮＡの断片が復元されている。スヴァンテ・ペーボと同僚たちのたいへんな努力により、これらの断片がふたたび組み合わされて解析されたところ、現生人類とネアンデルタール人それぞれの系統が最後に同じ祖先の集団に属していたのは、およそ五〇万年前から四〇万年前だったとわかった[6]。驚くことではないが、現生人類とネアンデルタール人のＤＮＡは非常によく似ている。あなたの塩基対《つい》六〇〇個に対して一個だけがネアンデルタール人と違っているという割合なのである。現在でも、どの遺伝子がその違いにあたり、その違いがどういう意味を持つのかを突き止めるために多大な努力がなされている。

旧人類と現生人類のＤＮＡには、いくつかの意外な系図上の事実も潜んでいる。ネアンデルタール人と現生人類のゲノムの違いを丹念に解析してみると、すべての非アフリカ人には、二パーセントから五パーセントというきわめて小さい割合ながら、ネアンデルタール人由来の遺伝子が含まれていることがわかるのである。これはおそらく五万年以上前、現生人類がアフリカを出て中東を通過する際に、ネアンデルタール人と現生人類のあいだでわずかに異種交配があったためだと思われる。(7)その後、この集団の子孫がヨーロッパとアジアに分散したのだと考えれば、なぜアフリカ人にはネアンデルタール人の遺伝子がないのかが説明できる。そして現生人類はアジアに広がった際に、デニソワ人とも異種交配したと見られる。オセアニアとメラネシアに住む人々のあいだでは、遺伝子の三パーセントから五パーセント程度がデニソワ人由来のものとなっているのだ。(8)今後さらに多くの化石DNAが発見されれば、また別の異種交配の形跡が見つかるかもしれない。ただし、それらの形跡をもって、現生人類とネアンデルタール人とデニソワ人が一つの種である証拠と解釈するべきではない。近親種は互いに接触すると非常にわずかながら異種交配することがよくあって、現生人類は明らかにその一例だったわけだ。私は実際、これを知って嬉しく感じている。ネアンデルタール人は絶滅してしまったが、そのわずかな一部が私のなかに生きているということなのだから。

　現生人類がいつどこで最初に進化したかを示唆してくれる、また別の、より具体的な手がかりは、化石から得られる。遺伝子データが予測しているのとまったく同様に、わかっているかぎり最も古い現生人類の化石はやはり出自がアフリカで、時代はおよそ一九万五〇〇〇年前とされている。(9)そして一五万年前より古いと見なされる、ほかの多数の初期現生人類の化石も、やはりすべてがアフリカから出ている。(10)その後に起こった全世界へのホモ・サピエンスの最初の離散《ディアスポラ》も、古代の骨を追っていくことで見えてくる。まず現生人類は、約一五万年前から八万年前のあいだに（これらの年代は不確定である）中東にあらわれ、そのあと三万年ほどのあいだ、姿が見えなくなっている。ちょうどその時期、ヨーロッパで大きな氷河作用が山場を迎え、ネアンデルタール人が中東に移住してきており、しばらく彼らに取って代わられていたのかもしれない[11]。現生人類が新しい技術を備えてふたたび中東に出現したのが、約五万年前のことであり、以後、彼らは急速に、北へ、東へ、西へと広がっていった。現在得られている最良のデータにしたがえば、現生人類が初めてヨーロッパにあらわれたのが約四万年前で、アジアにあらわれたのが約六万年前、ニューギニアとオーストラリアにあらわれたのが四万年前以前である[12]。考古学遺跡から推察されるところでは、現生人類はどうにかしてベーリング海峡まで渡って新世界に到達し、三万年前から一万五〇〇〇年前までのあいだにそこに住みついた[13]。

人類の分散の正確な年代記は新たな発見が増えるたびに変わるだろうが、重要なのは、現生人類が初めてアフリカで進化してからたった一七万五〇〇〇年のあいだに、南極大陸を除く全大陸をその住みかにしてしまったということである。しかも、現生人類の狩猟採集民が広がった先では、いつでもどこでも、旧人類がほどなく絶滅してしまっている。たとえば、いまのところヨーロッパで最後とされるネアンデルタール人がスペイン南端の洞穴の中にいたのは三万年前よりちょっとあとで、現生人類が最初にヨーロッパに出現してから一万年から一万五〇〇〇年ほどのちのことである[14]。そして証拠から察するに、現生人類が急速にヨーロッパ中に広まるにつれ、ネアンデルタール人の集団はどんどん小さくなって、最後には孤立したレフュジア（退避地）に閉じ込められたあと、永久に消滅してしまった。これはなぜなのだろうか。ホモ・サピエンスの何が私たちを地球上で唯一残存するヒトの種にしたのだろう。私たちの成功のどれだけの部分が身体のおかげで、どれだけの部分が頭脳のおかげなのだろうか。

現生人類の何が「現代的」なのか

歴史が勝者によって書かれるように、先史時代の歴史も生き残った者（私たち）によって書かれてきた。そして私たちは十中八九、起こったことを必然のように解釈する。だが、もしも二一世紀のネアンデルタール人がこの本を書いていて、なぜネアンデルタール人ではなくホモ・サピエンスが何万年も前に絶滅したのだろうかと考えていたら？　きっと私たちと同じように、彼らも化石と考古学的証拠を足がかりとして、私たちの身体の何が違っていたのか、その身体を私たちがどう使っていたのかを調べるに違いない。

矛盾するようだが、私たちと旧人類とを区別する最も明白な違いは、その生物学的な妥当性をどうにも解釈しにくい対照的な解剖学的構造にある。そうした違いの大半がはっきりとあらわれているのが頭部で、端的に言えば、頭部のつくりにおける二つの大きな変化である。それを示したのが図14だ。第一の違いは、私たちの顔が小さいことだ。旧人類の顔面は大き

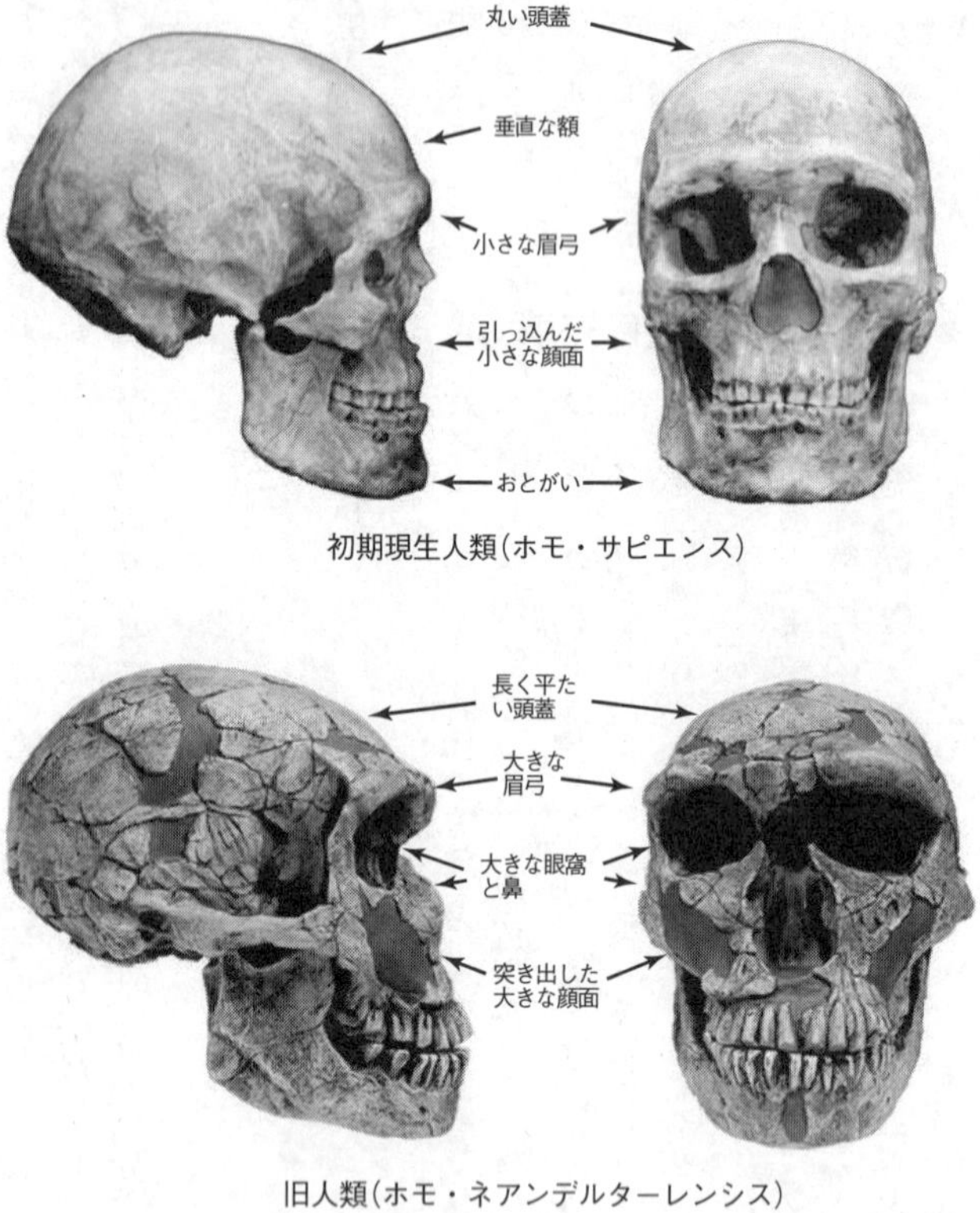

図14　初期現生人類とネアンデルタール人の頭蓋骨の比較。現生人類の頭部のユニークな特徴のいくつかがわかる。これらの特徴の多くは、顔面が小さくなり、突出が減ったことによる結果である。

く広がっていて、頭蓋よりも前に突き出ているが、現生人類の顔面は、横幅も縦幅もずっと小さく、前脳部の下にほぼ完全に収まっている。(15) ネアンデルタール人の眼窩《がんか》に指を差し込んで上に突き上げたとすれば、指は眉弓《びきゅう》を抜けて脳の前に突き出るだろう。対照的に、現生人類の顔は手前に引っ込んでいるので、同じように眼窩から指を差し入れて上に向けても、ほぼ確実に脳内の前頭葉で止まってしまう。引っ込んだ小さな顔面の影響で、現生人類の顔の形状にはいくつかのユニークな特徴がある。これも図14に示したとおりだ。最も顕著なのは、眉弓が小さくなっていることである。かつて眉弓は、顔の上部を強化するための適応だと考えられていたが、実際には、額と眼窩の上縁をつないでいる単なる弓状の骨なので、顔がどれだけ大きく、頭蓋より前に突き出ているかによって変わる構造上の副産物と言える。(16) この平坦な顔の影響で、現生人類は鼻腔《びくう》も小さくて短く、口腔も小さい。また、顔の縦幅が小さいため、頬骨も小さく、眼窩も小さくて四角い。

現生人類の頭部における第二のユニークな特徴は、全体的に球形になっていることだ。旧人類の頭蓋を横から見ると、横幅が長くて縦幅が短い、レモンのような形状をしている。そして眼窩の上と後頭部の骨が大きく隆起している。対照的に、現生人類の頭蓋はオレンジのような形状をしていて、ほぼ球に近い。額が広く、側頭部も後頭部も輪郭が丸まっている（これも図14を参照）。現生人類の頭部のほうが球に近くなっているのは、顔が小さくなったための影響でもあるが、旧人類よりずっと平らな頭蓋底《ずがいてい》の上に脳が丸く収まっているからでもある。(17)

これらを別にすれば、現生人類の頭部にそれほど特別なものはない。私たちの脳のほうが大きいわけでもないし、歯が独特なわけでもなく、あるいは耳や目や、その他の感覚器官に変わったところがあるわけでもない。ただ一つ、ちょっとしたことではあるが明らかに異なる現生人類の特徴は、おとがいである。Tの字を逆さまにしたように下顎の底部の骨が突き出ているのだ。どの旧人類にも真正のおとがいは見られず、いろいろ説は出ているものの、なぜ現生人類だけがおとがいを持っているのかは不明だ。[18] そして首から下の身体部分にしても、現生人類と旧人類の差はほんのわずかしかない。最も明らかな違いといえば、現生人類のほうが少しばかり臀部が平坦で、女性の産道の左右が細く、奥行きが深いということだろうか。[19] また、現生人類はネアンデルタール人ほど肩がたくましくなく、腰がやや曲線的で、胴があまり樽型でなく、踵骨《しょうこつ》が短い。よく現生人類は骨格があまりがっしりしていないと言われるが、これは厳密には正しくない。体重と四肢の長さの違いを明らかにしてみると、初期現生人類はネアンデルタール人とまったく同じぐらい太い腕の骨と脚の骨を持っていた。[20] 要するに全体として、現生人類と旧人類との解剖学的違いは、首から上に比べると首から下ではずっと些細だということだ。

このように、現生人類と旧人類の身体には確実に違いがあるといっても、その違いはわずかでしかない。しかし考古学上の記録には、また別のことがあらわれている。古代遺跡に残されている石器や、動物の骨や、もろもろの人工遺物は、ほとんどが学習された行動の産物なので、考古学上の証拠にあらわれている集団間の行動の違いが最初は小さく、時間とともに徐々に大きくなっていくのは、とくに驚くべきことでもない。実際、この最初の類似性は普通に予想されることだ。ネアンデルタール人と現生人類はともに大きな脳を持った狩猟採集民の種で、共通する最後の祖先から四〇万年以上前に分岐した。結果として、ネアンデルタール人と現生人類は、総称して「中期旧石器時代の」と形容される、同じ道具製作の伝統を受け継いだ（第5章を参照）。そしてどちらの種も、つねに人口密度の少ない集団で暮らし、槍を使って大型動物を狩り、火をおこし、食物を調理した。だが、アフリカの考古学記録を注意深く調べてみると、どうやら何か違うことが起こっていたことを示唆する、非常に興味深い形跡があるのだ[21]。七万年以上前のたくさんのアフリカの遺跡から、アフリカに住んでいた最初の現生人類は長距離交易をしていたことがうかがえる。つまり、そこには大きくて複雑な社会ネットワークがあったわけだ。これら初期の現生人類は、矢じり用の石の尖頭器など、新しい種類の石器も作っていたし、漁に使う銛《もり》など、さまざまな新種の骨角器も作っていた[22]。南アフリカの古い遺跡からは、染色した首飾りの玉や彫刻の入った黄土の断片など、象徴芸術の始まりを示す証拠も出土している[23]。そうした象徴的な行動の証拠はネアンデルタール人においてはほとんど見られない[24]。ただし、行動の現代性を示す最古の形跡は、はかなくアフリカから消えている。たとえば南アフリカで発見された柄のついた矢じりも、六万五〇〇〇年前から六万年前までのあいだに姿を消しており、どうやら人気が続かなかったらしく、ずっとあとになるまで出てきていない[25]。また、最初期の現生人類の狩猟採集民は、後世まで残る芸術を豊富に創造してもいなかったし、家も建てず、人口密度の高い集団で暮らしてもいなかった。

しかし、その後の五万年前ぐらいから、特別なことが起こりはじめた。後期旧石器時代の文化が発明されたのである。この革命的な出来事が正確にいつ、どこで起こったかはあやふやだが、おそらく北アフリカで始まって、それから急速に、北はユーラシア大陸へ、南はアフリカ全土へと広まったのではないかと思われる。[26] 後期旧石器時代のきわめて顕著な特徴の一つは、人々の石器の生産方法である。中期旧石器時代には、複雑な道具を作る際に、非常に手の込んだ、技術的に難しい方法がとられていた。しかし後期旧石器時代の道具製作者は、プリズム状に形を調整した石核の先端から長くて薄い石の刃を大量生産する方法を編み出した。この革新により、狩猟採集民は薄くて汎用性の高い、さまざまな特殊用途に自在に変形させられる石器をたくさん作り出せるようになった。だが、剝片石器の新しい製造法を生み出したことだけで後期旧石器時代の文化を語るべきではない。これは正真正銘の技術革命だったのだ。それまでの中期旧石器時代と違って、後期旧石器時代の狩猟採集民はたくさんの骨角器を作りはじめ、骨製の錐《きり》や針を使って衣類や網を作った。ランプや釣り針や笛も作った。それまでより複雑な小屋も建てるようになり、ときには半永久的な家屋まで作った。さらに後期旧石器時代の狩人は、投槍器《とうそうき》や銛などの、従来よりはるかに殺傷力の高い飛び道具を作るようにもなった。

何千もの考古学遺跡から、後期旧石器時代には狩猟と採集の性質にも革命があったことが示唆されている。中期旧石器時代の人々は熟練した狩人で、しとめるのは大半が大型動物だったが、後期旧石器時代の人々はそれらのほかに、魚、甲殻類、鳥、小型哺乳類、亀など、さまざまな獲物をメニューに加えた[27]。これらの動物は豊富にいるだけでなく、女性や子供でも大きな危険を冒すことなく高い成功率で捕獲することができる。旧石器時代に摂取された植物の遺物はほとんど発見されていないが、後期旧石器時代の人々は確実にさまざまな植物を採集していたはずで、それらをただ焼くだけではなく、茹《ゆ》でたり、すりつぶしたりして、効率的に加工していたに違いない[28]。こうした食事情の変化は、人口の急増を後押しした。後期旧石器時代に入ってからほどなくして、シベリアなどの遠く離れた苛酷な場所でも、集落の数と密度が上がりはじめている。

多くの面で、後期旧石器時代の革命にはっきりとあらわれている最も深遠な変貌は、文化的な変貌である。どういうわけか、人々がそれまでとは違う考え方、違う行動のしかたをするようになったのだ。この変化の最も具体的なあらわれが、芸術である。中期旧石器時代の遺跡でも単純な芸術作品はいくらか見つかっているが、その数も質も、後期旧石器時代の芸術とは比べ物にならない。後期旧石器時代には、洞穴や岩窟にみごとな壁画が描かれ、装飾用の小さな彫像や、華やかな装飾品や、細工の美しい埋葬品を納めた手の込んだ墓所が作られている。むろん、後期旧石器時代のすべての遺跡や跡地に芸術品が保存されているわけではないが、人々が初めて信念や感情を象徴的なかたちで定期的に永続的な媒体に表現するようになったのが、この後期旧石器時代だったのである。そして後期旧石器時代の革命のもう一つの要素が、文化の変容だ。中期旧石器時代には、変化はほぼ皆無だった。フランス、イスラエル、エチオピアに残る各遺跡は、その年代が二〇万年前であろうと一〇万年前であろうと六万年前であろうと、基本的にすべて同じだ。しかし五万年ほど前に後期旧石器時代が始まってからというものは、年代的にも空間的にも大きく分散している多様な文化を、人工遺物から特定できるようになる。後期旧石器時代の到来とともに、世界のあらゆるところで果てしなく続く文化の変貌が始まった。そしてそれに火をつけたのが、果てしない想像力と創造力を持った頭脳だった。これらの変化は今日もなお、いっそう速いペースで進んでいる。

要するに、現生人類に旧型のいとこと大きく違うところがあるとすれば、それは文化を通じて革新をはかろうとする驚くべき傾向と能力なのだ。ネアンデルタール人もほかの旧人類も間違いなく愚かではなかったが、ヨーロッパのいくつかの考古学遺跡が示しているように、ネアンデルタール人は現生人類と接触してから初めて彼らなりの後期旧石器文化を築こうとした。(29)だが、その束の間の応答も、明らかに不完全な、部分的でしかない模倣だった。現生人類には新しい道具を発明し、新しい行動を採用し、芸術のかたちで自己表現しようとする傾向がある。しかしネアンデルタール人にはそれが欠けていたことを、数百の考古学遺跡が証明している。この文化的な柔軟性と独創性の欠如のゆえに、私たちが生き残った一方で、彼らは絶滅してしまったのだろうか。それとも単に、私たちが繁殖で彼らを上回っただけなのだろうか。この問題や、それと関連する別の問題に答えを出すための一つの方法は、現生人類の身体に何か特別なところがあって、それが後期旧石器文化とその後の文化的進歩を生み出すきっかけになったのかどうかを考えてみることだ。そしてもちろん、第一に見るべきところは、脳である。

現生人類の脳は優秀なのか

脳は化石化しないし、いまのところ氷河の奥深くに凍ったネアンデルタール人が見つかったこともない。したがって現生人類と旧人類の脳の違いを示す証拠を手に入れるには、脳を取り囲んでいる骨の大きさと形状を調べるか、現在の人類と人類以外の霊長類の脳を比較するか、あるいはネアンデルタール人とは異なる現生人類独特の遺伝子のうち、現生人類の脳に何らかの影響を与えているものを探すかしかない。脳の仕組みをまだ完全には理解できていない現状で、現生人類の脳の機能が初期の祖先の脳とどう違っているかをその手の証拠で検証するのは、言ってみれば二つのコンピューターの性能の違いを、その外観と、どんな機能があるのかもわからないそこらの部品とから見きわめようとするようなものだ。とはいえ、それでもやってみなくてはならないし、使える情報は何でも使わなくてはならないだろう。

まず比較するべきは、なんといっても大きさであるが、すでに述べたように現生人類とネアンデルタール人の脳はどちらも同じぐらいの容量である。脳の大きさと知能とのあいだには、強固な関連性も直接的な関連性もない（そもそも知能は測定するのが難しいことで知られる変数だ）が、脳の大きなネアンデルタール人が実際には賢くなかったのではないかと考えるのは、うがちすぎというものだ。[30] むろん現生人類とネアンデルタール人に認知面での違いがなかったとは言わないが、たとえ違いがあったとしても、その違いはもっと見えにくくて入り組んだ、脳の構成と配線にあるはずだ。だからこそ脳を収容している骨の形状を比較するのに多大な努力がなされてきたわけで、それはその奥の脳構造での違いを検証するためなのである。それらの違いの意味を完全に読みとるのは不可能にせよ、ある特定の脳の部位の大きさにいくつかの重要な違いがあるために、現生人類の頭蓋がより球状になっているのだということはわかっている。[31] さらに言えば、現生人類と旧人類とのあいだに認知面での違いがあるとすると、それらの部位の大きさの違いが関連している可能性もある。

脳の数多くの構造のうち、最も考慮すべきは脳の大半を占めている大脳の葉《よう》である（図15を参照）。大脳の最も外側の層である新皮質は、旧人類でも現生人類でもとりわけ大きく広がっており、意識的な思考や計画立案や言語など、複雑な認知課題を受け持っている。さらに新皮質は、それぞれ別個の機能を持ったいくつかの葉に分かれ、それらの葉の複雑に折りたたまれた表面構造は化石頭蓋にも部分的に保存されている。現生人類と旧人類の新皮質の最も明白で最も重要な違いは、側頭葉《そくとうよう》がホモ・サピエンスだけ二〇パーセントほど大きくなっていることだ。[32] あなたのこめかみの後ろにある二つの側頭葉は、記憶の利用や調整に関わる多くの機能を果たしている。あなたが誰かの話を聞いているとき、あなたはその音声を側頭葉で知覚して解釈しているのである。[33] そのほか側頭葉は、あなたが見たものや嗅いだ匂いを理解するのを助けてもいて、たとえばある顔にある名前を当てはめるときや、何かの音を

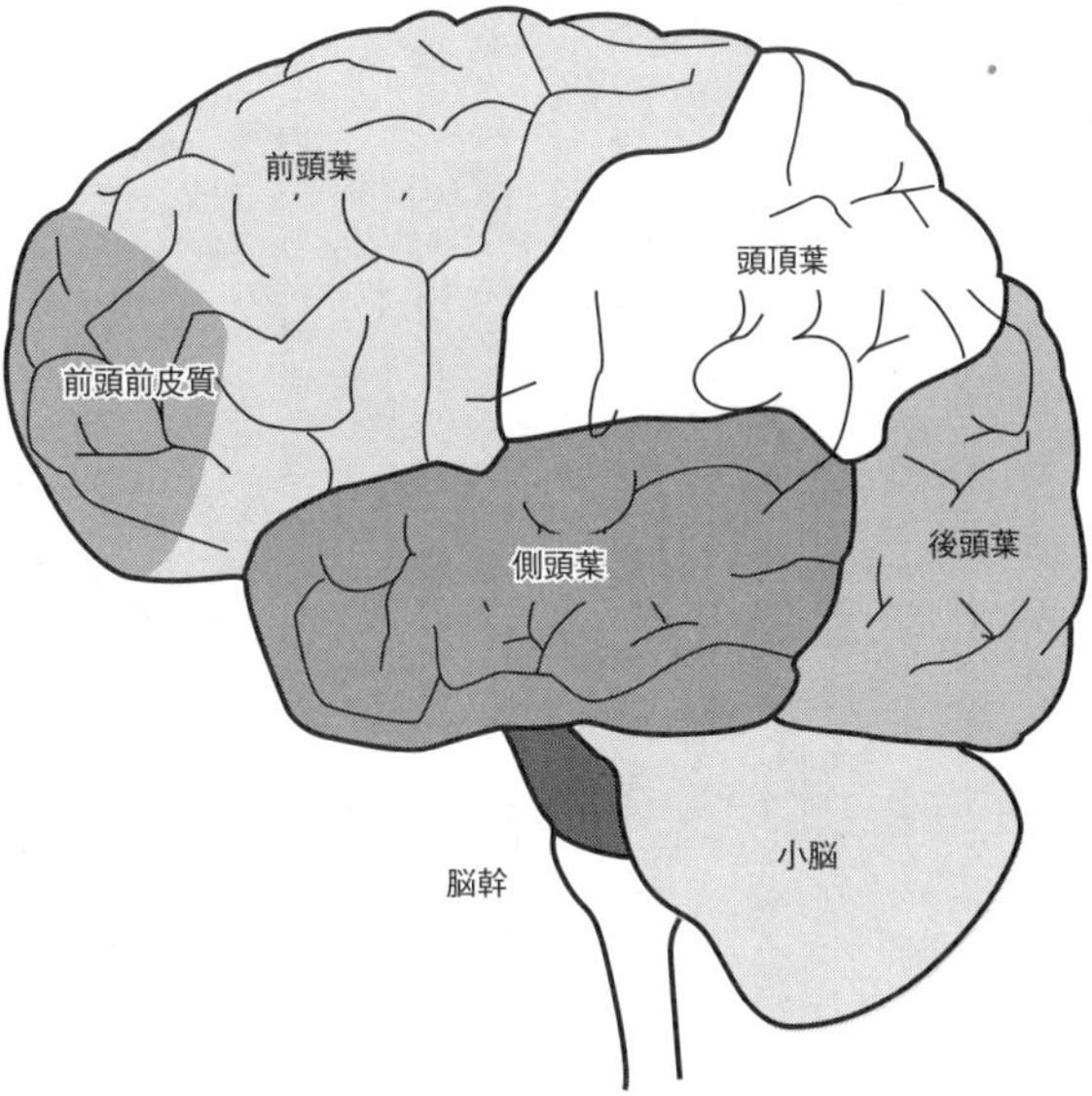

図15　脳のさまざまな葉。側頭葉、前頭葉の前部など、人間の脳のいくつかの領域は、霊長類の同等領域より相対的に大きくなっている。これらの領域のいくつかは、旧人類より現生人類のほうが大きい可能性がある。

聴いたり匂いを嗅いだりしたあとに記憶を呼び起こすときにも、側頭葉が働いている。加えて側頭葉の深い部分（海馬《かいば》と呼ばれる構造）は、あなたが情報を学習して蓄積するのを可能にしている。したがって、側頭葉が大きくなっている現生人類は、そのおかげで言語や記憶に優れていると推測してもおかしくはない。ひょっとするとこれらの能力の魅惑的な相関物が、霊性なのかもしれない。実際に脳外科医の報告によると、鋭敏な患者は手術中に側頭葉を刺激されると、自称無神論者であっても強烈に霊的な感情が引き出される場合があるという(34)。

現生人類のほうが相対的に大きいと思われるもう一つの脳の部位は、頭頂葉《とうちょうよう》である(35)。ここは身体のさまざまな部分から入ってくる感覚情報を解釈し、統合するのに主要な役割を果たす。頭頂葉には多くの機能があるが、たとえばあなたは脳のこの部分を使って、頭の中の世界地図で自分の位置を確認したり、言葉などの象徴を解釈したり、道具の扱い方を理解したり、暗算をやったりする(36)。脳のこの部分が損傷を受けると、あなたは複数の仕事を同時にこなすことや抽象的な思考をすることができなくなるかもしれない。

これら以外の違いもほぼ確実に存在するが、それを測定するのは難しい。有力な候補の一つは、前頭前皮質《ぜんとうぜんひしつ》と呼ばれる前頭葉の一領域だ。このクルミほどの大きさの脳の部位は、あなたの眉の後ろにあって、大きさの比率を調整すると類人猿より人類のほうが六パーセントほど大きく、他の領域とのネットワークがより発達した、より複雑な構造をしている(37)。残念ながら、人類の進化において前頭前皮質が相対的に大きくなったのがいつなのかは頭蓋の比較では明らかにならないので、これは現生人類において特別に大きくなっているのだと推測するしかない。しかし、この拡大が重要だったことはほぼ疑いない。なぜなら脳がオーケストラだとすれば、前頭前皮質はその指揮者にあたるからだ。この部位は、あなたが喋るとき、考えるとき、他人と相互作用するときなどに、あなたの脳のほかの部分にやってもらうことを陰で調整したり計画したりする。この領域に損傷を負った人は、自分の衝動を制御するのに困難を覚え、効率的に計画を立てたり決断を下したりすることができなくなり、他人の行為を解釈したり自分の社会的行動を調整したりするのが難しくなる。[38] 言い換えれば、前頭前皮質はあなたが他人と協力したり戦略的に行動したりするのを助けているのである。

側頭葉と頭頂葉が大きくなったことの外面的な効果の一つは、これらが頭蓋底の中心部にあるちょうつがいのような構造の真上に位置しているために、その拡大の影響で現生人類の頭部が球状に近くなったのかもしれないということだ。誕生した直後から脳が急速に成長するにつれ、このちょうつがいが現生人類においては旧人類より一五度ほど余計に屈曲するので、脳とそれを包んでいる頭蓋がより丸くなり、同時に前脳の下の顔がより回転するのである。[39] しかしもっと重要なのは、現生人類の脳の組み立てに改変がなされているのは明らかだから、それによって私たちならではの特殊で適応的な認知技能が説明できるかもしれないということだ。狩猟採集民の成功は、他人と協力して効率的に狩猟採集をする能力があるかどうかに大きく依存する。そして協力するには、いわゆる「心の理論」――他者の動機や心理状態を直観的に理解する機能――が必要であるとともに、自分の衝動を制御して戦略的に行動できることも必要となる。これらの機能はすべて、前頭前皮質が大きいほど、あるいは高性能であるほど高まるだろう。加えて、協力を実行するには、感情や意図について、およびアイデアや事実についての情報を、迅速に伝えあう能力も必要になる。側頭葉の拡大はこれらの技能の高まりにもつながっていたかもしれず、頭頂葉の拡大もあいまって、最初の現生人類が採集や狩猟をする際に、より効率的に推論できるようにしていたかもしれない。これらの脳の部位のおかげで、私たちは頭のなかで地図を描き、動物を追跡するのに必要な感覚器官からの手がかりを解釈し、資源がどこにあるかを推論し、道具を作って使うことができる。現生人類においてはこれらの領域が拡大しているという証拠を考えると、私たちの丸くなった脳は、私たちをより現代的に見せているだけでなく、私たちをより現代的に行動させることにも寄与していると思っていいのかもしれない。

現生人類の脳にはそのほかにも、旧人類とは違っているかもしれない側面がいくつかあるが、旧人類の脳を調べられないかぎり、それらは推測でしかない。しかし一つの可能性として、現生人類の脳の配線が違っているということがある。類人猿に比べて、人類の脳は新皮質がより厚く発達し、それを形成している神経細胞もより大きく、より複雑で、その配線を完了させるのにより長い時間がかかる[40]。類人猿やサルにおいても同様だが、人間の脳にも複雑な回路があって、それが脳の外層をなす皮質領域と、学習や身体の運動などのさまざまな機能に関わる内側の構造とをつないでいる。これらの回路が、人間の脳内では根本的に違った配線になっているわけではない。しかし、発達中の人間はこれらの回路をもっと大幅に修正したり、もっと接続を増やしたりできるようなのだ。[41] おそらく人間がとりわけ身体の発達に時間がかかるように進化したのは、脳の成熟により多くの時間を与えるためで、若年期と青年期もそのためにあり、そのあいだに脳回路の複雑な接続の多くが形成されたり絶縁されたり、あるいは使われない（ノイズを増やすだけの）接続の多くが取り除かれたりするのだろう。[42] この仮説はもちろん推論でしかなく、慎重な検証が必要だ。[43] しかしながら、人間の進化のどこかの時点で発達に時間がかかるようになったのは事実であり、もしもそのおかげで狩猟採集民が社会的、感情的、認知的な（言語を含めた）技能を高められ、それによって生存と繁殖の確率を高められたのなら、それはたしかに有利であっただろう。[44]

現生人類と旧人類の脳が構造と機能の面で違っているとするなら、必然的に、その基盤となる遺伝子面での違いもあるはずだということになる。だとすると、ちょうど現生人類が進化したころにできた、協力したり計画を立てたりする能力を高める遺伝子があって、それが脳内で発現するのではないか、と思われるかもしれない。実際、そのような遺伝子が、もっとあとの時期ではあるが五万年前ごろに進化して、それが後期旧石器時代の文化に火をつけたのだと主張している学説もある。[45] 現在のところ、そのような遺伝子はまったく特定されていないが、今後、脳の発達と機能に関する遺伝的基盤がさらに詳しく解明されていくにつれ、きっとそのような遺伝子が見つかって、いつそれが進化したのかも推定できるようになるだろう。目下、大いに注目されている有力候補の一つがFOXP2という遺伝子で、これは発声と、そのほか探索行動などの機能に決定的な役割を果たしている。[46] 人間と類人猿とではこの遺伝子が違っているが、ネアンデルタール人と現生人類は同じFOXP2の異型を共有していることがわかっている。(47)現生人類とネアンデルタール人とで異なっているほかの遺伝子についても研究が進んでいけば、それらが現生人類の認知に何らかの影響を及ぼしているのか、そうだとするならどんな影響なのか、いろいろと興味深いことがわかってくるだろう。私の推測では、ネアンデルタール人はきわめて賢い人々だったと思う。だが、現生人類のほうがより独創的で、よりおしゃべり好きだったのだ。

おしゃべりの才能

もしもそれを伝えることができなかったら、独創的なアイデアや貴重な事実がどうして役に立つだろう。この数千年間の最もすばらしい文化的進歩のいくつかは、より効率的になった情報伝達手段のおかげでなしとげられた。たとえばそれは文書であり、印刷であり、電話であり、インターネットである。だが、これらすべての情報革命のさらに以前に、もっと根本的なコミュニケーションの大飛躍があったのだ。それがすなわち、現生人類の発話である。ネアンデルタール人などの旧人類も、間違いなく言語は持っていた。しかし現生人類は、その独特の短い引っ込んだ顔のおかげで、明瞭で聞きとりやすい言語音を非常に速いペースで発することに長《た》けていた。つまり、こんな弁舌さわやかな種は私たちだけなのである。

言語音というのは基本的に、加圧されながら吐き出された空気の流れであり、クラリネットなどのリード楽器が出す音と同じようなものだと思えばいい。クラリネットの音の大きさや高さを変えるには、リードを吹くときの圧力を変えればいいのと同じように、吐き出される息が気管の上の喉頭を通過するときの割合と量を調整すれば、言語音の大きさと高さをさまざまに変えられる。ひとたび音波が喉頭を通過すると、その質は声道を通っていくあいだに驚くほど変わる。図16に示してあるように、声道は基本的にr型をした管で、喉頭から唇までつながっており、舌や唇や顎を動かすことで、この管の形状をさまざまに調整できる。声道の形状が変わると、この管を通っていくさまざまな振動数の呼気に存在するエネルギー量が変わる。その結果、アルファベットのような一連の音が生じる。たとえば、ときどきある位置でこの管を絞り、特定の振動数の揺れを加えれば、"sss"や"ch"のような音が出せて、閉めていた声道の一部をいきなり開けて、エネルギーを特定の振動数で一気に放出させれば、"g"や"p"のような音をつくれるわけだ。

大半の動物は声を発するが、フィリップ・リーバーマンの指摘によれば、二つの理由から、人間の声道は特殊だと言える。(48)第一に、私たちの脳は、舌と舌の形状を変化させる構造の動きを迅速かつ正確に制御することに非常に長けている。第二に、現生人類の顔は短くて引っ込んでいるという特徴を持つため、私たちの声道の各部分は、音響上の有益な特徴を備えた独特の配置をしている。図16のチンパンジーと人間との比較に、この形状の変化が描かれている。どちらの種においても、声道は基本的に二つの管からなる。舌の奥の垂直な部分と、

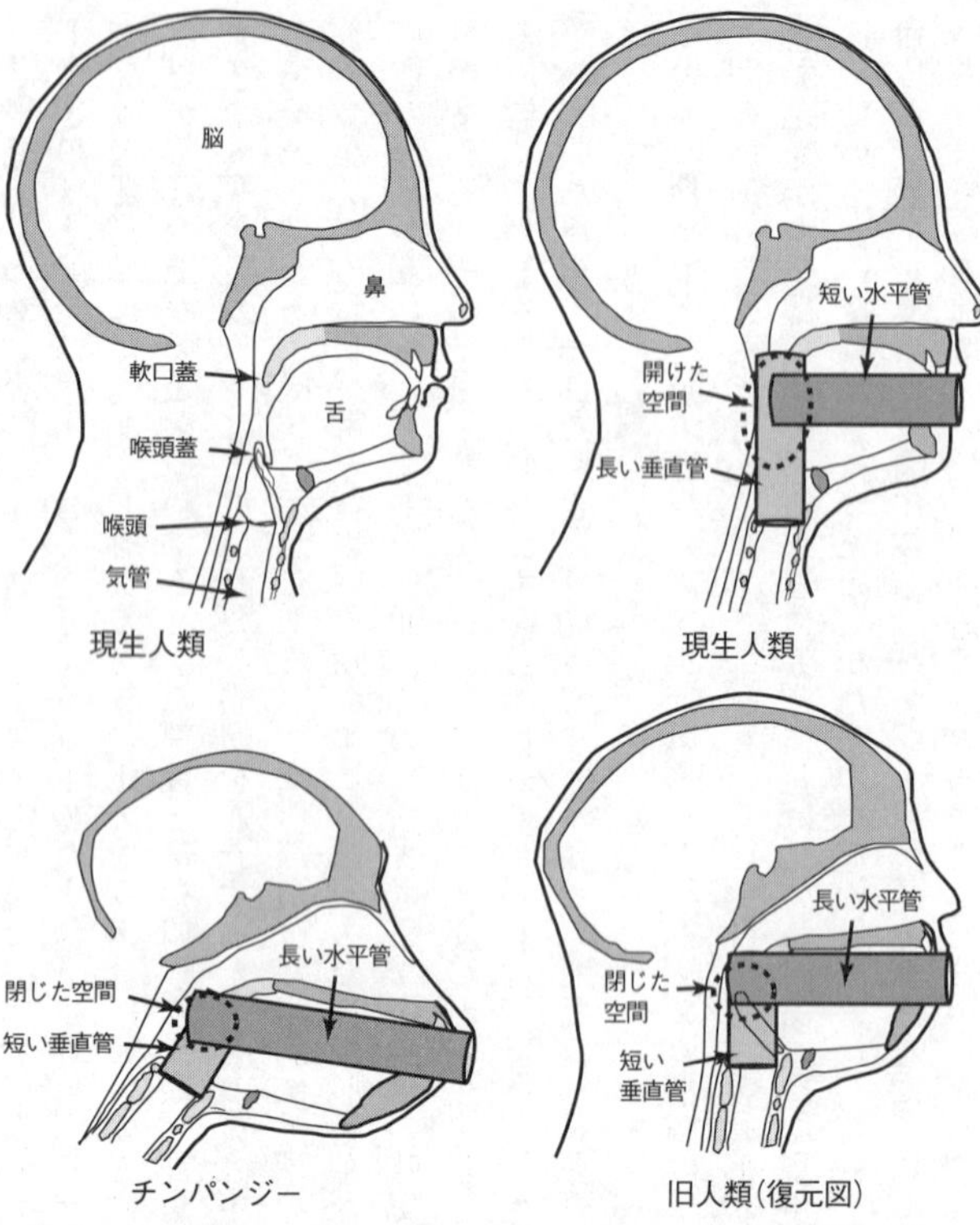

図16　発話の解剖学的構造。左上の図（現生人類の頭部中央部分の断面）は、人間の喉頭の位置が低いこと、舌が短く丸まっていること、喉頭蓋と軟口蓋の奥のあいだの空間が開けていることを示している。この独特な配置のため、声道の垂直管と水平管がほぼ同じ長さになって、喉頭蓋と軟口蓋の奥のあいだの空間が開けている（右上の図）。チンパンジーはほかの哺乳類と同様に、垂直管が短くて水平管が長く、舌の奥の空間が閉じている（左下）。旧ホモ属の復元図（右下）は、その声道がチンパンジーに似た配置をしていることを示している。

舌の上の水平な部分だ。しかし人間においては、その釣り合いが異なっている。顔が短いために口腔が短くなっているので、舌が長く平坦なままではいられず、短く丸まっていなくてはならないからだ[49]。喉頭は舌の基部にある小さい浮き上がった骨（舌骨《ぜっこつ》）からぶら下がっているので、位置が低くて丸まった舌を持つ人間の場合は、首のなかでの喉頭の位置がほかの動物よりずっと下になる。その結果、声道の垂直管と水平管が、人間においては同じぐらいの長さになっているのだ。この配置はほかのどんな哺乳類とも違っていて、たとえばチンパンジーなら、声道の水平な部分が垂直な部分より少なくとも二倍は長い。これに関連して、人間の声道にはもう一つ重要な特徴がある。それは、私たちのきわめて丸まった舌の動きによって、二つの管の断面図をそれぞれ一〇倍ほど修正できることだ（“oooh”と言うときと“eeeh”と言うときのように）。

　水平な部分と垂直な部分の長さがほぼ同じという独特の形状をした人間の声道は、私たちの発話にどう影響しているのだろう。声道の二つの管の長さが等しいと、そこから発せられる母音は振動数の違いが顕著となるので、適切な発声をするのにあまり正確さを必要としない[50]。つまり人間は声道の独特の配置のおかげで、しゃべるときに多少ぞんざいであっても、聞き手が文脈に頼らなくても正しく認識できるぐらいに「離散的」な、明確に分離した母音を発することができるのである。たとえばあなたが「Your mother's dad（あなたのお母さんのお父さん）」と言えば、私はそれを「Your mother is dead（あなたのお母さんが死んだ）」と聞き間違えることはない。だとすれば、私たちの祖先がしゃべりはじめた時点から――旧人類がしゃべっていたのは確実だから——相手にわかりやすくしゃべることのできる声道の形状に自然選択上の大きな利点があったことは想像に難くない。

だが、落とし穴もある。人間特有の声道の配置には、かなり大きな代償もともなうのだ。類人猿も含めて、人間以外のすべての哺乳類においては、鼻と口の奥の空間（咽頭）が二つの部分的に離れた管に分かれている。内側の管は空気の通り道で、外側の管は食物と水分の通り道だ。この二重の筒状の配置は、舌の基部の軟骨が垂れ下がった溝状の喉頭蓋《こうとうがい》と、鼻腔を封鎖する口蓋の延長である肉質の軟口蓋《なんこうがい》とが接触していることによって生じている。イヌやチンパンジーの場合、食物と空気は喉のなかで別々の経路を通る。しかし人間の場合は、ほかのどの哺乳類とも違って、喉頭蓋が数センチほど低い位置にあるために軟口蓋と接触していない。首のなかで喉頭の位置を下げたことにより、人間は管の内部の管を失ったので、舌の奥に大きな共有スペースが発達し、食物と空気の両方がそこを通って食道か気道のどちらかに入ることになった。結果として、ときどき食物が喉の裏側に入って、空気の通り道をふさいでしまうことになる。人間は、大きすぎるものを飲み込んだり、うっかり飲み込み方を間違えたりしたときに、窒息を起こす危険のある唯一の種なのだ。全米安全性評議会によれば、食物の誤嚥《ごえん》による窒息は、アメリカの事故死因の第四位であり、自動車事故による死亡数の約一〇分の一にまで達している。私たちは、より明確にしゃべれるようになるのと引き換えに、大きな代償を支払っているのである。

次回、お友達と食事をしながら歓談した際には、自分が二つのすごいことをやっているのかもしれないと考えてみてほしい。とても明瞭にしゃべりながら、それと同時にものを飲み込むという、ちょっとばかり危険なことまでやっている――この二つはどちらも現生人類ならではの特殊な活動であり、現生人類だけが特別に小さく引っ込んだ顔を持っているからこそ可能になったことなのだ。もちろん旧人類も、食事中にめいっぱい食べ物を頬張りながら話をしていたことは確実である。しかし、おそらく彼らのしゃべりは私たちほど明瞭ではなく、そしておそらく、食べ物で喉を詰まらせる可能性も小さかったことだろう。

文化的進化の進化

私たちと旧人類とを隔てる生物学的形質がなんであれ、それは決定的に重要なものであったに違いない。後期旧石器時代を導くことになった数々の革新は、おそらく徐々に生じたのだろうが、ひとたび後期旧石器時代が確立すると、その様式は現生人類が急速に地球全体に広まるのを助け、結果として私たちのいとこたる旧人類は、現生人類があらわれた先々で、あらわれたとたんに消滅してしまった。この入れ替えの詳細については、いまもって不明な部分が多い。現生人類は確実にネアンデルタール人などの旧人類と交流していたはずだし、ときには交配さえしていたはずだが、なぜ彼らでなく私たちが生き残ったのかは誰にもわからない。[51] 仮説としてなら、いろいろある。まず一つは、私たちが単純に数で彼らを上回ったとするものだ。私たちのほうが子を幼くして乳離れさせられたのかもしれないし、死亡率を低く抑えられたのかもしれない。出生率や死亡率の違いが非常にわずかであっても、人口密度の低い集団で暮らしていかねばならない狩猟採集民にとっては、そのわずかな差がとても大きな、ことによると壊滅的な効果をもたらしかねない。計算をしてみればわかるが、もし現生人類とネアンデルタール人の両方が同一の地域に暮らしていて、しかしネアンデルタール人の死亡率のほうが現生人類よりわずか一パーセントだけ高かったとすれば、ネアンデルタール人はわずか三〇世代、つまり一〇〇〇年にも満たない期間で絶滅してしまうのである。[52]後期旧石器時代の人々が中期旧石器時代の人々より長生きしていたという証拠から、[53]ネアンデルタール人の絶滅のペースはさらに速かったとも考えられる。また、ほかのありふれた仮説としては、現生人類が勝ち残れたのは現生人類のほうが旧人類よりも協力することに長けていたからだとか、狩猟採集で得る資源の幅が広く、魚や鳥など、よりさまざまなものを食べていたからだとか、より大きく効率的な社会ネットワークを持っていたからだといったものがある。[54]考古学者は今後もこれらの仮説や別のアイデアを検討していくだろうが、とりあえず一つの総合的な結論は明確である。すなわち、現生人類の行動には何かしら有利な点があったに違いない、ということだ。循環論の古典的な一例として、私たちは現生人類特有の行動がなんだったのであれ、とにかくそれを「行動の現代性」と定義しているのである。[55]

定義はどうあれ、その「行動の現代性」は、後期旧石器時代が始まって以来ずっと私たちの身体に深遠な影響を及ぼしてきて、何千世代もが経過した今日においてもなお重要な意味を持っている。なぜかといえば、私たちを認知面でも行動面でも現代的にしている生物学的な要因がなんであれ、それはおもに文化を通じて表されるからである。「文化」という言葉にはいくつもの意味があるが、最も本質的な意味としては、学習された一連の知識や信念や価値観のことを指し、それがときには適応的に、ときには恣意的に、各集団に独自の思考様式や行動様式を持たせることになる。この定義にしたがえば、チンパンジーなどの類人猿は非常にシンプルな文化を持ち、ホモ・エレクトスやネアンデルタール人などの旧人類は洗練された文化を持っていた。しかし現生人類に関する考古学記録を見てみると、そこにまぎれもなく示されているのは、私たちが新しい発想を生み出したり伝えあったりする素質に並外れて恵まれているということである。ホモ・サピエンスは本質的に、そして圧倒的に、文化的な種なのだ。実際、文化はヒトという種の最も顕著な特徴だといっていい。よその星の生物学者が地球を訪れたなら、人間の身体がほかの哺乳類といかに違っているかに気がつくはずだ（二足歩行で、柔毛がなくて、大きな脳を持っている）。しかしおそらく何より驚くのは、衣類、道具、町、食物、芸術、社会機構、そして各種の言語にいたるまで、私たちの行動様式がじつに多様で、しかもしばしば恣意的であることだろう。

人間の文化的創造性がひとたび解き放たれてから、それは進化的変化を加速させる止めようのないエンジンとなってきた。遺伝子と同じように、文化もまた進化するのだ。ただし文化は、遺伝子とは異なるプロセスを通じて進化するため、文化的進化は自然選択よりもはるかに強力で急速なものとなる。それは文化的な形質、いわゆる「ミーム」が、遺伝子とはいくつかの重要な面で違っているからだ[56]。新しい遺伝子はランダムな突然変異を通じて偶発的にしか生じないのに対し、人間はしばしば意図的に文化的変異を生み出す。農業やコンピューターやマルクス主義といった発明は、ある目的のために創意工夫を通じて生み出されたものなのだ。また、ミームは親から子に伝えられるだけでなく、さまざまなソースから伝達される。この本を読むことも、今日ある多くの水平的な情報交換手段の一つにすぎない。そして最後に、文化的進化はランダムに起こることもあるけれども（ネクタイの幅やスカートの長さなどの流行を考えてみればいい）、なんらかの媒介が文化的変容を起こすこともある。たとえば説得力のある指導者や、テレビ放送や、あるいは共同体の集合願望によって、飢餓や病気やロシア人の月面到達の脅威といった問題が解決されるかもしれない。このような遺伝子との違いが複合的に働くために、文化的進化は生物学的進化よりも急速で、しかもたいてい強力な変化動因となる[57]。

文化そのものは生物学的形質ではないが、人間が文化的に行動したり、文化を活用したり修正したりできるようになったのは基本的な生物学的適応であり、これは現生人類だけが果たせた適応のように思われる。もしも地球上に唯一残ったヒトの種がネアンデルタール人やデニソワ人であったなら、彼らはいまでも狩猟採集をしながら、一〇万年前とほとんど変わらない暮らしをしていたのではないかと私は思う（むろん証明はできないが）。しかし明らかに、ホモ・サピエンスはそうではない。そして後期旧石器時代以降、文化的変化が加速するとともに、その変化が私たちの身体に及ぼす影響も加速してきた。文化と人体の生物学的仕組みとの最も基本的な相互作用は、学習された行動——どんなものを食べ、どんなものを着て、どんな運動をするか——が身体の環境を変え、それによって身体の成長のしかた、機能のしかたに影響を与えるというものである。この影響が進化そのものを引き起こすことはない（それでは後天的に得た身体変化が遺伝すると考えるラマルク的進化になってしまう）が、年月が経つうちに、そうした相互作用の一部は確実に個体群のなかでの進化的変化を可能にする。文化的な革新はときとして、身体に自然選択をかけさせるのだ。そのみごとに実証されている一例が、大人になっても乳糖を消化できる能力（ラクターゼ活性持続）である。この能力は、アフリカ、中東、ヨーロッパにおいて、動物の乳汁を消費する人々のあいだでそれぞれ別個に進化した[58]。ほかの多くの事例においても同様だが、文化は身体に対する環境の影響を和らげたり無効にしたりすることで、そうでなければ起こっていたかもしれない自然選択の影響から身体を守る緩衝材となっている。この文化という緩衝材《かんしょうざい》はいたるところに行き渡っているために、ふだんはなかなかその効果に気づかない。そして衣類や料理や抗生物質といったテクノロジーが使えなくなったとき、初めてそのありがたみに気づくのである。もしそうした技術がなかったら、いま生きている多くの人は、とっくの昔に遺伝子プールから取り除かれていたことだろう。

　あなたの身体には、文化と生物学との数十万年にわたる相互作用を通じて進化してきたたくさんの特徴が搭載されている。それらの適応のいくつかは、現生人類の起源より以前にさかのぼる。たとえば石器や投擲物の発明は、手先の器用さや、強く正確にものを投げられる能力が高まる方向への自然選択を促した。前期旧石器時代に石器が作られはじめると、以後、歯は小さくなる方向へと自然選択の作用を受け、調理が普及してからは消化器系も大幅に変化して、そのため今日の私たちは、もはや調理をしなければ生きていかれない体になっている。[59] 二〇万年前にホモ・サピエンスが進化して以来、人間の生物学的仕組みはほとんど変わっていないと言われることもときどきあるが、イノベーションを欲する私たちの飽くなき衝動は、明らかに人体に対する自然選択のトリガーとなってきた。この選択の大部分は局地的なもので、世界各地のさまざまな集団に、ほかの地域の集団と明らかに区別される特徴をもたらした。後期旧石器時代の人々が地球の全域に拡散し、新しい病原菌や、なじみのない食物、異なる気候条件に遭遇するとともに、自然選択はそれらの新たに隔離された集団を各自の異なる環境に適応させていった。

たとえば大幅に異なる気候に対処するために、どれだけ多様な現生人類の集団が進化したかを考えてみよう。現生人類の発祥の地であるアフリカの暑い環境では、熱を逃がすことが最大の問題だった。しかし人類が氷河期のあいだに温帯のヨーロッパやアジアに移ってくると、今度は熱を保持することが、はるかに緊急の課題となった。この最初のアフリカからの移住者は、アフリカ人だったことを忘れてはならない。今日の私たちと同様に、彼らも氷河期の北方の気候のもとでは、衣服や暖房や住居といったテクノロジーがなければ生きていけなかったことだろう。あえて北方に進出した初期現生人類の狩猟採集民は、だいたいにおいて、寒冷な気候のもとで生き残るための文化的な適応を案出した。後期旧石器時代の新しい発明の一つは骨角器で、たとえば針もそうだったが、これは中期旧石器時代にはまったく存在していないものだった。どうやらネアンデルタール人の衣類は縫製されていなかったようである。さらに後期旧石器時代の人々は、身を隠せる温かいねぐらや、照明装置や、銛などのテクノロジーも生み出して、苛酷な住環境での生存を少しでも楽にしようとした。率直に言って、そこは熱帯の霊長類にとって、不自然かつ不親切きわまりない環境であったのだ。とはいえ、これらの文化的革新も、自然選択が及ぶのを防ぐ完全な緩衝材とはならず、むしろ、それがなかったら起こっていなかったはずの自然選択を起こさせた。恐ろしく寒い氷河期の冬のあいだにも、この文化的適応のおかげで人々は死なずにすみ、結果として生存能力と繁殖能力を高めるような遺伝性の変異を持った個体を自然選択が選べることになったのだ。そうした選択がなされたことは、体型の変化にはっきりとあらわれている。もしあなたが暑いところにいて、汗をかくことによって熱を逃がしたいのであれば、身体の表面積ができるだけ大きいほうがいいから、背が高く、細身で、手足が長いほうが有利となるだろう。反対に、寒冷な気候のもとでは体内の熱を保持するために、手足の短い、分厚い体格をしていたほうが有利となる。[60] 後期旧石器時代のヨーロッパの人々は、最後の大きな氷河期の酷寒に耐えているうちに、まさにその方向に体型が変化していった。ヨーロッパに進出した最初の移住者たちは、ほかのアフリカ人と同じくすらりとした体つきをしていたが、数万年が経つうちに、背の低いずんぐりした体格に進化していった。そしてヨーロッパ大陸のさらに北方では、その傾向がいっそう顕著となったのだ。[61]

現生人類が地球のいたるところに拡散し、砂漠、北極のツンドラ、熱帯雨林、高山地帯と、ありとあらゆる住環境に暮らすようになってから起こった自然選択で、各地の各集団は独自の特徴をいろいろと持つようになり、体型はそうした違いの一つにすぎない。そのなかで、おそらく最も間違った関心の対象となってきた形質が、肌の色である。少なくとも六つの遺伝子により、皮膚の外側の層は色素を合成するようになっている。色素は天然の日焼け止めのようなもので、紫外線放射によるダメージを遮断する役割を果たしているのだが、同時に(通常なら日光に反応して皮膚が生成するはずの)ビタミンDの合成を妨げてもいる。[62] 結果として、赤道の近く、すなわち一年を通じて紫外線放射が強烈なところでは、色素沈着を濃くする方向へと強い自然選択が働いたが、温帯に移住した集団のあいだでは、十分なレベルのビタミンDが確実に生成されるように色素沈着を薄くする自然選択が働いたのだ。これまでのヒトの遺伝的変異の研究で、過去数千年のあいだに起こった強い自然選択の痕跡を示す、ほかの数百の遺伝子が同定されている(これについてはあとの章で詳述する)。ただし、一つ覚えておいてほしいのは、各人や各集団に違いをもたらす多くの形質、たとえば毛髪の質感や目の色などは、文字どおり皮相的なものであり、その多くはただのランダムな変異であって、自然選択とも、ましてや文化的進化ともまるで関わりのないものだということである。

現生人類の勝利は脳のおかげか筋肉のおかげか

　さて、これでもうおわかりだろう。いかに人体の歴史を追ってみても、私が第1章で掲げた「人間は何に適応しているのか」という問いに対する単一の答えは出てこない。人間は長い進化の道のりを経るあいだに、直立し、多様なものを常食とし、狩猟をし、広範囲で採集をし、辛抱強く動きまわり、食物を調理加工して分けあい、その他さまざまなことをするように適応していったのだ。しかし、私たちの進化上の（これまでのところの）成功を説明するような現生人類ならではの適応があるとすれば、それは私たちの適応能力にほかならず、その能力を支えているのが、私たちの並外れたコミュニケーション能力、協力する能力、思考する能力、発明する能力ということになるだろう。これらの能力の生物学的基盤は、私たちの身体、とりわけ脳に根ざしているが、その効果はおもに私たちの文化の活かし方、つまり文化を利用してものごとを刷新したり、新しい多様な環境に順応したりといったことに具現化されている。最初の現生人類がアフリカで進化して以来、彼らは徐々に、以前より進んだ武器や新種の道具を発明し、象徴的な芸術を創造し、交易の距離を長くし、それまでとは明らかに異なった、まったく現代的なかたちの行動をするようになっていった。後期旧石器時代の生活様式があらわれるまでには一〇万年以上がかかったが、その画期的な出来事は、いまもさらに速いペースで進行中の、無数の文化的飛躍の一つにすぎない。この数百世代のあいだに、現生人類はいくつのものを発明してきたことだろう。農業、文字、都市、エンジン、抗生物質、コンピューターと、数えあげればきりがない。文化的進化の速さと範囲は、いまや生物学的進化の速さと範囲を圧倒的に上回っている。

したがって、現生人類を特別なものにしているすべての資質のなかでも、私たちの文化的な能力こそが最も変革力のある、最も大きな成功要因だったのだと結論してさしつかえないだろう。現生人類のこの能力が原因だと考えれば、現生人類が初めてヨーロッパに到達してからほどなくして最後のネアンデルタール人が絶滅してしまったのも説明がつくし、私たちの種がアジア全域に広がったときに、なぜ私たちがデニソワ人や、フロレス島のホビットや、その他もろもろの残存していたホモ・エレクトスの子孫をすべて駆逐してしまったかも説明がつく。つぎつぎになされた多くの文化的革新のおかげで、現生人類の狩猟採集民は、一万五〇〇〇年前までには地球上のほぼ全域に住みついた。それこそシベリアやアマゾン川流域、オーストラリア大陸ど真ん中の砂漠や南米大陸南端のティエラ・デル・フエゴといった人に優しくない場所にさえ、みごと移り住んでしまったのである。

このような視点から見てみると、人間の進化というのは何よりもまず、筋肉に対する脳の勝利なのだと言えなくもない。実際、人間の進化を説明した多くの物語が、この勝利を強調している。[63]力強くもなければ敏捷でもなく、生来の武器も持っていなければ、ほかの身体的な優位性もまったく持たない人間が、にもかかわらず、文化的な手段を駆使することによって繁栄し、自然界のほぼすべて——バクテリアからライオンにいたるまで、北極から南極にいたるまで——を掌中に収めた。いま生きている数十億の人間の大半は、かつてなく長命で健康な生活を享受できている。後期旧石器時代に火をつけたのと同じ発明の才のおかげで、いまや私たちは空を飛ぶこともできるし、病気にかかった器官を取り替えることも、原子の内部をのぞきこむことも、月に行って帰ってくることもできる。そしていつの口か、私たちはこの脳のおかげで、宇宙をつかさどる最も基本的な物理法則を理解することも、ほかの惑星に移り住むことも、貧困を根絶することもできるようになるかもしれない。

しかしながら、私たちの思考能力、学習能力、コミュニケーション能力、協力する能力、革新する能力がいかにすばらしく、これらのおかげで私たちの種のいまの成功があるのだとはいえ、筋肉に対する脳の勝利という見方だけで現生人類の進化を捉えるのは不正確であり、かつ危険でもあると私は考えている。現生人類が地球のいたるところに移り住み、ほかのヒトの種に打ち勝っていくのを助けた後期旧石器時代以降の数々の文化的革新は、たしかに多くの利益をもたらした。だが、それで狩猟採集民が働かなくとも、自分の身体を使わなくとも生きていかれるようになったわけではない。これまで見てきたように、本質的に狩猟採集民はプロのアスリートで、身体的に活発でなければ暮らしを立てられないようになっている。たとえばタンザニアの狩猟採集民であるハッザ族の平均的な男性は、体重が五一キロで、一日に一五キロメートル歩くほか、さらに木に登ったり、塊茎《かいけい》を掘ったり、食物を運んだりといった、さまざまな身体的業務も日々こなさなければならない(64)。その総エネルギー消費量は、一日あたり約二六〇〇キロカロリーだ。そのうち一一〇〇キロカロリーは、身体の基本的ニーズ（すなわち基礎代謝）を維持するのに使われるから、残り一五〇〇キロカロリーが毎日の身体運動に費やされているわけで、換算すれば、一日につき体重一キロあたり三〇キロカロリー近くが消費されていることになる。それに比べて、典型的なアメリカ人やヨーロッパ人の男性は、体重が約五〇パーセント多く、運動量が約七五パーセント少ないから、身体運動に費やされる一日ごとの体重一キロあたりの消費量はたったの一七キロカロリーだ[65]。言い換えれば、狩猟採集民は体重単位あたりの量で、西洋人の二倍も働いているのだ（西洋人が体重過多となりやすいのも、これでずいぶんと説明がつく）。

つまり現生人類の狩猟採集民は脳だけでなく、筋肉をも働かせることによって繁栄したのであり、脱工業化時代の大半の人間よりもずっと骨の折れる、身体的につらい生活を送っている。とはいえ、たしかに狩猟採集は身体的な苦労を要するが、一部の人が想像するほど苛酷で悲惨な生活様式でないことは強調しておくべきだろう。人類学者は狩猟採集民に求められる労力を初めて数量化してみて驚いたものだ。典型的な狩猟採集民が実際に「労働」に費やしている時間は、苛酷な環境においてさえ意外なほどに短かったのである。たとえばカラハリ砂漠のサン族が、採集、狩猟、道具製作、家事といった活動に費やす時間は、一日あたり平均六時間だ[66]。といっても、残りの時間をすべてくつろぎや娯楽に充てられるわけではない。狩猟採集民は余剰の食料を生産しないから、エネルギーを無駄遣いしないために休めるときはできるだけ休んでいなくてはならないし、六五歳になったからといって引退できるような余裕はなく、もし怪我をしたり障害を負ったりすれば、ほかの誰かがその埋め合わせのためにさらに働かなくてはならない。私たちの種が持っている特別な認知スキルと社会的スキルのおかげで、現生人類の狩猟採集民はそれなりに必死に働くが、ものすごく必死に働くわけではないということである。

私たちの種は、文化を用いて適応し、急場しのぎの対処をし、改善を図っていくことができる。この能力と習性は、現生人類の狩猟採集民が持っているもう一つの基本的特徴、すなわち並外れた多様性を説明するものでもある。現生人類の狩猟採集民は、地球のいたるところに住みつく過程で、驚くほどつぎつぎと新しいテクノロジーや戦略を発明し、さまざまに異なる新しい条件に対処していった。[67] 北ヨーロッパの広大な寒冷地帯では、マンモスを狩り、その骨や牙で小屋を作ることを覚えた。中東では、野原から野生のオオムギを収穫し、それを製粉するために石臼を発明した。中国では、世界初の陶器をこしらえて、それで食物を茹でたりスープを作ったりしていたと思われる。熱帯地方の大部分では、狩猟採集民が大型哺乳類の狩猟から得られるカロリーは全体の三〇パーセント程度だが、温帯地方や北極地方に移住した狩猟採集民は、摂取カロリーの大半を動物性の食物、とくに魚から得ることで生き残っていく方法を考えだした。そして大半の狩猟採集民が季節ごとの食材を追って定期的に移動を続けなければならない一方で、アメリカ北西部のネイティブアメリカンなど一部の採集民は、永続的な村への定住を果たした。実際のところ、これが狩猟採集民の常食だという一定の食物は何もなく、一定の血縁体系も宗教体系もない。移動戦略もさまざまなら、労働分担も集団規模もさまざまに異なっている。

人間の文化的な適応力の皮肉なところは、この独特の革新の才能と問題解決の才能のおかげで狩猟採集民が地球のほぼ全域で繁栄できたまではよかったが、やはりその才能のおかげで、一部の狩猟採集民が最終的にその生活様式をやめてしまったことだろう。一万二〇〇〇年前ごろから、狩猟採集民のいくつかの集団は永続的な共同体をつくって定住を始め、植物を栽培し、動物を家畜化するようになった。そうした変容は、おそらく最初は徐々に始まったのだろうが、その後の数千年のあいだに世界規模での農業革命を起こし、いまなおその効果が地球全体を、そして私たちの身体を揺さぶりつづけている。このあと見るように、農業は多くの利益をもたらしたが、同時に多くの深刻な問題を引き起こしもした。農業によって人間は多くの食料を得られるようになり、その結果として、多くの子供を持てるようにもなったが、それにともなって新しい形態の仕事が求められ、食べるものも変わり、病気や社会悪が詰まったパンドラの箱も開けられた。農業がこの世にあらわれてからまだ数百世代しか経っていないが、以後の文化的変化の速さと広がりは劇的なまでに加速した。おかげで今日の多くの人は、祖先が農業を発明する前に人間がどうやって暮らしていたのかをほとんど想像できないし、文字や車輪や金属工具やエンジンが発明されていなかったら生きていけないだろうとまで思っている。

このような最近の文化的発展は、間違いだったのだろうか。人間の身体は何百万年もかけて少しずつ、果実食の二足動物になり、アウストラロピテクスになり、最後にようやく大きな脳を持った文化的創造力のある狩猟採集民になるように形成されていったのだから、私たちの身体にとっては、私たちの進化的過去が私たちを適応させたときのままに暮らしていたほうが自然ではなかったのか。文明は、人間の身体に誤った道を進ませてしまったのだろうか。

第2部　農業と産業革命

第７章　進歩とミスマッチとディスエボリューション
旧石器時代の身体のままで旧石器時代後の世界に生きていると
――良きにつけ悪しきにつけ――どうなるか

われわれは、おそらく今日でも、洞窟やウィグワムで暮らしたり、毛皮を着たりすることができないほど退化しているわけではないにしろ、人類の発明や産業が提供してくれるいろいろと便利なもの――高く購《あがな》われたものではあるが――は受け入れるほうがいいにきまっている。

――ヘンリー・デイヴィッド・ソロー『ウォールデン』
（『森の生活――ウォールデン』飯田実訳、岩波文庫より引用）

すべてを捨てて、もっと進化の遺産に見合ったシンプルな暮らしがしてみたい――あなたはそんなふうに思ったことがあるだろうか？　ヘンリー・デイヴィッド・ソローは『ウォールデン』において、一九世紀半ばのアメリカの文化から離れて森に入り、ウォールデン池のほとりの小屋で暮らした二年間のことを綴っている。大量消費と物質主義の色合いをますます濃くしていた当時の文化に、ソローは嫌気がさしていたのだ。『ウォールデン』を読んだことのない人は、ときどき間違って、ソローがその二年間を世捨て人のように過ごしていたものと思っている。しかし実際のところ、ソローが求めていたのは簡素さと、自給自足と、自然とのもっと深いつながりと、いっときだけの孤独だった。ソローの建てた小屋はマサチューセッツ州コンコードの中心部から数キロメートルの十分な徒歩圏内にあって、彼は毎日もしくは一日おきに、街に行っては噂話に興じたり、友人と食事をしたり、服を洗濯に出したり、その他もろもろの裕福な作家にふさわしい楽しみを味わっていた。にもかかわらず、文明の進歩を公然と非難し、古き良き時代への回帰を切望する原始主義者にとって、『ウォールデン』は一種のバイブルとなっている。彼らのような考え方にしたがえば、近代テクノロジーは「持てる者」と「持たざる者」との社会格差を不当に発達させ、疎外感や暴力を蔓延させ、人々の品位をむしばんできたことになるのだ。一部の原始主義者は、人間という種を農耕社会の生活様式に戻らせたがっているし、さらに極端な少数の人は、私たちの祖先が旧石器時代の狩猟採集民であることをやめてから、人間存在の質は悪化の一途をたどってきたとまで考えている。

昔に立ち返って、人生のシンプルな喜びをもっと増やそうというのなら、それはそれで結構なことだろう。しかし、テクノロジーや進歩に対して反射的に異を唱えるのは、安易なうえに無益でもある（ソローだってそんなことは一度も提唱していない）。どう見ても、人類は旧石器時代の終わりからずっと繁栄してきたのだ。二一世紀の始まりの時点で、世界の人口は少なくとも石器時代の一〇〇〇倍に増えている。世界の最も貧しい地域では、貧困、戦争、飢餓、感染症がいまだに消えていないとはいえ、全世界的には前例のない数の人々が、食べるものに事欠かないばかりか、長命で健康な暮らしを送れている。たとえば今日の典型的なイギリス人は、一〇〇年前に生きていた曾祖父よりも七センチメートル背が高く、平均余命が三〇年も長くて、自分の子が幼児期を生き延びる確率が約一〇倍も高い。(1) 加えて、資本主義は私のような平均的な人々に、数世紀前の最も裕福な貴族でも想像できなかったほどの機会を当然のものと思わせてくれている。私は森のなかで永遠に超越論者のように暮らしたいなどとは思わないし、ましてや医療も教育も公衆衛生もない、穴居人の暮らしなどはまっぴらである。いまの私は、さまざまなおいしいものを喜んで食べているし、自分の仕事を愛してもいるし、おもしろい人々や素敵なレストランや博物館や商店でいっぱいの活気あふれる都市で暮らすことに刺激を感じてもいる。また、飛行機旅行、iPod、温水シャワー、エアコン、3D映画といった最近のテクノロジーもありがたく享受している。近代生活はますます大量消費的で物質主義的になっている、というソローのような人々の見立てはたしかに正しいが、べつに人間がことさら欲深くなったわけではなく、欲望を満たす機会が圧倒的に増えたというだけなのである。

とはいえ、いまの人間が直面している新しい多くの深刻な問題を無視するのも、同じぐらい安易で愚かしいことだ。旧石器時代のあとに出てきたもの——農業、産業化、その他もろもろの「進歩」——は平均的な人間にとってありがたいものだったかもしれないが、旧石器時代には珍しかった、もしくは皆無だったさまざまな問題、たとえば新しい病気などを呼び込みもした。天然痘、ポリオ、ペストといった主要な感染性流行病のほぼすべては、農業革命が始まったあとに起こっている。逆に現代の狩猟採集民についての研究を見ると、狩猟採集民は余剰の食料こそ持たないけれども、飢饉や深刻な栄養不良に苦しむことはめったにない。そして近代的な生活様式も、心臓病や一部のがん、骨粗鬆症《こつそしょうしょう》、2型糖尿病、アルツハイマー病といった、非伝染性でありながら広く蔓延する新たな病気を誘発したうえに、それらほど深刻ではないけれども不快には違いない、虫歯や慢性的な便秘のような多くの不健康な状態を助長してきた。さらに不安障害や抑うつ障害など、精神的な病のかなりの割合も、やはり現代環境が大きな要因になっていると考えている[2]。

　そして石器時代の終わりから着々と文明がなしとげてきた進歩の物語は、多くの人が思っているほど漸進的でも連続的でもなかった。次の何章かで見ていくように、農業のおかげで食べ物が増え、人口が増えたのは事実だが、過去数千年のほとんどのあいだ、平均的な農耕牧畜民はどんな狩猟採集民よりもずっと勤勉に働かなくてはならなかったし、健康状態も悪化して、若くして死ぬ確率も高くなった。寿命が延びたり、乳幼児死亡率が下がったりといった人間の健康状態の向上は、そのほとんどが、ここ数百年の新しい出来事なのである。実際、身体の視点から見れば、多くの先進国はこのところ進歩しすぎてきた。人類史上初めて、たくさんの人々が食料の欠乏ではなく過剰に直面している。アメリカ人の三分の二は過体重か肥満であって、その子供も三分の一以上が太りすぎである。しかもアメリカやイギリスのような先進国の成人は、大多数が身体的に不健全だ。なぜなら私たちの文化では、心拍数を上げなくても一日を過ごせるようになっていて、ゆえにそれが普通のこととなっているからだ。「進歩」のおかげで、私は毎朝、心地よい柔らかいベッドで目覚めることができ、いくつかのボタンを押せば朝食が出てきて、それから自動車に乗って職場に行き、エレベーターを使ってオフィスに上がり、あとは八時間、快適な椅子にずっと座ったまま、汗もかかず、腹もすかせず、寒すぎも暑すぎもしない状態で過ごしていられる。かつては身体的な労力を必要とした仕事も、いまではほぼすべて、私の代わりに機械がやってくれる。水汲みも、洗濯も、食料の調達と調理も、移動も、歯磨きでさえもだ。

要するに人類は、狩猟採集民であることをやめてからの数千年間でかなりの進歩を達成したのだが、この進歩の一部がどうして私たちの身体に弊害をもたらすようになったのだろうか。このあとの数章で、旧石器時代のあとに人間の身体がどう変わってきたかを詳しく見ていくが、まずはその前に、数百万年に及ぶ進化のすえに私たちの身体が適応した生活様式を、もはや私たちが採用していないことのメリットとデメリットについて考えてみよう。ある種の不健康は、文明の必然的な帰結なのだろうか。そしてもっと総合的に見れば、旧石器時代のあと、生物学的進化と文化的進化はどのように相互作用して、人間の身体にどんな良い影響と悪い影響をもたらしてきたのだろうか。

私たちはいまも進化しているのか

私はこれまで二〇年以上、大学生に人類の進化のことを教えてきたが、そのほとんどの場合、ちょうど本書の第6章までのあたり、つまり現生人類の起源と地球全体への分散を説明したところで講義を終えていた。旧石器時代で終わりとするのにはそれなりの理由があって、それ以降ホモ・サピエンスには重要な生物学的進化がほとんど起こっていないというのが一般的な合意であるからだ。この見方にしたがえば、文化的進化が自然選択よりも強力な力となって以来、人間の身体はほとんど変わっておらず、過去一万年のあいだにどんな変化が起こったにせよ、それはむしろ歴史学者や考古学者が扱うことで、進化生物学者の領分ではないのである。

しかし現在、私は人類の進化についてのこれまでの教え方を後悔している。そもそもホモ・サピエンスが旧石器時代の終焉とともに進化をやめたというのは、単純に事実ではない。実際、その考えは誤りであるに違いないのだ。なぜなら自然選択は、次世代に伝わる遺伝的変異と、異なる繁殖成功度の帰結だからである。人間はずっと子供に遺伝子を伝えつづけているし、今日でも石器時代と同様に、ある人々は別の人々より多くの子を持つことになっている。したがって、人間の繁殖力の差に少しでも遺伝性の基盤があるならば、自然選択はいまも確実に働いているはずなのである。そしてまた、ますますペースを速めている文化的進化は、私たちの食べるもの、働き方、遭遇する病気、その他さまざまな新しい選択圧を生み出す環境要因を、急速かつ大幅に変えてきた。進化生物学者と人類学者は、文化的進化が自然選択を止めていないどころか、自然選択を促し、場合によっては加速さえしていることを明らかにしている。[3] このあと見るように、農業革命は進化的変化を促すとくに強い推進力だった。

今現在、進化がたいした変化力ではないと見なされている一つの理由は、自然選択がゆっくりと進むものだということにある。何百世代もが経過しないと、自然選択は劇的な効果をあらわさないのだ。人間の一世代は一般に二〇年ちょっとだから、バクテリアや酵母菌やショウジョウバエにおいてならすぐに観測できるような規模の進化的変化を人間に見いだすのは容易ではない。とはいえ、膨大な数のサンプルを使って多大な労力を注入すれば、わずか数世代のあいだに人間に起こったごく最近の自然選択を測定するのは不可能ではない。そして実際、いくつかの研究が、この数百年のあいだになされた軽微な自然選択の証拠をつきとめることに成功している。たとえばフィンランド人とアメリカ人の集団のなかでは、女性の初出産の年齢と閉経の年齢に自然選択が働いており、体重や身長、コレステロール値、血糖値についても同様である。[4] もっと長期的な視点で見れば、最近の自然選択の証拠はもっと見つかる。新しいテクノロジーのおかげで高速かつ比較的安価に全ゲノムの配列が決定できるようになった結果、ここ数千年のあいだに特定の個体群のなかで強い自然選択にかけられてきた数百の遺伝子が明らかにされてもいる。[5] ご想像のとおり、これらの遺伝子の多くは生殖や免疫系を制御するもので、その持ち主に子を多く持たせるように、あるいは持ち主を感染症で死なせないように働くからこそ、強く選択されてきたのである。[6] そのほか、代謝に関する役割を果たしていたり、特定の農業集団を乳製品や澱粉質の作物を食べることに適応させる働きをしている遺伝子もある。また、自然選択によって残されたいくつかの遺伝子は体温調節に関わっているが、これはおそらく、広範囲に拡散した集団を多様な気候に適応させるのに役立ったためだろう。たとえば私の研究グループは、氷河期の終わり近くにアジアで進化した一つの遺伝子変異が強い選択にかけられた証拠を発見しており、東アジア人とネイティブアメリカンはこの変異によって、毛が濃くなり、汗腺が多くなったと考えられる。[7] このような、最近の進化を経験した遺伝子を研究することには多くの実益がある。その一つが、ある特定の病気にかかりやすい人とかかりにくい人はどう違うのか、その違いはなぜなのか、そしてさまざまな薬に対して人はどう反応するのかを理解する助けになるということである。

このように、自然選択は旧石器時代の終わりとともに止まったわけではないけれども、ここ数千年のあいだに人間に起こった自然選択が、それまでの数百万年に比べて相対的に少ないことは事実である。その差は当然のことで、なにしろ最初の農民が中東で土を耕しはじめてから、まだ六〇〇世代しか経過していないのだ。しかも大半の人の祖先が農業を始めたのは、それよりさらにあとのことで、おそらくここ三〇〇世代ほどのあいだと思われる。比較のために言うならば、私の家では二〇世紀のあいだに同じだけの世代数のネズミが暮らしてきたことだろう。三〇〇世代のあいだにも選択はそこそこの数で起こるだろうが、選択の力がとてつもなく強いものでないかぎり、集団全体を席巻するような有益な突然変異、あるいは集団全体を急速に壊滅させるような有害な突然変異は生じない。[8] 加えて、ここ数百世代のあいだに起こった選択がどれも一定方向に働いているとは限らないから、その軌跡が掻き消されてしまうことだってある。たとえば気温と食料供給が変動するにしたがって、ある一時期の自然選択は大柄な人間を好んだかもしれないが、別の一時期には小柄な人間が好まれたかもしれない。そして何より重要なことに、ある種の文化的な発展は疑いなく、それがなければ起こっていたかもしれない自然選択から無数の人間を守る緩衝材となってきたはずだ。たとえばペニシリンが一九四〇年代に広く普及するようになってから、この薬が自然選択にどれほどの影響を及ぼしたかを考えてみてもらいたい。もしこの薬がなかったら、遺伝的に結核や肺炎にかかりやすい素因を持っていた人々は、いまごろ何百万という単位で生きていなかったかもしれないのだ。つまり結局のところ、自然選択は働くのをやめてはいないものの、ここ数千年のあいだに人間の生物学的仕組みには限られた局所的な影響しか及ぼしていないということである。もしあなたが旧石器時代のクロマニヨン人の女児を現代のフランスの家庭で育てたとすれば、彼女はだいたいにおいて――いくつかの、おもに免疫系と代謝に関するちょっとした生物学的違いを除いて――典型的な現生人類の少女に育つだろう。なぜそう言いきれるかといえば、地球上のどこに住んでいる人間も、みな二〇万年近く前にさかのぼる最終共通祖先の子孫だからだ。異なる集団も、遺伝学的、解剖学的、生理学的に、大部分においては同じなのである。[9]

旧石器時代以降にどれだけの数の選択が起こってきたにせよ、この数十万年のあいだに、人間は別の重要な過程を通じて進化してきてもいる。つまり、すべての進化が自然選択を通じてなされるわけではないということだ。今日、自然選択以上に強い急速な力となっているのが文化的進化で、これは遺伝子ではなく環境を変えることにより、遺伝子と環境との決定的な相互作用の多くを変化させてきた。あなたの身体のあらゆる器官は——筋肉も、骨も、脳も、腎臓も、皮膚も——身体の発達中に遺伝子が環境からのシグナル（たとえば力や分子や温度など）にどういう影響を受けたかの産物であり、そうしてできた器官の現在の機能も、現在の環境の各側面からずっと影響を受けていく。人間の遺伝子はこの数千年、たいして変わっていないかもしれないが、文化的変化は私たちの環境を劇的に変えてきた。そしてしばしばその結果、自然選択とはまったく別の、もっと重要と言ってもいいような進化的変化が起こることになる。たとえばタバコ、一部のプラスチック、多くの工業製品に含まれている毒素は、最初に身体に入ってから何年もあとになってがんを引き起こす可能性がある。加工度の高い柔らかい食品ばかりを噛んで育っていると、噛み切りにくい固い食品を食べて育った場合より、顔が小さくなりやすい[10]。生後数年間を暑い気候のもとで過ごしていると、寒冷な環境で生まれた場合よりも活発な汗腺が発達することになる[11]。こうした変化は、遺伝的に受け継がれることはない。しかし、文化的には受け継がれる。自分の名前をそのまま子供の名前にすることがあるように、親は自分が遭遇する毒素、自分が食べている食品、自分が経験している気温など、自分の環境条件もそのまま子供に受け渡す。文化的進化が加速するにつれ、私たちの身体の成長のしかた、機能のしかたに影響を及ぼす環境の変化も加速していく。

私たちの受け継ぐ遺伝子と、私たちの暮らす環境との相互作用が、文化的進化によってどう変えられるかは非常に大きな意味を持つ。ここ数百世代のあいだに人間の身体は文化的変化の影響を受け、さまざまな面で変化してきた。成熟が早くなり、歯は小さくなり、顎は短くなり、骨は細くなり、足はしばしば扁平になり、多くの人が虫歯になりやすくなった。[12]詳しくはあとの章で見ていくが、今日、人々は全般にかつてより睡眠が少なくなり、ストレスや不安やうつに悩まされる度合いが高くなり、近視になる率が高くなっていると言っていい。加えて昨今では、人間の身体はさまざまな感染症と闘わなくてはならない。それらの病気はいずれもかつては珍しかった、あるいは皆無だったものなのだ。人間の身体に起こったこれらの変化のそれぞれに、遺伝的基盤がないわけではない。しかし大きく変わったのは病弊に関わっている遺伝子というよりも、それらの遺伝子が相互作用する環境のほうなのである。

2型糖尿病で考えてみようか。これは以前にはめったになかったが、いまでは世界中で見られる代謝性疾患である。一部の人は、この2型糖尿病に遺伝的にかかりやすい。この病気の広まりが欧米よりも中国やインドで急速だった理由は、それで説明がつくだろう。[13]ただし、2型糖尿病がアジアで急激に、アメリカをしのぐ勢いで蔓延しているのは、新しい遺伝子が東洋で広まっている最中だからではない。新しい西洋式の生活様式が世界中を席巻して、いままで悪影響を及ぼしていなかった旧来の遺伝子と相互作用しているからである。

言い換えれば、自然選択を通じて起こる進化だけが進化のすべてではない。遺伝子と環境との相互作用は急速に、ときに根本的に変わってきている。それはおもに私たちの身体をとりまく環境が変わってきているからで、その変化を促しているのが急激な文化的進化だ。あなたの持っている遺伝子のなかに、扁平足や近視や2型糖尿病になりやすくさせる遺伝子があったとしても、あなたにそれを受け継がせた遠い祖先は、おそらくそれらの問題に悩まされてはいなかったに違いない。そう考えると、進化のレンズを通じてものを見て、旧石器時代が終わったあとに起こった遺伝子と環境との相互作用の変遷を考えることには大きな意義がある。初期現生人類の祖先から私たちが受け継いだ遺伝子と身体は、いま私たちが身をおいている新奇な環境にどれほど対処できているのか。そして、それらの変化に対する進化論的な視点は、どれほど実際的な役に立つのだろうか。

なぜ医学に進化の視点が必要なのか

医者の診療室で聞く言葉として「がん」ほど恐ろしいものはそうないが、この言葉から進化を連想することもそうないだろう。この私でも、もし明日がんの宣告を受けたなら、どうやってこの病気から逃れるかを真っ先につきとめようとするだろう。どの細胞ががん細胞になっているのか、どんな突然変異がその細胞にとめどない分裂を起こさせているのか、私を殺すことなくがん細胞だけを殺せる見込みが最も高いのは、外科手術なのか、放射線療法なのか、化学療法なのか、それともほかの治療介入なのかを、何より知りたいと思うだろう。いくら私が人類の進化を研究しているといっても、この病気の前には、自然選択の理論など頭から吹っ飛んでしまっているに違いない。これは病気ががんではなく、心臓発作でも、虫歯の痛みでも、ハムストリング筋（膝腱《しっけん》）の断裂でも同じことだ。具合が悪くなったときに私が訪ねるのは医者であって、進化生物学者ではないのである。同じく私の医者にしても、専門課程で進化生物学をろくに学んでいるはずがない。それはそうだ。結局のところ、進化というのはだいたいにおいて過去に起こってきたことで、今日の患者は狩猟採集民ではないのだし、ましてやネアンデルタール人でもないのだから。心臓病を患っている人に必要なのは、外科手術であり薬であり、いずれにしてもそれらの医療処置を行なうには、遺伝学や生理学や解剖学や生化学といった分野を十分に理解していることが求められる。だから医者や看護師に進化生物学の課程をとることは求められないし、おそらく彼らにしても、保険会社やほかの医療産業の従事者にしても、職場でダーウィンやルーシーのことを深く考えたことなど一度もないだろう。産業革命の歴史を知っていても自動車修理工の仕事の役には立たないのと同様に、旧石器時代の人体の歴史を知っていたところで、医者がそれを病気の治療に役立てられるわけがない。

進化は医療に無関係だと見なすのは、このように論理的なことである——と最初は思う。しかし、じつはその考え方は近視眼的であって、重要な穴を見落としている。人間の身体は自動車のように設計図から作られたのではなく、代々の修正を通じて進化してきたものなのだ。したがって人体の進化の歴史を知ることは、自分の身体がなぜこのような姿をしていて、このように働くのかを考える助けとなり、ひいては、自分がなぜ病気になるのかを知るための助けともなる。生理学や生化学のような科学分野は、病気の原因をなす直近のメカニズムを理解するのに役立つが、進化医学という新興分野は、そもそもなぜその病気が生じるのかを説明するのに役立つのだ[14]。たとえばがんは、まさに体内で進行中の異常な進化プロセスだと言ってもいい。一個の細胞が分裂するたびに、その細胞の遺伝子は突然変異を起こす可能性を持つ。したがって、分裂する頻度の高い細胞（たとえば血液細胞や皮膚細胞）や、突然変異を引き起こす化学物質にさらされやすい細胞（たとえば肺細胞や胃細胞）は、とめどない細胞分裂を引き起こして腫瘍を形成するような突然変異を偶然に獲得する見込みが高い。ただし、ほとんどの腫瘍はがんではない。腫瘍細胞ががん性になるには、細胞がさらに突然変異を獲得して、その突然変異の影響により、ほかの健康な細胞が栄養分を奪われ、正常な機能を阻害されて、打ち負かされてしまうことが必要となる。要するに、がん細胞とは、自らをほかの細胞よりも有効に生存させ、繁殖させられる突然変異を持った異常細胞にほかならないのだ。もし私たちが進化するべく進化した生き物でなかったら、私たちは決してがんにはならなかっただろう[15]。

　さらに踏み込んで言えば、進化はいまも起こっている現在進行形のプロセスだから、進化がどう働くかがわかっていれば、失敗を防いだり機会を確実にとらえたりするのと同様に、多くの病気を予防したり治療したりすることもできるだろう。進化生物学が医療に必要となる例として、とくに切実で、かつ明らかなのは、感染症への対処である。それらの病気はいまも私たちとともに進化を続けているからだ。私たち人間と、エイズやマラリアや結核のような病気とのあいだで、いまなお進化的な軍拡競争が続いていることをわかっていないと、うっかり不適切な薬を使ったり、生態学的諸条件を軽率に壊したりして、逆にそれらの病気を助長してしまうことがある。(16)次に発生する流行病を食い止め、治療するには、ダーウィン的なアプローチが必要なのだ。

進化医学は重要な視点を提供する。日常的な感染症への抗生物質の用い方を向上させるうえでも、進化生物学は助けになると期待される。抗生物質の濫用《らんよう》は、超強力な新種の細菌を進化させることになるだけでなく、体内の生態系を変化させて、クローン病のような新たな自己免疫疾患を生じさせることにもなりかねない（詳しくは第11章で述べる）。そしてがんの予防と治療にも、進化生物学は助けになると期待される。がん細胞と闘うとき、現在のところは放射線や有毒性の化学物質（化学療法）でがん細胞を殺そうとするのが普通だが、そうした療法はときに逆効果となることもあり、その理由を説明してくれるのが進化からのアプローチだ。放射線療法や化学療法は、致死性でない腫瘍が突然変異を起こして自らの細胞をがん細胞に変容させる確率を高めるだけでなく、細胞の環境も変化させ、新しい突然変異が選択される利点を高めてしまうこともありうるのだ。この理由から、あまり悪性でない種類のがん患者には、あまり攻撃的でない療法のほうが有効な場合もあると考えられるのである。(17)

進化医学のもう一つの効用は、病気の症状の多くはじつのところ適応なのだと認識させることにより、医者と患者の双方に、ある種の病気や怪我の治療法を考え直させることである。

発熱や吐き気や下痢の最初の兆候があったとき、あるいはどこかしらに痛みを感じたとき、あなたはすぐにでも薬局に行って、一般市販薬を服用するのではないだろうか。これらの不快感は緩和すべき症状だとほとんどの人が思っているが、進化論的な見地から言えば、これらは留意すべき有益な適応であるのかもしれない。たとえば発熱は、あなたの身体が感染症と闘うのを助けているのだし、関節痛や筋肉痛は、正しくない走り方のような何かしらの有害な行為をやめるようあなたに警告しているのかもしれないし、吐き気や下痢は、あなたの体内から有害な病原菌や毒素を除去する働きをしているのだ。そもそも第1章で強調したように、適応というのは厄介な概念である。人体の適応はずっと昔に進化したものだが、その目的はただ一つ、私たちの祖先にできるだけ多くの子を生き残らせるようにすることだった。結果として、私たちはときどき患うことになる。なぜなら自然選択にとっては健康よりも繁殖力のほうが重要だからで、私たちは健康になるために進化しているわけではないのである。たとえば旧石器時代の狩猟採集民は、定期的に食料不足に直面していたし、きわめて活発に身体を動かさなければ生きていけなかったから、エネルギー豊富な食物を切望し、休めるときはつねに休もうとする方向に自然選択が働いて、脂肪を蓄積しやすい身体になり、より多くのエネルギーを繁殖に費やせるようになった。そうした進化論的な視点から見ると、現在のダイエットやフィットネスのプログラムが成功しないのは想定内で、事実、ほとんどが失敗している。それもそのはず、私たちがドーナツを食べたがるのもエレベーターを使いたがるのも原始的な衝動から来ることで、かつては適応的だったそれらの衝動にどう対抗していいかを、私たちはいまだ知らないからである。[18]しかも、身体のなかにはいくつもの適応がごちゃごちゃに詰め込まれていて、そのすべてにプラス面とマイナス面があり、いくつかは互いに衝突もするから、完璧で最適な単一のダイエットプログラムやフィットネスプログラムなんてものは存在しない。私たちの身体は、いわば妥協の集積なのである。

そして最後に――本書にとっては最も重要なことだが――進化全般、とくに人類の進化の歴史を知って考慮に入れることがぜひとも必要となる分野がある。それは、「進化的ミスマッチ」と呼ばれる類《たぐい》の病気や諸問題の予防と治療においてである。[19]ミスマッチ仮説の背景にある考えはいたってシンプルだ。時間とともに、自然選択は生物を特定の環境条件に適応させる（つまりマッチさせる）。たとえばシマウマは、アフリカのサバンナを歩いたり走ったりしながら、草を食べ、ライオンから走って逃げ、ある種の病気に抵抗し、暑い乾燥した気候とうまくやるように適応している。そのシマウマが、たとえば私の住んでいるニューイングランドに連れてこられたら、シマウマはもうライオンのことを心配しなくてもよくなるが、今度は別のさまざまな問題に悩まされることになるだろう。お腹をいっぱいにできるほどの草は見つからないし、冬は寒いし、初めて遭遇する病気に対しては抵抗力がない。なんらかの助けがないかぎり、移住させられたシマウマはほぼ確実に病気にかかって死ぬだろう。この生き物はニューイングランドの環境にはまるで適応していない（つまりミスマッチである）からだ。

進化医学という新しく出てきた重要な分野での見方からすると、私たちは旧石器時代以来たいへんな進歩をとげてきたにもかかわらず、ある意味では、このシマウマのようなものになっている。とくに農業が始まって以降、革新が加速するにつれ、私たちは次々と新しい文化的習慣を考案したり採用したりしてきたが、それらの習慣は私たちの身体に矛盾する作用を及ぼしてきた。一方では、比較的最近の多くの発展が利益をもたらしている。農業によって食物は増え、近代的な公衆衛生と科学的な医療によって乳幼児死亡率は低下し、寿命は長くなった。だが一方では、無数の文化的変化によって、私たちの持つ遺伝子と私たちをとりまく環境との相互作用が変えられた結果、さまざまな健康問題が生じるようになっている。それが「ミスマッチ病」で、定義するなら、旧石器時代以来の私たちの身体が現代の特定の行動や条件に十分に適応していないことから生じる病気、ということになる。

ミスマッチ病がいかに重要な意味を持つかは、いくら強調してもしすぎることはないと思う。みなさんが死ぬときは、十中八九ミスマッチ病で死ぬだろう。みなさんが障害を負うときは、十中八九ミスマッチ病が原因だろう。ミスマッチ病は世界中の医療費の大部分を食っている。これらの病気は何物なのか？　どうして私たちはそのような病気にかかるのか？　なぜ私たちはそれをもっと予防できないのか？　保健と医療への進化論的なアプローチが——人体の進化の歴史を真剣に考えることも含めて——ミスマッチ病の回避と治療に役立つと言うなら、それはどうしてそうなるのか？

ミスマッチ

進化的ミスマッチ仮説とは、基本的に、遺伝子と環境との相互作用の変化に適応の理論を当てはめたものだ。ざっと要約してみよう。あらゆる世代のあらゆる人は、周囲の環境と相互作用する数千の遺伝子を受け継いでいるが、それらの遺伝子の大半は、何百世代、何千世代、ことによると何百万世代も前に、特定の環境条件のもとで祖先の生存能力と繁殖能力を高めるために選択されたものである。したがって、あなたが受け継いでいるそれらの遺伝子のおかげで、あなたは特定の活動や食物や気候条件や、その他もろもろの環境的な側面にさまざまな程度で適応している。しかし同時に、もしも環境に変化があれば、あなたは別の活動や食物や気候条件などに対して十分な適応ができていない場合がある（必ずではないが）。この適応不全の反応が、時として（これまた、必ずではないが）あなたを病気にかからせる。たとえば自然選択は過去数百万年のあいだに、果実、塊茎《かいけい》、野生の鳥獣、種子、木の実など、繊維は豊富だが糖分は少ないさまざまな食物を摂取するように人間の身体を適応させた。そのために、現代のあなたが糖分ばかりで繊維の少ない食物を絶えず摂《と》りつづけていると、いつ2型糖尿病や心臓病などの病気が発症しても不思議ではないのである。同じように、果実しか食べないというのも、やはり病気にかかる原因となる。ただし注意してほしいのは、新奇な行動や環境のすべてが私たちの受け継いだ身体にネガティブに働くわけではないということで、むしろ利益をもたらすことだってある。たとえば人間は、カフェイン入りの飲料を飲んだり歯を磨いたりするように進化してはいないが、適度な量のコーヒーや紅茶が有害な作用を及ぼしたという証拠は私の知るかぎり一つもないし、歯磨きは疑いなく健康によいことだ（とくにあなたが糖分の多い食物をたくさん食べているならば）。そして同時に覚えておいてほしいのは、適応のすべてが健康を促進するわけでもないということである。私たちは塩を欲するように適応しており、それは塩が私たちの身体に不可欠なものだからだが、これも摂りすぎれば病気となるのだ。

ミスマッチ病には多くの種類があるが、いずれも原因は、環境の変化によって身体の機能のしかたが変えられてしまったことにある。ミスマッチ病の最も単純な分類法は、任意の環境的刺激がどれだけ変わったかを基準とするものだ。大まかに言って、ほとんどのミスマッチ病は、なじみのある刺激が身体の適応レベルを超えて強まったり弱まったりしたとき、あるいは身体がまったく適応していない、完全に新しい刺激にさらされたときに生じる。要するに、ミスマッチ病は刺激が多すぎること、少なすぎること、新しすぎることのいずれかが原因なのだ。たとえば文化的進化が人々の食生活を変えるとともに、ある種のミスマッチ病が脂肪摂取の過多によって起こり、また別のミスマッチ病が脂肪摂取の不足によって起こり、また別のミスマッチ病が、身体の消化できない新種の脂肪（水素添加した硬化油など）を摂取することによって起こるのである。

ミスマッチ病の起因に関するもう一つの考え方は、別種の環境変化プロセスを基盤としている。こちらでは、変わるのはむしろ周囲に対する個体の適応度合いである。[20] この論理にしたがえば、ミスマッチの最も単純な原因は、あまりよく適応していない新しい環境のもとに入ること、すなわち移住だ。たとえば北欧の人がオーストラリアなどの陽光あふれる地域に移ったならば、この人は皮膚がんにかかる可能性が多分にある。色の薄い皮膚は高レベルの太陽放射に対する天然の保護をほとんど与えてくれないからだ。移住によって生じるミスマッチ病は現代に限った問題ではなく、旧石器時代にも、集団がアフリカから全世界に分散して、新しい病原菌や新しい食物に遭遇したときに起こっていたはずだ。しかし、当時と現在とでは重要な違いがある。かつての人口分散はもっと長い時間をかけて少しずつ起こっていたから、結果として生じたミスマッチに対応して自然選択が起こるだけの時間が十分にあったのである（第6章で述べたとおりに）。

環境を変化させて進化的ミスマッチを呼び込むプロセスのうち、最もありふれていて、かつ最も強力なのは、文化的進化のせいで生じるプロセスだ。この数世代間のテクノロジーと経済の変化は、私たちがかかる感染症、摂取する食物、服用する薬、行なう仕事、吸い込む汚染物質、消費するエネルギーの量、経験する社会的ストレスなど、さまざまなものの内容や度合いを変えてきた。これらの変化の多くはプラスに働いたが、あとの章で見るように、一部の変化に関しては私たちが十分に適応していないため、病気を生じさせるようになった。さらに言えば、それらの病気に共通する特徴は、その因果関係が直接的でないか、さもなければ見えにくいということである。ある種の病気の原因が汚染だったと発覚するには何年もかかるし（たいていの肺がんは、患者がタバコを吸いはじめてから何十年もあとに発生する)、蚊やノミに何千回と刺されていても、それらの虫がときおりマラリアやペストを媒介するのだとはなかなか気づかない。

そして最後に、ミスマッチ病の間接的なもう一つの原因は、生活史における変化である。私たちは成熟する過程で、病気のかかりやすさに影響を及ぼすさまざまな発達段階を通過する。たとえば寿命が長くなれば、持てる子の数は増えるかもしれないが、心臓や血管が損傷を受ける見込みはその分だけ高くなり、さまざまな細胞株にもより多くの突然変異が蓄積されることになる。加齢が直接的に心臓病やがんを引き起こすわけではないが、これらの病気には年齢が高いほどかかりやすく、寿命の延びに比例して発生率が高まってきているのも、それで説明がつく。また、できるだけ低年齢で思春期を通過したほうが子を多く持てる見込みは高まるが、反面、特定の病気にかかる見込みを高める生殖ホルモンにその分だけ多くさらされる。たとえば乳がんは、若くして月経が始まった女性ほど発生率が高い病気だ(詳細は第10章で説明する)[21]。

このようにミスマッチ病が生じる原因は複合的なので、どの病気が進化的ミスマッチによるものなのかを判定するのはかなり難しく、意見が分かれることも多い。とくに厄介な問題の一つは、何度も強調してきたように、人間が何に適応しているかの答えが単純明快とはいかないことだ。人類の進化の歴史は単純ではなく、身体のあらゆる特徴が適応的なわけでもなく、多くの適応にはトレードオフが関わっていて、人体のさまざまな適応の寄せ集めは、時として互いの衝突を生む。結果として、どんな環境条件がどの程度まで適応的なのかを特定するのは概して難しい。たとえば私たちは辛味の強いものを食べるのにどれほど適応しているのだろうか？　私たちは活発に身体を動かすことに適応しているが、あまりにも活発に動かすことには適応していないのではないか？　ランニングやほかのスポーツを極端にやりすぎると女性の妊娠能力が低下することはよく知られているし、正確な程度は不明だが、ウルトラマラソンのようなとてつもなく持久力を要する運動は、怪我や病気のリスクをある程度まで高めると見なされている。

ミスマッチ病を特定するにあたってのもう一つの問題は、多くの病気についての理解が十分に足りていないため、その病気を引き起こす直接的、間接的な環境要因を正確に指摘しにくいということである。たとえば自閉症は、かつてはほとんどなかったのに最近になって急に一般的になった障害であること（これは診断基準が変わったからだけではない）、そして大半が先進国で発生していることから、ミスマッチ病の一つではないかとも考えられている。しかしながら、自閉症の遺伝要因と環境要因はどちらもあいまいで、はたしてこの病気が大昔の遺伝子と現代の環境とのミスマッチから生じているのかどうかは、なんとも言いがたい。(22)同様に、もっと詳しい情報が得られないかぎり、多発性硬化症、注意欠陥・多動性障害（ADHD）、膵臓がんなどの多くの病気、および一般的な腰痛などの悩ましい症状を進化的ミスマッチの事例と見なすのは、あくまでも仮説にすぎない。

ミスマッチ病の特定に関する最後の問題は、狩猟採集民、とくに旧石器時代の狩猟採集民の健康に関するデータが十分にそろっていないことだ。ミスマッチ病の本質は、なじみのない環境条件に身体が十分に適応していないために生じるということだから、西洋人の集団のあいだでは一般的だが狩猟採集民のあいだではめったに見られないような病気は、進化的ミスマッチである可能性が高い。逆に、現在でも身のまわりの生活環境に十分に適応していると思われる狩猟採集民のあいだで一般的な病気は、ミスマッチ病ではない可能性が高い。ミスマッチ病を特定する努力は、これまでにいろいろとなされてきた。最初の包括的な研究に挑んだのは、アメリカ人歯科医のウェストン・プライス（一八七〇－一九四八）である。プライスは、現代西洋の食生活（とくに小麦粉と砂糖の摂りすぎ）が虫歯や歯の叢生《そうせい》（乱杭歯）などの健康問題の原因であるという自説を裏づけるべく、その証拠を求めて第二次世界大戦前に世界中を旅した[23]。その後、ほかにも何人かの研究者が、狩猟採集民、および生きていくのに必要なだけの自給自足農業を営んでいる集団のあいだでの、健康と環境の関係性に関するデータを集めてきた[24]。しかし残念ながら、こうした研究は数も少ないうえに、不十分なデータに頼っているものも多く、たいていサンプルサイズが小さい。2型糖尿病、近視、および一部の心臓病は、これらの集団のなかではめったにないと、かなりの確信をもって言うことができるが、がん、うつ、アルツハイマー病など、ほかの多くの病気については、情報があまりにも少なすぎる。証拠が存在しないことは必ずしも存在しないことの証拠ではない、という懐疑派の指摘はまったくそのとおりだ。さらに言えば、非西洋社会の入手可能なデータはどれ一つとして、無作為化比較対照試験から導かれたものではない。つまり、健康に対する食物や運動といった任意の変数の効果を、結果に影響を与えかねない別の潜在的要因を制御したうえで実験的に検証したものではないということだ。そして何より、いまや原始時代のままの狩猟採集民の集団など世界のどこにもなく、そうなってからすでに数百年、ことによると数千年が経っている。[25] これまでに健康状態を調査されてきた狩猟採集民の大半は、タバコも吸っているし、酒も飲んでいるし、農民との交易で食料を得てもいるし、外部の集団から持ち込まれた感染症と長らく闘ってきてもいる。

これらの留保を頭に入れたうえでなら、どの病気がどの程度まで進化的ミスマッチであるかを考えるのは無益ではない。それなりの理由から、進化的ミスマッチによって発生した、もしくは悪化したと仮説を立てられている病気や健康問題の一部をまとめたのが、表3だ。別の言い方をするなら、これらの病気は、その発生原因に絡んでいる新奇な環境条件に人間が十分に適応していないために、広く蔓延したり、症状が深刻化したり、あるいは罹患する年齢を下げたりしているのかもしれない。繰り返して言っておくが、表3は、あくまでも仮のリストである。これらの病気の多くは、まだ今後の検証を必要とする仮説段階のミスマッチ病であり、人間が新しい病原菌と接触するようになったことで生じる感染症はすべてリストから省いてある。もしそれらを含めていたら、リストははるかに長大で、はるかに恐ろしいものになるだろう。

その表3に――あくまでも仮のリストに――びっくりしただろうか？　これに愕然とするのは当然だが、しかし、ここに挙げられている病気は必ずしもミスマッチだけが原因で起こるわけではないし、多くはまだ仮説段階で、本当に遺伝子と環境との新種の相互作用によっ

表３　仮説段階の非感染性ミスマッチ病

胃酸の逆流／慢性的胸焼け	扁平足
にきび	緑内障
アルツハイマー病	痛風
不安障害	槌状趾（ハンマートウ）
無呼吸	痔
喘息	高血圧
水虫	ヨード（ヨウ素）欠乏症（甲状腺腫／クレチン病）
注意欠陥・多動性障害	埋伏智歯
腱膜瘤	不眠症（慢性）
がん（一部のみ）	過敏性腸症候群
手根管症候群	乳糖不耐症
虫歯	腰痛
慢性疲労症候群	不正咬合
肝硬変	メタボリックシンドローム
便秘（慢性）	多発性硬化症
冠状動脈性心疾患	近視
クローン病	強迫性障害
うつ病	骨粗鬆症
糖尿病（２型）	足底筋膜炎
おむつかぶれ	多嚢胞性卵巣症候群
摂食障害	妊娠高血圧腎症
肺気腫	くる病
子宮内膜症	壊血病
脂肪肝症候群	胃潰瘍
線維筋痛	

て発生もしくは悪化しているのかを検証するには、さらなるデータが必要となる。これを覚えておいてもらったうえで、あえて言うならば、あなたを苦しめることになりそうな病気のほとんどは、まず間違いなく、農業と産業化が始まってから一般的になったものが大半の環境要因によって、発生もしくは悪化させられている。人類の進化の大部分において、人々は2型糖尿病や近視といった病気で具合を悪くしたり、障害を負ったりするような事態には出会ったことがない。したがって、今日の人間を苦しめている病のかなりの割合は、進化的ミスマッチだということになる。なぜならそれらの病は私たちの身体の大昔からの生物学的仕組みと同調しない、近代的な生活様式によって発生もしくは悪化させられているからである。実際、先進国における死因のうち、がんと心臓病がほかのどんな病気よりも多くの割合を占めていることから考えるに、あなたはミスマッチ病で死ぬことになる見込みが最も高い。さらに言えば、あなたが老いたとき、あなたの生活の質を下げることになる見込みが最も高い障害も、おそらく進化的ミスマッチによって生じているものだろう。そしてしつこいようだが、表3は完全なリストではないことを思い出してほしい。ここには結核や天然痘やインフルエンザやはしかなど、多くの致死的な感染症が含まれていない。これらの病気は、農業が開始されたあとに大きく広まった。そのおもな理由は、おそらく私たちが農場動物と接触するようになったため、そして公衆衛生が不備なまま、人口密度の高い大集団で生活するようになったためなのだ。

ディスエボリューションの悪循環

さて、ふたたび人間の身体の物語に戻って旧石器時代が終わってからの文化的進化がどのように環境を変え、ときにミスマッチ病の原因となるような環境を生んでいったのかを具体的に見る前に、ここでもう一つ考えておくべき進化的な動力がある。それは文化的進化にときおり見られる、ミスマッチ病を受けての反応である。これはただの派生的な問題ではない。なぜならこの反応は本質的に、ある重要な疑問に対する答えを示唆するものであるからだ。天然痘や甲状腺腫など、いくつかのミスマッチ病は、現在ではすでに根絶されたり、ほとんど見られなくなったりしている。しかし2型糖尿病や心臓病や扁平足など、別のミスマッチ病はいまだに広く蔓延しており、さらに一般的になりそうなものもある。これはいったいどうしてなのだろうか。

その答えを探るにあたって、まずは二つの一般的なミスマッチ病を比較してみよう。その進化的な起源は追って第8章で詳しく見ていくが、ともあれそれは、壊血病《かいけつびょう》と虫歯である。壊血病はビタミンCが欠乏していることによって起こり、かつては船乗りや兵士など、ビタミンCの主要な天然供給源である新鮮な果実や野菜が不足しがちな食生活を送っている人のあいだで一般的な病気だった(26)。近代科学は壊血病の根本的な原因をなかなか特定できなかったが、ついに一九三二年、多くの社会がこの病気の予防法をつきとめ、ビタミンCを豊富に含んだ特定の植物を食べればいいのだとわかった。[27] 今日、壊血病がめったに見られないのは、容易に——新鮮な果物や野菜を食べない人々のあいだですら——予防ができるからである。加工食品にビタミンCを添加しさえすればいいのだ。かくして壊血病は過去のミスマッチ病となっている。いまや私たちはこの病気の原因を有効に断つことができるのだ。

一方、虫歯はどうだろうか。虫歯は、歯に付着する薄い膜状の歯垢《しこう》のなかにいる細菌のしわざである。あなたの口内にいる細菌のほとんどは天然の無害なものだが、ごく少数の種が、あなたの噛んだ食物に含まれている澱粉や糖を餌にするときに問題を引き起こす。この細菌から放出された酸が、その下の歯を溶かして穴をあけるのだ。[28] 早急に治療をしないと、虫歯はいつのまにか進行して歯の奥まで達し、激痛とともに深刻な感染をもたらす。残念ながら人間は、虫歯の原因となる微生物に対抗できる天然の防御を唾液以外にほとんど持っていない。これはおそらく、私たちが澱粉質や糖質の食物を多量に食べるように進化してはこなかったからだ。類人猿が虫歯になることはめったになく、狩猟採集民のあいだでも珍しい。虫歯がこれほどまでに広まったのは農業が開始されたあとのことで、急激に増加したのは一九世紀と二〇世紀においてだ。[29] 今日、虫歯は世界中の二五億近い人々を苦しめている。[30]

虫歯は、発症の仕組みが壊血病と同じぐらいよくわかっている進化的ミスマッチだが、それが今日でもいまだに世の中にはびこっているのは、私たちが虫歯の根本原因を有効に阻止していないからだ。その代わりに、文化的進化は虫歯ができたら治療するという手段を考え出した。つまり歯医者に虫歯をドリルで削り取らせ、その穴を詰め物でふさぐのだ。加えて、虫歯がこれ以上ひどく広まらないように、ある程度までは有効な予防手段も開発されている。歯ブラシやデンタルフロスで歯を掃除したり、奥歯の溝をシーラントで密閉したり、歯科衛生士に年に一、二回、歯垢を除去してもらったりすればいい。これらの予防措置がなかったら、すでに存在している何十億もの虫歯に加え、さらに数十億の虫歯が増えていることだろう。だが、もし私たちが本当に虫歯を予防したいなら、私たちは糖と澱粉の摂取を劇的に減らさなくてはならない。しかしながら農業が始まって以来、世界の人々の大半は、摂取カロリーの大部分を穀類に頼ってきた。虫歯を本当に予防できるような食生活を送るなど、ほとんどの人にとってはいまさら不可能に近いだろう。要するに、虫歯は私たちが手軽にカロリーを得るための代償のようなものなのだ。世の大半の親と同様に、私も自分の娘に虫歯になる食物を食べさせながら、歯を磨くようにと推奨して、歯医者に送りだす。それもみな、娘は多少の虫歯を持つことになるだろうと重々承知のうえでのことだ。娘が私を許してくれるといいのだが。

このように、同じミスマッチ病でも、壊血病と違って虫歯がいまでも一般的なのは、文化的進化と生物学的仕組みとの相互作用によって生じるフィードバックループ――ある種の悪循環――のせいなのだ。このループのそもそもの始まりは、私たちの身体が環境の変化に十分に適応していないため、刺激が多すぎること、少なすぎること、あるいは新しすぎることにより、進化的ミスマッチの病気や怪我に襲われることにある。そしてたいていの場合、効き目の程度はさまざまだが、その症状をなくすための対処がなされる。しかし、その病気の根本原因は阻止できないか、あるいはあえて阻止されない。そうした環境条件をそのままにして子供たちに伝えた段階で、フィードバックループが発動する。病気はなくならず、ことによると世代を経るにしたがって、広まったり深刻化したりする。虫歯の例で言えば、私は自分の虫歯を娘に引き継がせてはいないが、虫歯の原因となる食生活は引き継がせた。おそらく娘も自分の子に同じことをするだろう。

病気の原因に対処しないことの難点は、おもに患者の病状をどうするかという問題として、何世紀も前から議論されてきた。オックスフォード英語辞典によれば、「一時しのぎ」を意味する palliative という単語のもともとの用法は（最初に使われたのは一五世紀だった）「根本的な原因に対処せずに症状や異常を緩和する」処置のことだったという[31]。あわせて多くの進化生物学者と人類学者は、文化と生物学が長期にわたってどう相互作用すると、生物学的変化ばかりでなく文化的変化も促されることになるのかを解明してきた[32]。たとえば旧石器時代の人々の温帯地方への移住は、新種の衣類と住居の発明に拍車をかけた。同じプロセスがミスマッチ病にも当てはまる。しかしながら、ミスマッチ病の原因に対処せず、その病を引き起こす環境要因をそのまま次世代に伝え、病が普及したり悪化したりするのにまかせることで、いくつもの世代にわたって生じる有害なフィードバックループには、これといった適当な名称がない。私は全般に新しい造語が嫌いだが、「ディスエボリューション」というのは有益で適切な新語だと思う。なぜなら身体の見地から言うと、このプロセスは時間を経ての変化（進化《エボリューション》）の有害《ディス》な形態であるからだ。繰り返して言うが、ディスエボリューションは生物学的進化の一形態ではない。私たちがミスマッチ病を世代から世代へとダイレクトに伝えているのならそうなるが、そうではなく、ミスマッチ病を促進する行動や環境を伝えているのだから、これは文化的進化の一形態なのである。

悲しいかな、ディスエボリューションにつながるミスマッチ病という点で、虫歯は氷山の一角にすぎない。実際、表3に挙げたミスマッチ病の大半は、この有害なフィードバックループにとらわれているのではないかと思う。例として、世界の一〇億人以上を苦しめ、脳卒中や心臓発作や腎臓病などの主要危険因子となっている、高血圧を考えてみよう。[33] ほぼすべての疾患と同様に、高血圧も遺伝子と環境との相互作用によって生じる。そして動脈は年齢とともに自然と硬化するから、高血圧は加齢の副産物でもある。しかし若年層や中年層における高血圧の主要原因は、肥満を招くような食生活と、塩分の摂りすぎ、運動不足、そして酒の飲みすぎだ。高血圧に対処する療法はいろいろあるが、最善の予防法が最善の治療でもある。すなわち昔ながらの食事をして、しっかり運動することだ。[34] したがって虫歯と同様に、高血圧はディスエボリューションの一般的な事例と言える。高血圧の有病率をどうすれば抑えられるかを私たちはよく知っている。にもかかわらず私たちの文化は、これを引き起こし、存続させ、蔓延したままにさせる環境要因を生み出して、次世代に伝えているのである。第10章から第12章で見ていくように、2型糖尿病、心臓病、一部のがん、不正咬合、近視、扁平足、その他多くのありふれたミスマッチ病の発生も、同様のフィードバックループにとらわれているのだと考えると説明がつく。

ディスエボリューションはミスマッチ病の原因に対処しないがために生じるが、時として、症状にどう対処したかでこのプロセスが悪化してしまうこともある。症状というのは本質的に、正常な健康状態からの逸脱である。たとえば発熱や、痛み、吐き気、発疹《ほっしん》など、いずれも病的な状態が存在していることの兆候だ。症状は病気をけしかけないが、病気にかかった人に苦痛をもたらすので、人はその症状に気づいて、その症状に対処しようとする。あなたが風邪を引いたとき、まさか自分の鼻や喉にいるウィルスに関して文句をつけたりはしないだろう。熱や咳や喉の痛みなど、あなたを苦しめているものに関して文句を言うはずだ。同じように、糖尿病の患者はたぶん自分の膵臓のことなど考えていない。それよりも、血糖値が高すぎることの有毒な作用を悩ましく思うのだ。前にも触れたように、症状は概して行動を促すように進化した適応である。そして多くの場合、症状に対処することは治癒過程の助けとなる。いくつかの病気（普通の風邪など）に関しては、症状に対処すること以外に方法はない。苦しみを軽減するのはまさに人道的なことであり、症状への対処はたいてい有益で、それで命が救われることもある。しかしながら、ときどきミスマッチ病の症状への対処が有効すぎて、その原因に対処することの切迫性を薄めてしまうことがある。私はこれが虫歯に当てはまるのではないかと思っているが、ほかの新奇な病気に関しても、その症状への対処の影響をあとの章で詳しく見ていくことにしよう。

私たちが農業を開始して、新しい食物を口にし、機械を使って仕事をし、一日中椅子に座って過ごすようになってからの過去一万年のあいだに、人間の身体がどう変わったかを探るうえで、ディスエボリューションというミスマッチ病への一種の反応は、考慮に値する重要な現在進行形のプロセスだ、と私は考える。もちろん、すべてのミスマッチ病がディスエボリューションにいたるわけではない。しかし、そうなっているものはたくさんあり、それらの病はいくつかの予測可能な共通の特徴を持っている。最も明らかな第一の特徴は、ほとんどが原因に対処しにくい慢性的な非感染性の病であることだ。近代の科学的な医学が登場して以来、多くの感染症は、その原因となる病原菌を特定して殺すことで、治療や予防が十分にできるようになってきた。あるいは食料不足や栄養不良で生じる病気なら、貧困を軽減したり栄養補助食品を与えることで、有効に防ぐことが可能である。しかし対照的に、慢性的な非感染性の病気はあいかわらず予防や治療が困難だ。なぜならこれらは全般に、多くの相互作用する原因を持っていて、そこには複雑なトレードオフが絡んでいるからだ。たとえば私たちは、糖分を欲すること、体重を増やすこと、心配しすぎないようにすることへの適応を進化させてきた。その結果、生物学的なものも文化的なものも含めた多くの要因が重なりあって、過体重の人に体重を落とすのを困難にさせている（詳しくは第10章で述べる）。クローン病（炎症性腸疾患の一種）などの新しい病気もおそらくはミスマッチ病と見られるが、その原因はいまだによくわかっていない。これらの悩ましい問題に関しては、いくら第二のパスツールを待っても無駄だろう。

ディスエボリューションの第二の特徴は、このプロセスが、繁殖適応度にさほど影響を及ぼさないミスマッチ病のほとんどに当てはまると予測されることである。虫歯や近視や扁平足などの疾患はじつに有効に治療されるので、配偶相手を見つけて子供を得る能力になんら妨げは生じない。また、2型糖尿病や骨粗鬆症やがんなどの疾患は、その人が祖父母の年齢になるまで発生しないことがほとんどだ。旧石器時代なら、こうした中高年がかかる病気は強い負の選択をもたらしていたかもしれない。なぜなら狩猟採集民の場合、祖父母が子や孫への食料供給に決定的な役割を果たすからである。[35] しかし二一世紀では、祖父母の経済的な役割はまったく違っているし、いまの時代に五〇歳代や六〇歳代で衰えたり死んだりすることが、子や孫を何人持てるかに少しでも悪影響を及ぼすとは考えがたい。

そしてディスエボリューションのせいで広まった、あるいはさらに広まりつつあるミスマッチ病の最後の特徴は、その原因が別の文化的利点を持っていることだ。それはたいてい社会的、経済的な利点である。たとえば喫煙や炭酸飲料の飲みすぎなど、多くのミスマッチ病の原因となっていることが廃《すた》れないのは、それらが長期的な影響についての心配や合理的評価を上回る、即時の快楽をもたらすからだ。加えて製造業者や広告主にとっては、私たちが進化させてきた欲求につけこんだり、便利さや快適さや効率性や快楽を高める――あるいは有利になるとの幻想をもたらす――商品を売りつけることに、強いインセンティブがある。ジャンクフードが人気なのには理由があるのだ。もしあなたが私と同じなら、あなたは一日に二四時間近く、寝ているときでさえ商業製品を使っているだろう。それらの製品の大半は、いま私が座っている椅子もそうだが、私を心地よくさせてはくれるものの、すべてが私の身体にとって健康的であるとはかぎらない。ディスエボリューション仮説の予測するところでは、これらの製品がなんらかの問題の兆候を引き起こしたとしても、私たちがそれを受け入れたり、その兆候に——たいていは別の製品の力を借りて——対処したりするかぎり、そして便益が費用を上回っているかぎり、私たちはそれらを買いつづけ、使いつづけて、自分の子供にも伝えていくだろう。そして私たちが死んだずっとあとまで、悪循環は続いていくのだ。

人間を苦しめるミスマッチ病のとんでもない負荷と、それをいつまでも蔓延したままにするディスエボリューションのフィードバックループは、多くの疑問を投げかける。どうしてそれらが本当にミスマッチ病だとわかるのか。現代の環境のどんな側面がそれらの病を引き起こすのか。文化的進化がどうしてそれらの病を永続させるのか。私たちはそれらの病にどう対処したらいいのか。心臓病、がん、扁平足は、文明に不可避の副産物なのか。それとも、私たちはパンや自動車や靴をあきらめなくても、それらを有効に予防することができるのか。あとの第10章から第12章で、さまざまなミスマッチ病の生物学的根拠と、それらの一部が（全部ではないが）進歩の必然的な結果ではない理由を探っていこう。また、ミスマッチ病の環境的な原因にもっと有効に焦点をあわせることで、進化論的な視点がミスマッチ病の予防にどう役立つかについても考えていく。しかし、まずはその前に、旧石器時代が終わったあとに人間の身体に何が起こったかをもっと詳しく見てみよう。農業と産業革命は、良かれ悪《あ》しかれ、私たちの身体の成長のしかた、機能のしかたをどのように変えたのだろう。

(以下下巻)

索　引

欧文記号など

2型糖尿病　㊤15, 25, 40, 41, 43, 264, 271, 272, 279, 284, 287, 288, 292, 295 ㊦35, 54, 60, 80, 95, 108-110, 113, 123, 124, 133, 136, 138, 153-156, 159-162, 169, 184, 185, 279, 283, 285
DNA　㊤176, 220, 221
FOXP2遺伝子　㊤237, 238
FTO遺伝子　㊦148
IgE抗体　㊦219
TCF7L2遺伝子　㊦54

ア

アイエロ、レズリー　㊤159
アイデア　㊤217, 236, 238, 244
アウストラロピテクス　㊤16, 42, 46, 88 -111, 113-120, 122, 123, 126-128, 138-143, 149-153, 156-158, 160, 161, 173, 192, 195, 256
アウストラロピテクス・アファレンシス　㊤92-94, 97, 105, 106, 113-115, 139
アウストラロピテクス・アフリカヌス　㊤93-95, 97, 104, 106, 113, 115
アウストラロピテクス・エチオピクス　㊤93, 96
アウストラロピテクス・セディバ　㊤93, 94, 97, 114
アウストラロピテクス・ボイセイ　㊤93, 94, 96, 104, 106
アウストラロピテクス・ロブストス　㊤93-96
アカゲザル　㊤21, 22, 26
アキレス腱　㊤139, 151
悪玉コレステロール　㊦114, 133, 165, 170
悪の凡庸さ　㊦231
握力把持　㊤155
顎　㊤64, 65, 96, 104, 105, 107, 108, 163, 180, 226, 239, 271 ㊦35, 123, 198, 208-214
脚　㊤14, 30, 36, 40, 53, 57, 65-67, 69, 70, 72, 73, 76, 80, 81, 83, 85, 95, 111-116, 120, 126-128, 139-142, 149-151, 154, 157, 209, 226 ㊦45, 123, 193-195, 198, 200, 210, 211, 237, 240, 241, 261, 262
足　㊤16, 55, 56, 65, 66, 71-73, 87, 95, 97, 110, 111, 113, 115, 119, 121, 127, 128, 140, 141, 145, 147, 149-153, 209, 271 ㊦71, 184, 231, 233, 236, 237, 239-246, 273, 307
足裏　㊤28, 68, 71, 72, 85, 97, 110, 114, 119, 140, 148, 150 ㊦236, 238, 242
亜硝酸ナトリウム　㊦229, 230, 287
汗　㊤117, 142, 148, 149, 249, 265 ㊦193
アダム　㊤218 ㊦14, 45
アダムズ、マイケル　㊦266
アーチサポート　㊦242, 244, 246
アデノシン三リン酸（ATP）　㊦124
アテローム性動脈硬化　㊦164, 165, 168-170, 172, 173, 175
アトキンス・ダイエット　㊦172

アフメス・メリエト・アモン　㊦175
アフラトキシン　㊦33
アフリカ　㊤16, 31, 45, 50, 58, 78, 81, 83, 85, 88, 92, 94, 97, 98, 122, 123, 125, 129-131, 137, 141, 148, 167-172, 174, 178, 185, 211, 219-222, 227, 228, 247, 248, 251, 277, 281 ㊦19, 22, 38, 50, 54, 61, 104, 171, 305
アボリジニ　㊤148 ㊦160, 213
アミノ酸　㊦126
アメリカ　㊤24, 25, 148, 242, 256, 261, 264, 271 ㊦28, 49, 58-61, 68, 70, 71, 76, 80, 83, 90, 91, 96, 102-104, 107, 108, 122, 136, 142, 180, 190, 206, 218, 229, 230, 256, 269, 279, 281, 288-290, 292, 300, 302
アルコール　㊤25 ㊦161, 174, 232, 289, 300
アルジェリア　㊤125
アルツハイマー病　㊤264, 284, 286 ㊦108, 109
アルディ　㊤63, 65-67, 70-74, 79, 84, 91, 97, 110, 113
アルディピテクス　㊤63, 65, 72, 93, 96, 119
アルディピテクス・カダッバ　㊤65, 93
アルディピテクス・ラミダス　㊤63, 65, 93
アレルギー　㊤15, 25 ㊦216-225, 279, 286
アーレント、ハンナ　㊦231
アワ　㊦22, 30
安全率　㊦190, 195, 204, 208

イ
胃　㊤135, 274 ㊦144, 150
医学　㊤17, 41, 272, 294 ㊦46, 59, 60, 64, 82-85, 87, 91, 96, 97, 107, 215, 264, 278, 284-286, 290, 295
イギリス　㊤24, 142, 170, 174, 264 ㊦28, 61, 66, 84, 89, 96, 113, 180
移住　㊤168, 176, 222, 250, 256, 277, 281, 291
異種交配　㊤176, 221
椅子　㊤27, 265, 293, 295 ㊦232, 234, 260-263, 266, 268, 271, 273, 274, 297, 301, 307
位置（ポテンシャル）エネルギー　㊤111
イチジク　㊦21, 45
一日あたり推奨栄養所要量（ＲＤＡ）　㊦80, 81
遺伝　㊤30-34, 47, 247
遺伝子　㊤30, 33, 41, 43, 47, 54, 59, 178, 179, 201, 219-221, 231, 237, 238, 245, 246, 250, 266-268, 270-272, 274, 278, 279, 283, 285, 292 ㊦22, 24, 48, 51-55, 98, 133, 136, 137, 139, 148, 156, 159, 178, 188, 191, 193, 197, 198, 201, 207, 210-212, 222, 249, 256, 257, 259, 265, 282, 283, 286, 297
遺伝子スクリーニング　㊦283
遺伝子操作　㊦284
遺伝子プール　㊤247
遺伝的変異　㊤85, 219, 220, 250, 266 ㊦54
田舎　㊦84, 96
イヌ　㊤143, 153, 242 ㊦23, 176
イヌイット　㊤44, 142, 180 ㊦172,

248
イノシシ ㊤170 ㊦23
イノベーション ㊤248 ㊦228, 270, 271
イブ ㊤90, 218 ㊦14, 45
医療 ㊤25, 263, 273, 274, 278 ㊦33, 59, 102, 103, 109, 111, 113, 209, 290
医療費 ㊤25, 278 ㊦155, 201, 280, 281, 288, 295, 296
衣類（衣服） ㊤228, 245, 247-249, 291 ㊦37, 45, 74, 84, 85, 90, 214
因果関係 ㊤41, 281
印刷 ㊤238
インスリン ㊤40, 41 ㊦35, 54, 80, 129-131, 137, 138, 141, 142, 144, 146, 150, 154-162
インスリン感受性 ㊦151, 157, 160, 161
咽頭 ㊤242
インパクトピーク ㊦237-241
インフルエンザ ㊤287 ㊦43, 46, 108, 110, 230

ウ
ヴィクトリア時代 ㊤58 ㊦64
ヴィクトリア女王 ㊦89
ウィルス ㊤293 ㊦43, 44, 46, 86, 177, 178, 216, 218, 220, 221
ウェアー、ジェームズ ㊦248
『ウォールデン』 ㊤261, 262
ウサギ ㊤153
ウシ ㊦18, 21, 23, 26, 45, 54, 78, 296
うつ ㊤15, 264, 271, 284, 286
ウマ ㊤181 ㊦46
ウミイグアナ ㊤172
ウル ㊦42
運動 ㊤15, 19, 25-28, 38, 153, 200, 236, 247, 254, 283, 284, 292 ㊦35, 62, 72, 73, 78, 88, 93, 115, 116, 148, 151, 153, 155, 159-163, 169, 182-184, 187, 188, 201, 205, 207, 223, 226, 227, 232, 247, 263, 267, 282, 283, 285, 287, 288, 292, 296, 300
運動エネルギー ㊤111

エ
エアコン ㊦58, 71, 231
エイズ ㊤275
衛生 ㊦60, 82-84, 88. 90, 91, 96, 107, 110, 111, 218
衛生仮説 ㊦217, 220, 222
栄養 ㊤34, 35, 98, 100, 130, 132, 135, 200, 201, 215 ㊦18, 29, 32, 35, 49, 55, 58, 74, 79, 82, 95, 98, 103, 109, 125, 134, 135, 292, 296, 306
栄養不良（栄養失調） ㊤14, 24, 48, 264, 294 ㊦30-32, 48, 50, 55, 107, 110, 111, 276, 277, 280, 304
疫学 ㊦107, 113
疫学的転換 ㊤15, 24 ㊦107, 110-112, 114, 116, 156, 279
疫病 ㊦31, 39, 40, 46-48, 82, 86, 187, 283
エジプト ㊤169
エスカレーター ㊦71, 186, 272, 293, 294
エストロゲン ㊤200 ㊦178-182, 204, 206, 207

エックス線　㊦ 87, 168, 209
エーテル　㊦ 87, 88
エデンの園　㊦ 13, 14, 20, 45
エナメル質　㊤ 104, 105, 127 ㊦ 33
エネルギー　㊤ 42, 43, 67, 69, 80, 87, 100, 101, 103, 111, 116, 123, 131, 132, 150, 151, 157, 159-161, 163-167, 178, 182, 186 -188, 191, 197-200, 202-208, 211, 213, 239, 253, 254, 276, 281　㊦ 25, 37, 49, 50, 53, 63, 65, 68-73, 76, 79, 81, 97, 98, 100, 102, 117, 121-127, 130-136, 138, 140, 149, 160, 162, 164, 175, 178, 180-182, 186, 195, 222, 224, 242, 261, 262, 276, 281, 306
エネルギーコスト　㊤ 113, 116, 160, 191 ㊦ 67, 68, 69, 71, 79
エネルギー収支　㊤ 166, 186, 199, 202, 206 ㊦ 98, 102, 125, 126, 131, 135, 141, 151, 153, 159, 170, 178-182, 187, 261, 279
エネルギー日産量（DEP）㊤ 203
エリザルデ、マヌエル　㊤ 215
エールリッヒ、パウル　㊦ 87
エレベーター　㊦ 71, 161, 190, 232, 233, 268, 272, 294, 302
炎症　㊦ 50, 146, 164-166, 169, 172-174, 194, 195, 217, 219, 220, 243, 262
炎症性腸疾患　㊦ 217, 222
エンジン　㊤ 251, 256 ㊦ 66, 97
エンドウマメ　㊦ 29
塩基対　㊤ 33, 220
塩分　㊤ 132, 292 ㊦ 78, 82, 114, 173, 174, 278

オ

黄熱病　㊦ 45
応力　㊤ 141
オオカミ　㊦ 23
オオムギ　㊤ 255 ㊦ 19, 21, 29, 30
おとがい　㊤ 163, 180, 209, 224, 226
オハロⅡ遺跡　㊦ 19
オメガ3脂肪酸　㊦ 171
親知らず　㊤ 33, 180, 196 ㊦ 197, 200, 209, 210, 212, 214
親　指　㊤ 33, 71, 72, 97, 110, 113, 119, 140, 155
オランウータン　㊤ 78, 79
オランダ飢餓　㊦ 138
オリーブオイル　㊦ 147, 171
織物　㊦ 63, 74
オリンピック　㊤ 149
オルドヴァイ渓谷　㊤ 125, 136, 156
オルドワン石器　㊤ 136
オーロックス　㊤ 181
オロリン・トゥゲネンシス　㊤ 64, 93
温帯　㊤ 31, 35, 132, 169, 170, 207, 248, 250, 255, 291 ㊦ 45
温暖化　㊤ 76, 170, 184 ㊦ 16, 17, 20, 98

カ

回外運動　㊦ 245
塊茎　㊤ 96, 100-103, 105, 109, 116, 122-124, 130, 135-137, 157, 158, 253, 279 ㊦ 33, 278, 307
壊血病　㊤ 286, 288-290 ㊦ 30
海水温　㊤ 76, 77, 122, 170
快適さ　㊦ 14, 228, 232, 233, 242, 246, 262, 269-271, 273, 299

回内運動　㊤72 ㊦245
海馬　㊤234
外鼻　㊤139, 143
海綿骨　㊦202
顔　㊤74, 91, 95, 96, 106-108, 122, 123, 126-128, 143, 158, 164, 174-176, 180, 217, 223, 225, 232, 235, 238, 239, 241, 243, 270　㊦210, 213, 247
科学　㊤218, 274, 288 ㊦48, 58, 62, 64, 91, 286, 289, 308
科学的　㊤39, 190, 278, 294 ㊦62, 65, 276
化学物質　㊤274, 275
かかと　㊤71, 114, 141 ㊦237-241, 315
学習　㊤47, 226, 234, 236, 245, 247 ㊦55
角膜　㊦250, 251
加工食品　㊤27, 289 ㊦78, 79, 145-147, 171, 182, 212, 225, 303
果実（果物）　㊤25, 27, 35, 37, 46, 74, 75, 78, 79, 82, 83, 85, 88, 90-92, 96, 98-102, 105, 107-109, 115, 116, 119, 122, 123, 129, 130, 137, 256, 279, 288, 289 ㊦13-15, 19, 29, 30, 76, 79, 114, 130, 145-147, 173, 185, 278, 287, 293, 301, 307, 320, 321
過伸展　㊤71
風邪　㊤293 ㊦191, 216
化石　㊤13, 29, 56, 58, 61, 62, 64, 65, 92, 94, 114, 125, 126, 128, 129, 137, 149, 151, 152, 156, 160, 167, 172, 174, 176, 178, 179, 200, 207, 209-211, 220, 221, 223, 232
化石燃料　㊤76 ㊦61, 63, 77, 97
ガゼル　㊦19-21
過体重　㊤15, 24, 25, 264, 294 ㊦60, 82, 100, 115, 122, 123, 128, 139, 140, 142, 147, 148, 151-153, 160, 161, 184, 187, 188, 290
カダヌームー　㊤94
脚気　㊦30
果糖　㊦128, 130, 142
加熱　㊤205 ㊦74, 91
カバ　㊤170, 208, 210
カビ　㊦33, 91, 246
過敏性腸症候群　㊤15, 286 ㊦110
カブカンラン　㊤103
花粉　㊦217, 218
カボチャ　㊦22
鎌状赤血球貧血　㊦53
カモ　㊦46
ガラパゴス諸島　㊤34, 172
ガラパゴスフィンチ　㊤34, 36
カルシウム　㊦56, 81, 197, 201, 206-208
加齢　㊤25, 282, 292 ㊦107, 196, 201, 206, 286
ガレノス　㊦255
カロリー　㊤23, 35, 43, 91, 101, 113, 117, 122, 130, 131, 133, 136, 138, 150, 158, 186, 187, 191, 197, 199, 201, 203-205, 211, 212, 253-255, 290 ㊦29-32, 35, 37, 39, 67-70, 72, 73, 75-77, 79, 80, 82, 102, 125-127, 132, 134, 135, 141, 143, 144, 147, 150-153, 159, 161, 184-186, 260, 262, 279, 299
カワード、ノエル　㊤142
がん　㊤15, 18, 25, 264, 270, 272-275, 281-284, 286, 287, 292, 295,

296 ㊦ 33, 103, 108-110, 113, 114, 123, 133, 153, 176-185, 207, 213, 217, 229, 277, 279, 281, 283-287, 296-298, 308
眼窩 ㊤ 174, 224, 225
カンガルー ㊤ 57, 76, 84
眼球 ㊦ 250-257
環境 ㊤ 19, 23, 26, 31, 36, 43, 44, 48-50, 58, 88, 99, 100, 110, 122, 130, 138, 143, 144, 148, 170, 171, 178, 180, 193, 208, 247-251, 254, 267, 270-272, 275, 277-285, 287-292, 296 ㊦ 18, 26, 44, 45, 48, 53, 61, 65, 66, 77, 78, 83, 84, 89, 93, 94, 96, 98, 103, 104, 107, 110, 112, 114, 122, 136, 138, 139, 148-150, 152, 156, 159-161, 168, 177, 178, 180, 185, 186, 191-195, 197, 199, 200, 207, 216-218, 220-222, 225, 226, 228, 231, 245, 249, 255-257, 259, 277-284, 286, 292, 294-300, 302-304
寛骨 ㊤ 152
感情 ㊤ 229, 234, 236
頑丈型アウストラロピテクス ㊤ 93, 94, 96, 104-106, 108, 123
汗腺 ㊤ 32, 148, 149, 268, 270 ㊦ 193, 194
感染症 ㊤ 196, 263, 271, 275, 276, 281, 285, 287, 294 ㊦ 15, 35, 40, 42, 43, 46, 47, 49, 50, 54, 58, 78, 85, 86, 96, 103, 107, 110, 112, 113, 116, 209, 217, 276, 280, 282, 283, 297, 306
肝臓 ㊤ 132, 187 ㊦ 33, 127, 129-133, 140, 142, 145, 146, 149, 154-156, 158, 159, 165, 167, 169-171, 173, 174, 232
肝臓がん ㊦ 109
『カンディード』 ㊦ 309
旱魃 ㊤ 35 ㊦ 15, 19, 31
間氷期 ㊤ 170
寒冷化 ㊤ 77, 78, 83, 85, 98, 122, 123

キ

記憶 ㊤ 161, 186, 232, 234 ㊦ 219
飢餓（飢饉） ㊤ 30, 99, 197, 246, 263, 264 ㊦ 15, 27, 30-32, 36, 37, 47, 48, 50, 95, 137, 138, 144, 230, 276, 306
機械 ㊤ 48, 203, 265, 293 ㊦ 13, 38, 61-63, 65, 68-70, 73-75, 161, 212, 266, 270, 281
気管 ㊤ 239, 240
気管支喘息 ㊦ 217
気候変動 ㊤ 57, 76-79, 82, 83, 91, 119, 121, 137, 170 ㊦ 16, 19, 20, 31, 306
技術 ㊤ 135, 137, 145, 148, 204, 205, 222, 228, 247 ㊦ 32, 89
寄生虫 ㊦ 43, 45, 53, 93, 222
基礎代謝率（BMR） ㊤ 202, 203 ㊦ 37
喫煙 ㊤ 295 ㊦ 114-116, 169, 174, 182, 183, 188, 201, 228, 287, 289, 292, 296, 299
気道 ㊤ 242 ㊦ 217, 219, 223
木登り ㊤ 27, 54, 56, 63, 67, 72, 73, 88, 95, 97, 99, 110, 116, 140, 152, 154
規模の経済 ㊦ 40, 77

華奢型アウストラロピテクス ㊤ 93, 94, 96, 104, 106, 108, 156
キャリアー、デイヴィッド ㊤ 147
ギャロップ ㊤ 87, 88, 117, 147
球根 ㊤ 99, 100-103, 123
臼歯 ㊤ 35, 74, 79, 96, 99, 104, 105, 107, 119, 122, 127, 158, 196 ㊦ 209, 211
球状の頭部 ㊤ 107, 225, 232, 235
旧人類 ㊤ 46, 171, 176, 178, 186, 188, 189, 196-198, 203-205, 207, 212, 217, 219, 220, 222-226, 230-233, 235-238, 240, 243-245
旧世界 ㊤ 46, 125, 148, 167, 170 ㊦ 54
旧石器時代 ㊤ 27, 47, 187, 189, 216, 227-230, 237, 243, 244, 246, 248, 249, 251-253, 261-263, 265, 266, 268, 269, 272, 273, 276-278, 281, 283, 288, 291, 295, 296 ㊦ 27, 28, 41, 73, 82, 98, 99, 174, 264, 270, 298
牛乳 ㊤ 34 ㊦ 86, 91, 218, 302
旧ホモ属 ㊤ 175-178, 180-182, 191, 192, 195, 198, 201-203, 205, 211, 213, 240
「旧友」仮説 ㊦ 221, 222
教育 ㊤ 263 ㊦ 60, 62, 64, 115, 248, 291-293, 308
狂犬病 ㊦ 86
蟯虫 ㊦ 43
恐竜 ㊤ 76, 84
協力 ㊤ 38, 40, 46, 82, 124, 128, 129, 133, 134, 137, 160, 161, 188, 197, 204, 206, 216, 235-237, 244, 251, 253 ㊦ 24, 64, 278, 303
近縁種 ㊤ 125, 176, 179, 208, 212, 213
近業仮説 ㊦ 254
近視（近眼） ㊤ 15, 25, 43, 271-273, 284, 286, 287, 292, 294 ㊦ 110, 113, 233, 247-259, 273
筋肉 ㊤ 69-73, 80, 107, 111, 113, 115, 116, 149, 150, 152, 153, 156, 214, 250, 252-254, 270 ㊦ 63, 66, 127-131, 138, 141, 151, 152, 154-158, 160, 164, 169, 171, 194, 195, 197, 198, 210, 213, 217, 219, 223-225, 241-246, 252, 253, 258, 262, 263, 269, 307

ク

クーズー ㊤ 146
薬 ㊤ 268, 269, 273, 275, 276, 281 ㊦ 58, 84, 87, 148, 161, 162, 183, 186, 207, 215, 227, 232, 268, 275, 281, 285-287, 289, 303
唇 ㊤ 239
靴 ㊤ 296 ㊦ 231-243, 245, 246, 258, 269, 271, 273, 274, 307
グドール、ジェーン ㊤ 95
クマ ㊤ 170
クモ ㊤ 165
クラッパー、トーマス ㊦ 89
グリコーゲン ㊦ 127, 129-132, 158
グリーブス、メル ㊦ 177
グルカゴン ㊦ 130, 131, 160
グルコース（ブドウ糖）㊦ 128-130, 132, 140-144, 146, 147, 149, 150, 155-158, 161, 173, 174
グルコース輸送体 ㊦ 156-158
グルジア→ジョージア

くるみ割り人間　㊤96
グレリン　㊦95, 150
クローン病　㊤275, 286, 294　㊦114, 286
クロマニヨン人　㊤269
クロロホルム　㊦88

ケ
経済発展　㊦104, 105, 258, 279
形質　㊤31, 33, 154, 243, 245, 246, 250 ㊦249
芸術　㊤181, 227, 229, 230, 245, 251 ㊦48
系統　㊤45, 55, 57-62, 74-77, 84, 178, 213, 220
系統樹　㊤58-60
ケーキ　㊦127-130, 132, 142, 147, 293, 294
下水道　㊦44, 83, 84, 88-90
血液　㊤31, 149, 159, 187, 197, 274 ㊦53, 83, 125, 127, 129, 163, 167, 173
血縁　㊤204, 255
結核　㊤269, 275, 287 ㊦43, 45, 52, 112
血管　㊤282　㊦163, 164, 167-169, 224
月経　㊦178-180
血糖値　㊤41, 267, 293　㊦35, 54, 80, 114, 129, 143, 144, 155, 157
ゲノム　㊤33, 220, 267
下痢　㊤276 ㊦55, 58, 78, 84, 108, 219, 277
ケロッグ、ジョン・ハーヴェイ　㊦88
腱　㊦190, 197, 243
言語　㊤40, 46, 56, 84, 120, 161, 186, 232, 234, 237-239, 245　㊦24, 25, 196
健康　㊤14, 15, 17-19, 26, 27, 37-39, 41-44, 145, 166, 200, 215, 252, 263-265, 274, 276, 278, 280, 283-285, 293, 295　㊦24, 46, 48-50, 57, 60, 77, 78, 85, 87, 94, 96, 97, 102, 106, 107, 110-113, 138, 139, 147, 170, 172, 174, 186-188, 204, 205, 210, 216, 228, 235, 236, 245, 246, 268, 271, 272, 276, 281, 288, 292-297, 300, 301, 304
言語音　㊤238, 239
犬歯　㊤75, 107
原始人　㊤16, 163, 179, 214 ㊦213, 225
現生人類　㊤45, 46, 48, 96, 121, 126-128, 153, 154, 156, 158, 164, 172-174, 176, 178, 179, 181, 184, 185, 195, 196, 210, 212-214, 217, 218, 220-227, 230-240, 243-248, 250-255, 266, 269, 272 ㊦23
顕微鏡　㊦85, 254
腱膜瘤　㊤286
倹約遺伝子型（仮説）　㊦136-137

コ
コアマッスル　㊦262, 267
高BMI　㊦114, 140
高GI食品　㊦80
広域抗生物質　㊦152
交易　㊤227, 251, 285 ㊦20, 24, 40
高エネルギー食品　㊦102, 136, 138
甲殻類　㊤181, 229 ㊦26
高カロリー食品　㊦75, 141, 144, 150,

186
後期旧石器時代 ㊤ 228-230, 237, 243, 244, 246, 248, 249, 251-253 ㊦ 19
工業 ㊦ 66, 68, 70, 97, 111, 185
工業化 ㊦ 37, 58, 61, 70
工業生産 ㊦ 61, 145, 147
工業製品 ㊤ 270 ㊦ 74, 77, 80
咬筋 ㊤ 107
口腔 ㊤ 225, 241
工芸品 ㊦ 20
高血圧 ㊤ 286, 292 ㊦ 113, 114, 132, 167, 168, 174
高血糖症 ㊦ 132
抗原 ㊦ 218, 219
咬合 ㊤ 104, 286, 292
咬合力 ㊦ 210
高コレステロール ㊦ 114
抗酸化剤 ㊦ 173
高脂血症 ㊦ 132
公衆衛生 ㊤ 263, 278, 287 ㊦ 44, 46, 56, 58, 60, 64, 65, 107, 111, 276, 278, 280, 286, 289-292, 304
公衆衛生戦略 ㊦ 291
高出生体重児 ㊦ 139
工場 ㊦ 61- 64, 66, 68-70, 84, 96, 142, 221, 298
甲状腺腫 ㊦ 30
工場労働者 ㊤ 26 ㊦ 66, 68
項靭帯 ㊤ 153, 154
抗生物質 ㊤ 27, 247, 251, 275 ㊦ 33, 58, 78, 87, 152, 183, 209, 214-216, 221, 223, 226, 286
酵素 ㊦ 54, 79, 128, 152
抗体 ㊦ 46, 216, 218-220
鈎虫症 ㊦ 90
咬頭 ㊤ 74, 99, 135 ㊦ 211
喉頭 ㊤ 239-242
喉頭蓋 ㊤ 240, 242
高投資戦略 ㊤ 165
行動の現代性 ㊤ 227, 244
後頭葉 ㊤ 233
高比重リポタンパク質（HDL） ㊦ 132, 165
酵母菌 ㊤ 267
高齢者 ㊦ 46, 107, 108, 110-113, 175, 190, 200, 205, 248, 287
誤嚥 ㊤ 242
股関節屈筋 ㊦ 263
黒死病（ペスト） ㊤ 14, 30, 264, 282
穀物（穀類） ㊤ 27, 290 ㊦ 20, 22, 24, 29, 30, 32, 33, 77, 78, 206
国立衛生研究所（NIH） ㊦ 288, 290
心の理論 ㊤ 161, 235
小作農 ㊦ 27, 31
コスト ㊤ 26, 35, 80, 81, 111, 113, 116, 140, 150, 151, 159, 160, 182, 186, 187, 190, 191, 197, 210, 211 ㊦ 70, 74, 78, 79, 126, 190, 224, 280, 288, 298, 303
骨角器 ㊤ 181, 227, 228, 249
骨芽細胞 ㊦ 202-204, 207
骨幹 ㊤ 70, 141
骨形成 ㊦ 203
骨折 ㊤ 14, 108, 141 ㊦ 190, 194-196, 198, 200, 201, 204, 207, 223, 227
骨粗鬆症 ㊤ 15, 25, 43, 286, 295 ㊦ 60, 110, 113, 190, 196, 197, 200-208, 210, 224, 225, 227, 285, 308
骨盤 ㊤ 68-71, 85, 115, 187 ㊦ 263

言葉 ㊤67, 206, 234
こども期 ㊤192-194, 196, 197, 200
小人症 ㊤208, 210, 211
コミュニケーション ㊤128, 161, 162, 238, 251, 253 ㊦278
コムギ ㊦21, 29, 30, 32
小麦粉 ㊤284 ㊦79, 127, 128
コメ ㊦22, 30, 32, 147
コモドドラゴン ㊤208
娯楽 ㊦62, 64, 93, 125
ゴリラ ㊤58-61, 65, 73, 74, 95, 108, 116, 151, 182, 194, 210
コルチゾール ㊦94, 95, 131, 149-151, 160
ゴールドウィン、サミュエル ㊦247
コレステロール ㊦81, 114, 133, 164, 165, 167, 170, 172, 174, 175
コレラ ㊦48, 84, 86, 89, 110
根茎 ㊤100-102, 122, 123, 130, 135 ㊦30
コンタクトレンズ ㊦255
コンドーム ㊦87
コンドルセ侯爵 ㊦284, 289
コンピューター ㊤231, 246, 251 ㊦62, 69, 71, 247, 268
コンフォートシューズ ㊦244
棍棒 ㊤56, 145, 146

サ

細菌 ㊤275, 289 ㊦33, 43, 86, 87, 152, 183, 216, 218, 220, 221, 226, 246, 272
最終共通祖先（LCA） ㊤58-62, 65, 78, 80, 85, 86, 176, 269
採集民 ㊤99, 102, 169, 217, 255
栽培 ㊦15-18, 21, 22, 26, 30, 32, 35, 49, 53, 73-77, 145, 296, 303
細胞 ㊤33, 35, 40, 41, 43, 272, 274, 275 ㊦46, 94, 110, 124, 127-131, 138-143, 146, 154-158, 160, 164, 165, 176-179, 181, 183, 184, 198, 201-204, 206, 211, 215, 216, 218-221, 307
魚 ㊤39, 42, 132, 181, 229, 244, 255 ㊦76, 147, 172
座業 ㊦38, 141, 266, 273
酒 ㊤285, 292 ㊦93, 113, 114, 169, 188, 287, 296, 298, 302
殺菌 ㊦65, 84, 86, 90, 214, 215, 220, 302
砂糖 ㊤27, 284 ㊦69, 75, 127, 128, 130, 146, 153, 154, 158, 232
砂漠 ㊤44, 250, 252, 254
サハラ砂漠 ㊤64, 171
サバンナ ㊤31, 98, 100, 151, 171, 277
サービス（業） ㊦63, 64, 70, 71, 84, 125
サヘラントロプス ㊤63-65, 71, 72, 93, 119
サヘラントロプス・チャデンシス ㊤63, 64, 93
サーベルタイガー ㊤88, 117
サーリンズ、マーシャル ㊤215, 216
サル ㊤21-23, 26, 42, 44, 53, 54, 61, 79, 100, 135, 182, 192, 193, 200, 208, 214, 236 ㊦43, 212, 254
サルファ剤 ㊦87
サルモネラ菌 ㊦44
産業化 ㊤17, 263, 287 ㊦56, 57,

60, 62, 63, 69, 70, 73, 80, 82, 84, 87, 88, 90-92, 95, 97, 104, 106, 110, 114, 116, 141, 147, 160, 175, 276
産業革命 ㊤48, 273, 296 ㊦41, 57, 58, 60-65, 67, 71, 72, 74, 78, 82, 84, 87, 90, 91, 93, 97, 98, 102-104, 107, 114, 117, 209
産褥熱 ㊦90
酸素 ㊦53, 164, 191, 223, 245
サン族 ㊤44, 148, 254 ㊦36
サンド、ジョルジュ ㊦37
三半規管 ㊤153, 154

シ
ジェンナー、エドワード ㊦85
塩 ㊤280 ㊦74, 91, 173, 174, 307
シカ ㊤181
視覚刺激 ㊦249, 253, 254, 258, 259
子宮 ㊦138, 178 179, 182, 195, 216
子宮がん ㊦178, 182
持久狩猟 ㊤147, 148, 201
持久走 ㊤145-147, 149, 150
持久力 ㊤116, 200, 283
刺激 ㊤234, 263, 280, 290 ㊦42, 64, 91-94, 117, 121, 131, 150, 151, 155, 169, 170, 181, 185, 191, 194-197, 200, 206, 207, 220, 256, 270, 279
資源 ㊤145, 160, 161, 163, 165, 188, 204, 211, 236, 244 ㊦26, 104, 177, 287, 288
思考 ㊤42, 182, 186, 232, 234, 245, 251
歯垢 ㊦33
自己修復能力 ㊦199
自己免疫疾患 ㊤275 ㊦216, 217, 222, 223
歯根 ㊤104
自然選択 ㊤19, 28-32, 34-37, 44, 47-49, 75, 76, 79, 84-88, 99, 103, 104, 116-119, 124, 134, 142, 144, 146, 155, 158, 159, 164, 172, 180, 197, 201, 204, 206, 209-212, 242, 245, 247-250, 266-271, 273, 276, 277, 279, 281 ㊦51-56, 96, 135, 136, 167, 177, 179, 190, 194-197, 200, 207, 224, 226, 252, 255-257, 264, 265, 270, 277, 282-284, 297, 305, 306
四足動物 ㊤70, 87, 117, 141, 142, 147, 152
四足歩行 ㊤54, 67, 73, 80
舌 ㊤239-242
四体液 ㊦83
『失楽園』 ㊦13, 14
自転車 ㊦71
自動車 ㊤21, 23, 27, 265, 273, 296 ㊦62, 71, 74, 141, 149, 161, 186, 189, 190, 199, 230, 277
児童労働 ㊦39, 64, 66
シナントロプス・ペキネンシス（北京原人） ㊤125
ジフテリア ㊦45, 86
自閉症 ㊤283 ㊦217, 286
シベリア ㊤176, 229, 252
脂肪 ㊤35, 37, 38, 40, 43, 101, 132, 156, 198-202, 205, 206, 276, 280 ㊦30, 33, 74, 78, 80, 81, 121-124, 126-136, 140-142, 144-147, 150-152, 154, 155, 158, 161, 164, 165, 169-174, 181, 185-188, 277, 279, 281, 293, 302, 307

脂肪肝　㊤286 ㊦158
脂肪細胞　㊤199, 200 ㊦127-129, 131, 139, 140, 142, 146, 149-151, 156-158, 160, 161, 181, 284
脂肪酸　㊤199 ㊦126, 140, 170, 171
脂肪滴　㊦127
死亡率　㊦24, 31, 40, 58, 84, 97, 102-107, 110, 111, 114, 115, 279, 285
資本主義　㊤263 ㊦58, 60, 63, 186
島　㊤129, 161, 162, 172, 207-211
シマ・デ・ロス・ウエソス（骨の採掘坑）㊤174
シマウマ　㊤146, 147, 277, 278
ジムシ　㊤102
社会行動　㊤206
ジャガイモ　㊤100, 205 ㊦22, 30-32
ジャガイモ飢饉　㊦31
若年期　㊤191-194, 196, 237
瀉血　㊦83
ジャッカル　㊤145
ジャンクフード　㊤27, 98, 295 ㊦147, 173, 282, 300, 302
銃　㊤148
収穫　㊦18, 20, 26-28, 30-32, 36, 37, 75, 77, 91, 268
住居　㊦44, 85, 214
宗教　㊤218, 255
住血吸虫症　㊦45
集中家畜飼養施設　㊦77, 78
柔毛　㊤28, 54, 149, 245
集落　㊦21, 27, 40, 42-44, 278, 297
重力の法則　㊤83
樹上生活　㊤55, 119
主食　㊦29-32, 55
酒石酸　㊦65
出産　㊤134, 164-166, 187, 267 ㊦65, 112, 135, 178, 180
出生率　㊦40, 103-106
出生力　㊦103, 104
『種の起源』 ㊤29, 179
寿命　㊤15, 167, 264, 278, 282 ㊦96, 98, 104, 113, 116, 185, 201, 206, 227, 284, 303, 304
腫瘍　㊤274, 275 ㊦111, 177
狩猟　㊤23, 45, 48, 129, 132, 133, 137, 146-148, 154, 158, 161, 177, 189, 194, 204, 217, 228, 236, 251, 254, 255
狩猟犬　㊤148
狩猟採集　㊤23, 26, 31, 42, 44-46, 81, 100, 103, 109, 121, 124, 128-138, 141, 144-146, 154-156, 158-164, 166-172, 176, 180, 182, 186, 189, 193, 194, 200, 203, 204, 206, 208, 214-217, 222, 227, 228, 235, 237, 244, 246, 248, 252-256, 262, 264, 265, 273, 276, 283-285, 289, 295 ㊦15-34, 36-40, 42-45, 47, 48, 55, 56, 71, 72, 74, 75, 77, 80-83, 90, 92, 93, 97, 111-113, 134, 136, 137, 160, 168, 171-175, 180, 205, 206, 210, 216, 248, 260, 264, 266, 276, 278, 301, 306
循環器系　㊦163, 174
消化　㊦24, 32, 33, 53, 54, 56, 79, 80, 124-126, 129, 141, 143-146, 152, 156, 158, 170, 174, 196, 215, 218
障害調整生命年（DALY）㊦109

消化管　㊤159 ㊦215
消化器（系）　㊦35, 54, 55, 78-80, 127, 132, 133, 147
上顎門歯　㊤99
蒸気機関　㊦63
踵骨　㊤68, 114, 151, 226
ショウジョウバエ　㊤39, 267
小腸　㊦127
象徴　㊤22, 181, 227, 229, 234, 251
小臀筋　㊤69
消毒　㊦90, 214-216
小脳　㊤233
情報　㊤160, 188, 217, 231, 234, 236, 238, 246 ㊦62. 64, 143, 237
情報革命　㊤238
静脈　㊦163
照明　㊦93, 231
小粒子 LDL　㊦165-167
食道　㊤242
植物　㊤23, 27, 74, 78, 96, 100-102, 124, 129-131, 133, 135, 136, 155, 162, 189, 203, 208, 214, 229, 256, 289 ㊦15-19, 21, 22, 29-33, 36, 62, 75, 127, 152, 193
食物繊維　㊤101, 103, 131, 136, 279　㊦32, 35, 36, 78, 79, 81, 88, 132, 142-145, 147, 159, 160, 173, 174, 278, 307
食欲　㊦95, 148, 150, 151
食欲抑制ホルモン　㊦144
食料（食品）加工　㊤102, 129, 135-138, 155, 157, 158, 160, 189, 203, 205, 229, 251, 270　㊦25, 37, 39, 78, 79, 132, 210, 213
食料危機（不足）　㊤121, 209, 276, 294 ㊦30, 32, 50, 82, 132
食料分配　㊤133, 134, 138
ジョージア（旧グルジア）　㊤125, 126, 167, 169
初潮　㊤194
シラミ　㊦43, 45, 86
シロアリ　㊤102, 118, 155
進化　㊤14, 16-19, 22, 23, 26-29, 31, 32, 34-50, 55, 56, 58, 59, 61, 62, 65, 74-77, 81-83, 85, 86, 88, 91, 92, 97, 99, 102, 105, 110, 115, 116, 119-122, 124, 125, 127, 128, 138, 142-144, 148, 149, 151, 153, 155-161, 163-167, 171-174, 176, 178, 181, 182, 184, 188-190, 195, 196, 198, 201, 205, 206, 208, 211-213, 217-219, 221, 222, 234, 237, 243, 245-253, 256, 261, 265-268, 270-285, 287-296　㊦15, 22, 32, 35, 44, 46, 51-55, 60, 64, 65, 94, 111, 112, 117, 123, 132, 135, 138, 146, 147, 151, 153, 177, 180, 183, 184, 190, 192-194, 196, 197, 200, 209, 213, 226, 231, 246, 255, 256, 264, 266, 271, 272, 274, 275, 277, 278, 280, 281, 283, 289, 291, 293, 297, 298, 301, 303, 305-308
進化医学　㊤43, 274, 275, 277
進化生物学　㊤43, 266, 267, 273-275, 291 ㊦15, 61, 236
進化的ミスマッチ　㊤43, 279, 281-285, 287, 289, 290　㊦25, 40, 112, 175, 179, 184, 196, 209, 233, 243, 257, 259, 265, 266, 271, 280
神経細胞　㊤185, 236
人口　㊤24, 30, 169, 229, 264, 281 ㊦17, 24, 31, 40-42, 47, 60, 62, 83,

84, 94, 97, 104-106, 111-113, 185, 288
人工遺物 ㊤ 226, 230
人口成長 ㊤ 169 ㊦ 23-25, 40, 41, 97, 104, 106, 109, 111
人口転換 ㊦ 104, 105
人口密度 ㊤ 168, 169, 227, 244, 287 ㊦ 15, 17, 21, 40, 42, 43, 53, 107, 278, 306
新生児 ㊤ 185, 187, 194, 197 ㊦ 134
新世界 ㊤ 222 ㊦ 19, 22, 54
新石器時代（新石器文化） ㊤ 39 ㊦ 21, 22, 25, 27-29, 33, 34, 36, 41-43, 45, 49, 50, 54, 98
心臓 ㊤ 132, 187, 282 ㊦ 163, 164, 167- 169, 171, 174, 262, 275, 305
心臓発作 ㊤ 16, 273, 292 ㊦ 108, 163, 164, 167-169, 175
心臓病（心臓疾患） ㊤ 15, 25, 264, 273, 279, 282, 284, 287, 288, 292, 296 ㊦ 35, 60, 108-110, 113, 124, 133, 138, 155, 163, 168, 170-176, 184, 185, 207, 277, 279, 285-288, 302
腎臓 ㊤ 270 ㊦ 129, 131, 133, 138, 140, 149, 184
腎臓病 ㊤ 15, 292 ㊦ 108, 138
身体活動レベル（PAL） ㊦ 37, 38, 72, 97, 267, 289
靭帯 ㊤ 71, 150 ㊦ 190, 197, 242, 267
身長 ㊤ 14, 30, 34, 94, 126, 172, 209, 267 ㊦ 48-50, 59, 96, 98-100, 102, 133, 139, 201, 265
新陳代謝 ㊦ 35
進歩 ㊤ 17, 24, 178, 205, 261, 265, 278, 296 ㊦ 15, 46, 47, 49, 58, 60, 65, 69, 82, 84, 85, 87, 90, 91, 96, 102, 103, 106, 107, 110, 112-114, 185, 215, 226, 276-279, 285, 306, 307

ス

スイギュウ ㊦ 45
水銀 ㊦ 83
水晶体 ㊦ 250-252
膵臓 ㊤ 41, 293 ㊦ 80, 129, 130, 132, 138, 144, 146, 150, 154-156, 159, 161
膵臓がん ㊤ 283
睡眠 ㊤ 42, 271 ㊦ 62, 92-96, 112, 148-151, 184, 223, 296
頭蓋骨 ㊤ 64, 65, 71, 106, 107, 127, 153, 174, 180, 184, 209, 210, 224
頭蓋底 ㊤ 235
鋤 ㊦ 29, 35, 55, 266
スクロース（ショ糖） ㊦ 128, 130, 158
スケーリング則 ㊤ 210
スズメ ㊦ 44
《スター・トレック》 ㊦ 73
ステゴドン ㊤ 209
ストウチャン、デイヴィッド ㊦ 217
ストレス ㊤ 38, 78, 79, 216, 271, 281 ㊦ 15, 17, 48-50, 93-95, 148-151, 169, 174, 177, 192, 225
『スーパーサイズ・ミー』 ㊤ 201
スーパーマーケット ㊦ 28, 78
スピード ㊤ 53, 55, 81, 87, 144, 145, 147, 150, 154, 166, 185, 190,

191
スポーツ　㊤283 ㊦62, 265, 300

セ

生活史　㊤192, 193, 195, 196, 282
制御　㊤159, 235, 239, 267, 285
性行為　㊤81
成熟　㊤59, 67, 164-166, 190, 191, 194-196, 237, 271, 282 ㊦65, 180, 185, 205, 207, 216, 278
聖書　㊦14, 85, 255
生殖器がん　㊦153, 179-183
生殖ホルモン　㊦178-182
成人発症型糖尿病　㊦154
精製　㊦32, 35
精巣　㊤191
製造　㊦37, 56, 61, 63, 70, 71, 74, 84, 88, 90, 91
製造業（者）　㊦70, 72, 78, 86, 91, 186, 294, 299
生存闘争　㊤56, 102, 122, 162, 207
生態系　㊤100, 108, 121, 275 ㊦25, 26, 31
正中線　㊤114, 153
成長　㊦26, 31, 48-50, 54, 60, 71, 75, 87, 88, 91, 94, 95, 97, 98, 124, 127, 138-140, 167, 169, 191-199, 202, 206, 210-213, 216, 217, 224-226, 236, 246, 250, 254, 257, 259
成長ホルモン　㊦94
声道　㊤239-242
青年期　㊤191, 193, 194, 196, 237
成年期　㊤192
生物学的進化　㊤17, 47, 50, 246, 252, 265, 266, 292
生物工学　㊦285
精密把持　㊤155, 156
世界人口　㊦40, 41, 106
脊髄　㊤159
石炭　㊦63
脊椎　㊤70, 71, 87 ㊦201-203, 233, 264, 265, 267
石油　㊦63
赤痢　㊤14
石核　㊤177, 228
石器　㊤37, 81, 118, 127, 132, 136, 137, 155, 156, 176, 177, 181, 204, 214, 226-228, 247, 248 ㊦21
石器時代 ㊤26, 176, 214-217, 263, 264, 266 ㊦122, 136, 137, 210, 225
『石器時代の経済学』 ㊤215
赤血球　㊦53
石鹸　㊦83, 84, 90, 96, 214, 220, 272
絶滅　㊤118, 171, 178, 195, 207, 213, 221-223, 230, 244, 252
セルカーク、アレキサンダー　㊤161
セレンゲティ　㊤31, 163
繊維　㊤74, 75, 78, 90, 105, 135, 279 ㊦79, 80, 250, 252
線維　㊦224, 262
先進国　㊤14, 24, 264, 265, 283, 287 ㊦46, 60, 68, 70, 72, 94, 109, 112, 114, 139, 154, 180, 181, 185, 192, 201, 205, 217, 221, 235, 247, 265, 267, 280, 304, 306
鮮新世　㊤77, 98
戦争　㊦31, 46, 48, 97, 306
喘息　㊤25, 286 ㊦113, 217, 219, 222
浅速呼吸　㊤147, 148

選択圧 ㊤81, 98, 110, 266
善玉コレステロール ㊦133, 165, 170
蠕虫 ㊦215-219, 221, 222, 226, 286
尖頭器 ㊤177, 181, 227
前頭前皮質 ㊤233-236
前頭葉 ㊤225, 233, 234
先土器新石器文化A（PPNA） ㊦21
センメルヴェイス、イグナーツ ㊦90
前立腺 ㊦181, 182
前立腺がん ㊦114, 178, 182

ソ
ゾウ ㊤165, 194, 208, 209
総エネルギー消費量（TEE） ㊤203, 253
掻器 ㊤181
双曲割引 ㊦229
走行 ㊤42, 88, 112, 139, 147, 148, 150-154, 200 ㊦68, 238, 239
双生児 ㊦222
創造論（者） ㊤29 ㊦15
疎開林 ㊤78, 98-100, 109
足底筋膜炎 ㊤15, 286
側頭筋 ㊤107
側頭葉 ㊤232-236
咀嚼 ㊤74, 79, 96, 102-107, 124, 158 ㊦210-213
ソフトウェア革命 ㊤218
ソフト・パターナリズム ㊦298, 299, 302
祖母 ㊤133, 134
ソール ㊦235, 242, 244, 246
ソロー、ヘンリー・デイヴィッド ㊤261-263
村落 ㊦18, 20, 25, 40, 42, 44

タ
ダイアモンド、ジャレド ㊦15
体育 ㊦226, 298, 300
体温 ㊤48, 117, 141-143, 147-149, 187, 200, 205, 268 ㊦65, 71, 79, 126, 196
体格指数 ㊦100
代謝 ㊤159, 202, 253, 268, 269 ㊦94, 125, 126, 130, 134, 138, 140, 151, 152, 187, 195
代謝（病）性疾患 ㊤271 ㊦113, 135, 140, 153
体重 ㊦30, 31, 78, 100, 102, 122, 123, 125, 126, 131, 133-135, 137, 139, 143, 147-149, 151-153, 159, 181, 182, 187, 188, 198, 203, 205, 237, 238, 242, 262, 265
対症療法 ㊤49
耐性 ㊦55, 183, 218
大腿骨 ㊤70, 114, 125
代替食 ㊤78, 79, 82, 98-102, 104, 108, 109, 119
大臀筋 ㊤139, 152, 154
大脳新皮質 ㊤185, 186, 189, 232, 236
タイプ（タイピング） ㊦69, 71
大粒子LDL ㊦165, 166, 172
大量消費 ㊤261, 263
ダーウィン、エラズマス ㊦64
ダーウィン、チャールズ ㊤17, 29, 34, 55, 57, 58, 84-86, 102, 117, 125, 273, 275 ㊦64, 275, 297, 305
タサダイ族 ㊤214-216

『ターザン』 ㊤54, 123
ダニ ㊦44, 45
タバコ ㊤25, 270, 281, 285 ㊦113, 175, 228, 232, 287, 289, 298, 299, 301, 302
多発性硬化症 ㊦222
卵 ㊦45, 76, 121, 127
多様性 ㊤44, 94, 212, 255
タロイモ ㊦22, 30
タンザニア ㊤93, 97, 115, 125, 136, 163, 185, 253
炭酸飲料 ㊤43, 295 ㊦76, 142, 145-147, 159, 231, 296, 298, 301, 302
単純ヘルペス ㊦43
炭水化物 ㊤100, 199, 200 ㊦33, 54, 80, 81, 95, 124, 126-128, 130, 131, 142, 143, 147, 152, 172, 173, 184, 250
弾性エネルギー ㊤150
炭疽 ㊦86
炭疽菌 ㊦87
胆嚢 ㊦133, 184
ダンバー、ロビン ㊤189
タンパク質 ㊤101, 132, 199 ㊦33, 36, 53, 55, 79-81, 126, 132, 133, 144, 147, 152, 156, 165, 206, 207, 236, 278

チ

地域主導の健康改善プログラム ㊦288
地下貯蔵器官 ㊤100, 101, 103, 108, 117, 130
地下鉄 ㊦71, 89
遅筋線維 ㊤154 ㊦262, 267
智歯 ㊤180, 286 ㊦209
チーズ ㊦29, 37, 56, 73, 121
チーター ㊤117
地中海 ㊤168, 171, 178
乳房 ㊦178, 179 182
チフス ㊦27, 44, 46, 52, 86
チャップリン、チャーリー ㊦66
注意欠陥・多動性障害（ADHD） ㊤283, 286
中期旧石器時代 ㊤227-229, 244, 249
中新世 ㊤77
虫垂炎 ㊤14
中東 ㊤168, 171, 221, 222, 247, 255, 268 ㊦22, 23, 42, 49, 104
チューリップ ㊤99
腸 ㊤158-160, 203 ㊦33, 128, 140, 143, 165, 223, 305
長距離走（者） ㊤88, 144-148, 152, 154, 203
長距離歩行 ㊤91, 110, 119, 138, 140, 141, 143, 144, 148, 200, 203
腸骨 ㊤69
長時間労働 ㊦68, 298
長寿 ㊦115
腸内細菌 ㊦148
調理 ㊤27, 37, 40, 102, 103, 120, 130, 157, 177, 178, 181, 194, 197, 205, 227, 248, 251, 265 ㊦37, 62, 74, 212, 213
直立 ㊤37, 46, 53, 56, 57, 61, 66-73, 76, 79, 80, 84-86, 88, 94, 97, 113, 117, 122, 142, 251
直立猿人 ㊤125
貯蔵 ㊦22, 26, 31-33, 36, 37, 74, 77, 91, 96, 124, 126, 127, 129-132,

136, 147
チンパンジー　㊤ 53-55, 58-61, 65-69, 71-82, 84, 85, 88, 90, 91, 94, 95, 100-102, 104-106, 108, 109, 111, 113, 115-119, 132, 133, 135, 136, 149, 151, 155, 156, 158, 165, 166, 182, 184-186, 188, 191-193, 195, 196, 203, 209, 210, 212, 220, 239-242, 245 ㊦ 145

ツ
椎間板　㊦ 264, 267,
槌状趾（ハンマートウ）　㊤ 286 ㊦ 245
椎体　㊦ 203
痛風　㊦ 82, 108, 113, 184, 279
ツチ族　㊤ 142
ツンドラ　㊤ 44, 170, 250

テ
手　㊤ 56, 65, 66, 73, 84-86, 95, 117, 118, 127, 142, 155-157
ディアスポラ（離散）　㊤ 221
デイヴィス、アイリーン　㊦ 241
ティエラ・デル・フエゴ　㊤ 252
低出生体重児　㊦ 59, 102, 137-139
ディスエボリューション　㊤ 261, 288, 291-296 ㊦ 56, 117, 153, 162, 164, 182, 184, 188, 191, 196, 208, 217, 222, 224, 231, 233, 258, 259, 271, 273, 280, 287, 304, 308
低比重リポタンパク質（LDL）　㊦ 133, 165, 167, 170-172, 174
適応　㊤ 16 17, 19, 21-23, 26-28, 31-40, 42-46, 49, 50, 55-57, 62, 63, 66-72, 74-76, 79, 81, 82, 85, 87, 91, 92, 96, 99, 102, 105, 110, 111, 114-116, 124, 127, 135, 138-144, 148-154, 164, 180, 190, 198, 201, 213, 217, 225, 246-249, 251, 255, 256, 265, 268, 275-285, 290, 293, 294 ㊦ 15, 27, 35, 53-55, 80, 94, 98, 123, 125, 131, 138, 140, 147, 149, 151-153, 181, 188, 190-193, 195, 199, 200, 211, 217, 224, 232, 240, 246, 264, 265, 270, 271, 277, 278, 282, 283, 294, 297, 299, 306, 307
適応的　㊤ 31-35, 43, 235, 245, 276, 282 ㊦ 94, 153, 198, 221, 224, 225, 294
適者生存　㊦ 275, 305, 306, 309
テクノロジー　㊤ 24, 247-249, 255, 262, 263, 267, 281　㊦ 47, 58, 60, 62, 69, 77, 82, 97, 107, 245, 255, 270, 271, 276, 277, 281, 303, 307
デスクワーク　㊦ 69, 70
テストステロン　㊦ 181, 204
鉄　㊦ 63
鉄道　㊦ 91
鉄分　㊦ 30, 50, 53
テナガザル　㊤ 61
デニソワ人　㊤ 176, 178, 212, 221, 246, 252
手の解放　㊤ 56, 84-86, 117
デミル、セシル・B　㊤ 168
デュボワ、ウジェーヌ　㊤ 125
テレビ　㊦ 93, 230, 270, 292
電気　㊦ 57, 63
デング熱　㊦ 45
伝染病　㊤ 25, 216 ㊦ 27, 43, 85 109, 276
天然痘　㊤ 14, 264, 287, 288 ㊦ 27,

43, 46, 85, 276
澱粉（質） ㊤27, 101, 268, 289, 290 ㊦ 22, 30, 32, 33, 35, 36, 74, 78-80, 127, 128, 137, 144, 147, 161, 185, 293, 307
電話 ㊤23, 238 ㊦71, 270

ト
ドイツ ㊦61, 87
トイレ ㊦83, 89, 90, 272
糖 ㊤40, 289, 290 ㊦33, 35, 53, 74-76, 80, 94, 126-128, 130, 132, 142-147, 152-154, 158, 161, 164, 185, 191, 296, 301, 307
道具 ㊤56, 67, 81, 84, 86, 88, 120, 124, 128, 136, 138, 154-158, 162, 177, 181, 188, 209, 227, 228, 230, 234, 236, 245, 251, 254 ㊦68, 278
瞳孔 ㊦250, 251
糖質 ㊤43, 289 ㊦35, 173, 296
島嶼矮化 ㊤210
投槍器 ㊤228
頭頂葉 ㊤233- 236
投擲 ㊤132, 145, 156, 157, 177, 204, 247
糖尿病 ㊤15, 18, 41, 43, 293 ㊦35, 109, 135, 136, 154-156, 158, 159, 162, 279, 286, 302, 308
動物 ㊤13, 22, 26, 64, 66, 67, 74, 98, 103, 108, 122, 132, 134, 136, 137, 141, 145-147, 153, 155, 156, 177, 181, 182, 187, 189, 198, 199, 203, 208, 210, 226, 229, 236, 239, 241, 247, 255, 256 ㊦15, 18-20, 22, 23, 26, 30, 36, 44-46, 54, 62, 63, 77, 78, 86, 107, 131, 138, 145, 152, 171, 172, 185, 193, 206, 211-213, 222, 236, 249, 254
糖分 ㊤197, 199, 279, 280, 294 ㊦76, 78, 79, 142, 143, 278, 279, 301-303
トゥーマイ ㊤63, 64, 71, 74, 79, 110
トウモロコシ ㊦18, 22, 30, 32, 49, 55, 75, 78. 171, 172, 296, 302, 303
動力 ㊦61, 63, 66
道路 ㊦64
トカゲ ㊤208
読書 ㊦231, 233, 247, 249, 257-259, 271, 273
トコジラミ ㊦44, 93
都市 ㊤22, 23, 169, 251, 263 ㊦44, 48, 62, 64, 83, 84, 88, 89, 96, 106, 248, 265, 270, 274, 277, 282, 303
突然変異 ㊤246, 268, 269, 272, 274, 275, 282 ㊦46, 52-54, 110, 176-179, 183, 270
トナカイ ㊤170
ドブジャンスキー、テオドシウス ㊤42, 49
トマト ㊦22
ドマニシ遺跡 ㊤126, 167, 172
トラクター ㊦38, 55, 75
ド・ラ・ロック、マルグリット ㊤162
トランス脂肪 ㊦171
トランスポーター ㊦156
鳥 ㊤53, 57, 100, 141, 229, 244 ㊦26, 36
トリグリセリド ㊦126, 131, 142,

146, 158, 159, 164-166, 169-173
トルストイ、レフ ㊤18
奴隷制 ㊦48, 75, 306
トレードオフ ㊤105, 212, 282, 294 ㊦35, 74, 110-114, 116, 140, 185, 195, 230, 277, 278
トロット ㊤147
トンプソン、ウォーレン ㊦104

ナ

内耳 ㊤153
内臓脂肪 ㊦128, 132, 133, 140, 149, 150, 153, 154, 158-160, 162, 173, 187
ナイル川 ㊤169, 171
ナチュラリスト ㊤161, 189
ナックル歩行 ㊤61, 80, 81, 83, 85
なで肩 ㊤139, 153, 157
ナトゥーフ期 ㊦20, 21 42
ナポレオン1世 ㊦91
ナリオコトメ・ボーイ ㊤196
南極 ㊤123, 222, 252
軟口蓋 ㊤240, 242

ニ

肉 ㊤26, 37, 54, 102, 120, 124, 129, 132-138, 145, 146, 154, 156-158, 160, 162, 177, 197, 203, 204 ㊦29, 30, 37, 77-79, 171-173, 175, 185, 213, 229, 230, 307
肉食 ㊤132, 138
肉食動物 ㊤117, 132, 137, 141, 145, 146
肉体労働 ㊦29, 37-39
ニシュタマリゼーション ㊦55
尼僧病 ㊦175, 178
二足動物 ㊤44, 46, 76, 102, 117, 141, 256
二足歩行 ㊤53, 55-57, 62, 63, 66, 67, 69-76, 79-89, 97, 110, 115, 117, 119, 122, 142, 144, 245
日本 ㊦50, 61, 96, 103, 180
乳がん ㊤18, 282 ㊦109, 113, 178, 181-183, 185, 279
乳児期 ㊤191, 196
乳汁 ㊤247 ㊦24, 53, 54, 135, 256
乳製品 ㊤27, 268 ㊦29, 76
乳糖（ラクトース） ㊤247 ㊦53, 54, 128
乳幼児死亡率 ㊤264, 278 ㊦24, 40, 102-104
ニューロン ㊤185, 186
ニール、ジェームズ ㊦136
ニワトリ ㊦18, 23
妊娠 ㊤87, 131, 132, 186, 193, 200, 212 ㊦135, 138, 179, 180, 264, 283
妊娠糖尿病 ㊦154
認知 ㊤84, 161, 182, 186, 189, 191, 206, 212, 232, 235, 237, 238, 245, 254 ㊦191, 237, 250, 254
認知症 ㊤15 ㊦55, 108, 155, 191
妊孕力 ㊦103

ヌ

ヌー ㊤146, 147
糠 ㊦32

ネ

ネアンデルタール人（ホモ・ネアンデルターレンシス） ㊤16, 39, 126, 178-181, 184, 186, 195, 196,

201, 212, 220-227, 230-232, 238, 243-246, 249, 252, 273
ネイティブアメリカン ㊤148, 255 ㊦55, 136
ネズミ ㊤165, 166, 205, 208, 268 ㊦36, 43, 44, 46, 86
熱帯 ㊤99, 100, 132, 141, 207, 212, 249, 255
熱帯雨林 ㊤44, 58, 78, 79, 81, 83, 99, 110, 129, 130, 250
捻挫 ㊤88, 115, 151
燃焼 ㊦124, 126, 127, 129-131, 151, 165

ノ

脳 ㊤14, 28, 32, 40, 46, 56, 65, 67, 84, 85. 93, 95, 118, 120, 122, 124, 126-128, 132, 158-164, 166, 167, 172-176, 179-191, 193-200, 202, 203, 206, 209-214, 217, 225-227, 231-237, 239, 240, 245, 250, 254, 256, 270 ㊦94, 95, 125, 126, 129, 132, 134, 148-150, 163, 164, 167, 191, 195, 196, 237, 250, 254, 256, 257, 277, 305, 307
脳炎 ㊦44, 45
脳化指数（EQ） ㊤184
脳幹 ㊤233
農業 ㊤17, 23, 45, 48, 215, 246, 251, 256, 263, 264, 267, 268, 278 284, 287, 289, 290, 293, 296 ㊦13, 15-19, 21-27, 31- 37, 39, 40, 42- 56, 60, 68, 72, 74, 82, 84, 97, 100, 111, 136, 137, 175, 185, 201, 268, 276, 277, 304
農業革命 ㊤48, 256, 264, 267 ㊦40, 47, 48, 50, 54, 60, 74, 82, 96, 107, 114, 116, 117, 276
農耕 ㊤262 ㊦53, 74
農耕牧畜民 ㊤42, 44, 216, 264 ㊦15, 17, 18, 73, 80, 91, 136, 209, 217, 276
農耕民 ㊤23, 39, 217
農場 ㊦18, 62, 63, 77
脳震盪 ㊤187
脳卒中 ㊤15, 25, 292 ㊦163, 164, 167, 169, 175
農村 ㊦40, 57
農民 ㊤26, 268, 285 ㊦13, 14, 16, 18, 21, 24-40, 42-45, 47, 49, 50, 53-55, 58, 62, 72, 74, 75, 77, 92, 97, 175, 248, 260, 265, 266, 268
ノミ ㊦44, 45, 86, 93

ハ

歯 ㊤35, 37, 64, 65, 74, 79, 91, 94, 96, 99, 100, 102-107, 123, 127, 128, 135, 158, 167, 195, 196, 203, 226, 248, 271, 280, 284, 289, 290 ㊦33, 34, 50, 59, 83, 208-214
肺 ㊤143, 187 ㊦46, 163, 217, 219, 292
ハイエナ ㊤117, 137, 145 ㊦94
肺炎 ㊤269 ㊦46, 108, 277
肺がん ㊤281 ㊦287, 298
梅毒 ㊦43, 50
排便 ㊦44, 62
廃用性の病 ㊦188, 189, 192, 223-226, 308
ハイラックス ㊦211
バーカー、デイヴィッド ㊦137
吐き気 ㊤276, 293

バクテリア（細菌） ㊤ 164, 252, 267 ㊦ 85, 86
剝片石器 ㊤ 156, 177, 228
白米 ㊦ 32, 79, 296
ハゲワシ ㊤ 145, 146
破骨細胞 ㊦ 202-204, 206, 207
はしか ㊤ 14, 287 ㊦ 45, 52, 221, 276
バースコントロール ㊦ 180, 182, 185
パスチャライゼーション（低温殺菌） ㊦ 86, 91, 215
パスツール、ルイ ㊤ 294 ㊦ 64, 65, 86, 87, 90, 91, 286
バター ㊦ 121, 127
畑 ㊦ 18, 26, 31, 63, 75, 268
裸足 ㊤ 27, 162 ㊦ 234-241, 243, 246, 273
蜂蜜 ㊤ 130, 204 ㊦ 75, 77, 130, 146, 301
ハツカネズミ ㊤ 165 ㊦ 44
発がん性 ㊦ 178, 179, 183, 229, 287, 296
白血球 ㊦ 165-167, 216, 218, 220
ハッザ族 ㊤ 253 ㊦ 36, 93
発展途上国 ㊦ 70, 72, 107, 154, 265
発熱 ㊤ 276, 293
発話 ㊤ 238, 240, 241
ハト ㊦ 44
鼻 ㊤ 30, 34, 74, 95, 105, 143, 158, 174, 180, 224, 240, 242, 293 ㊦ 46, 85, 89
歯並び ㊦ 212, 213
ハムストリング筋 ㊤ 273 ㊦ 263
針 ㊤ 181, 228, 249
パリンプセスト ㊤ 36, 44
パン ㊤ 296 ㊦ 14, 15, 29, 37, 147, 296
繁殖 ㊤ 26, 30, 31, 42, 44, 47, 95, 131, 162, 164-167, 172, 191, 201, 202, 205, 206, 230, 237, 249, 274, 276 ㊦ 18, 25, 42, 45, 51, 53, 65, 97, 98, 125, 135, 140, 177, 179, 183, 191, 278, 283
繁殖成功度 ㊤ 30, 37, 266 ㊦ 135, 185, 224, 255, 264, 282, 284
ハンセン病 ㊦ 43, 45, 52, 85, 86
反復運動過多損傷 ㊦ 244, 245

ヒ
火 ㊤ 105, 170, 177, 178, 181, 188, 227
皮下脂肪 ㊦ 128, 133, 150, 152
非感染性疾患 ㊤ 15, 24, 294 ㊦ 112, 116, 185, 279, 283, 285, 295
非感染性ミスマッチ病 ㊤ 49, 286 ㊦ 286
眉弓 ㊤ 95, 127, 168, 174, 180, 209, 224, 225
ピグミー ㊤ 210
ビーグル号 ㊤ 34
鼻腔 ㊤ 143, 242
飛行機 ㊦ 62, 71, 190, 194, 230, 269
膝痛 ㊤ 88
ヒスタミン ㊦ 219
微生物 ㊦ 31, 42, 43, 65, 85, 86, 90, 214-216, 222
微生物叢 ㊦ 152, 221, 223
額 ㊤ 164, 174, 224, 225
ビタミン ㊦ 30, 32, 36, 80-82, 87, 152, 223

ビタミンB1 ㊦30
ビタミンB3 ㊦30, 55, 56
ビタミンB群 ㊦32
ビタミンC ㊤288, 289 ㊦30, 79, 81
ビタミンD ㊤35, 250 ㊦81, 195, 201, 206, 207
ビタミンE ㊦32
ヒツジ ㊦18, 19, 21, 23
ピテカントロプス・エレクトス ㊤125
ヒト亜族 ㊤59, 62
非特異的 ㊦264, 268
ヒト属 ㊤46, 92, 119, 124, 128, 137, 138, 206
ピーナツアレルギー ㊦218
避妊 ㊦104
ヒヒ ㊤95, 102, 212
皮膚 ㊤35, 142, 149, 156, 200, 250, 270, 281 ㊦128, 194, 195, 215, 236
皮膚がん ㊤281 ㊦283
ヒポクラテス ㊦176
肥満 ㊤15, 24, 37, 41, 49, 264, 292 ㊦59, 73, 80, 82, 95, 100, 114, 117, 121-124, 128, 133, 135-137, 139-142, 145, 148, 150- 153, 158, 160-162, 169, 178, 181, 186-188, 279, 281, 284, 285, 295, 300, 302
肥満指数（BMI） ㊦100
費用（コスト） ㊤26, 35, 36, 80, 81, 88, 111, 113, 116, 140, 150, 151, 159, 160, 182, 186-188, 190, 191, 197, 210, 211, 296 ㊦18, 48, 53, 108, 110, 185, 195, 213, 229, 264, 289, 290, 293
ヒョウ ㊤88, 145
氷河 ㊤123, 155, 163, 169, 170, 178, 207, 212, 222, 231
氷河期 ㊤77, 120, 122, 124, 128, 162, 163, 166, 167, 169-172, 178-181, 184, 201, 206-208, 212, 213, 248, 249, 268 ㊦16, 19, 20, 22, 98, 257
表現型 ㊤33 ㊦194, 195
表現型可塑性 ㊦194
病原菌（病原体） ㊤32, 205, 248, 276, 281, 285, 294 ㊦42, 43, 45, 51, 52, 85, 88, 90, 96, 214- 222, 272, 277, 286
表面積 ㊤117, 142, 249 ㊦79
肥料 ㊦35, 36, 75, 77
ヒール ㊦234, 237-241, 246
ヒールストライク ㊤114 ㊦238, 240, 241
貧血 ㊤14 ㊦30, 50, 53, 82
貧困 ㊤24, 253, 263, 294 ㊦25, 59, 84, 97, 150, 187, 304

フ

ファストフード ㊤201 ㊦76, 296, 301, 302
ファラデー、マイケル ㊦64
不安障害 ㊤15, 264, 286
フィードバック仮説 ㊤206
フィードバックループ ㊤19, 50, 205, 290-292, 296 ㊦56, 117, 123, 155, 165, 191, 227, 244, 258, 280, 290, 304, 308
フィラリア症 ㊦45
フォアフットストライク ㊦238-241

負荷 ㊦ 77, 109, 193-198, 200, 205, 207, 208, 210, 216, 223-225, 232, 243, 266-268, 281
武器 ㊤ 54, 56, 132, 145, 146, 148, 156, 162, 176, 177, 251, 252
副腎 ㊦ 131, 149
輻輳 ㊦ 253
不健康余命の延伸 ㊦ 108, 109, 115, 116
ブタ ㊦ 18, 21, 23, 46, 212
ブタモロコシ ㊦ 18
ブドウ球菌 ㊦ 86
ブドウ糖 ㊦ 128, 141
腐肉漁り ㊤ 102, 132, 133, 137, 145, 146, 154
腐敗 ㊦ 86, 91, 171, 230
不飽和脂肪 ㊦ 81, 159, 170, 171, 173
不飽和脂肪酸 ㊦ 170, 171
プライス、ウェストン ㊤ 284
フラウド、ロデリック ㊦ 100
プラーク ㊦ 166, 167, 174
プラスチック ㊤ 270
フランクリン、ベンジャミン ㊦ 255
フランス ㊦ 27, 61, 86, 91, 104, 282, 284
フランベジア ㊦ 43
振り子 ㊤ 111-113, 150
フリーズ、ジェームズ ㊦ 115
ブリュネ、ミシェル ㊤ 64
ブルーカラー ㊦ 64, 70
フルクトース（果糖） ㊦ 128, 130, 142-147, 158, 159, 173
フルーツジュース ㊦ 145, 147, 296
フルーツロール ㊦ 142-145, 147
風呂 ㊦ 83
プロバイオティクス ㊦ 223
フロレス島 ㊤ 207-209, 211, 252
文化 ㊤ 14, 46, 47, 49, 50, 120, 214, 217, 228-230, 237, 245-247, 251, 255, 261, 262, 265, 291, 292 ㊦ 21, 24, 85, 266, 278, 280, 284, 306-308
文化的進化 ㊤ 17, 47, 48-50, 218, 243, 245, 246, 250, 251, 265-267, 270-272, 280, 281, 288-290, 292, 296 ㊦ 51, 56, 255, 270, 275, 277, 303, 304, 306
文化的変化（文化の変容） ㊤ 48, 49, 217, 246, 256, 270, 271, 278, 291
分岐 ㊤ 16, 46, 59, 65, 76, 77, 119, 178, 179, 212, 219, 227
分業 ㊤ 133, 204
分散 ㊤ 78, 98, 105, 110, 168, 169, 171, 172, 178, 219, 221, 222, 230, 266, 281
糞便 ㊦ 44, 83, 90, 222, 226

へ

ベアフット（裸足）ランニング ㊦ 234-236
平均余命 ㊤ 24, 263 ㊦ 27, 103, 107-109, 113, 279
閉経 ㊦ 180, 181, 201, 204, 205, 207, 208
平衡感覚器官 ㊤ 153
壁画 ㊤ 229
北京原人 ㊤ 125
ペスト ㊤ 14, 30, 264, 282 ㊦ 27, 43, 44, 46, 52, 86

ペニシリン　㊦ 87, 209
ベネフィット（便益）　㊤ 88, 188, 296 ㊦ 18, 48, 53, 185, 230
ベビーブーマー　㊤ 15 ㊦ 108
ペーボ、スヴァンテ　㊤ 220
ヘモグロビン　㊦ 53
ペラグラ　㊦ 30, 55
ヘールズ、ニック　㊦ 137
ヘルパーT細胞（Th1細胞、Th2細胞）　㊦ 218, 220
変異（バリエーション）　㊤ 29-31, 34, 36, 47, 249, 250, 268
変形性関節症　㊦ 108
便所　㊦ 44, 89, 90
便秘　㊤ 15, 264, 286
扁平足　㊤ 15, 16, 25, 140, 151, 272, 286, 288, 296 ㊦ 113, 242-244

ホ
ホイーラー、ピーター　㊤ 159
母音　㊤ 241
飽和脂肪　㊦ 80, 81, 159, 170-174
飽和脂肪酸　㊦ 170
頬骨　㊤ 74, 96, 107, 225
牧畜　㊦ 74
牧畜民　㊤ 217　㊦ 92
ポグロム　㊦ 58
歩行　㊤ 42, 70, 110-116, 139, 140, 148, 150-152, 154, 200　㊦ 67, 68, 237-239
母指球　㊦ 239, 242, 245
捕食者　㊤ 36, 74, 88, 115, 117, 144, 178, 189, 208 ㊦ 249, 264
北極　㊤ 44, 123, 142, 250, 252, 255
母乳　㊤ 193, 200 ㊦ 179, 216
哺乳類　㊤ 44, 55, 67, 85, 111, 118, 143, 144, 147-149, 154, 159, 183, 184, 191, 198, 202, 229, 240-242, 245, 255
ボノボ　㊤ 59, 60
ホビット　㊤ 207, 209-212, 252
ホームズ、シャーロック　㊤ 210
ホームズ・シニア、オリヴァー・ウェンデル　㊦ 90
ホモ・エレクトス　㊤ 39, 125-129, 131, 137-144, 148, 149, 151-154, 157, 158, 160, 162, 163, 167-169, 171-177, 181, 182, 184, 185, 188, 192, 195, 196, 200, 203, 206, 209-212, 245, 252 ㊦ 265
ホモ・サピエンス　㊤ 92, 126, 164, 180, 185, 212, 217, 218, 223, 224, 232, 245, 246, 248, 266　㊦ 278
ホモ属（ヒト属）　㊤ 46, 92, 119, 121, 124, 126-129, 131, 132, 135, 137, 138, 143, 144, 146, 147, 149, 151-156, 158-160, 162, 164, 181, 184, 185, 194, 196, 204, 206, 207, 209, 211, 212 ㊦ 135, 213
ホモ・ネアンデルターレンシス　㊤ 126, 173, 175, 179, 185, 224
ホモ・ハイデルベルゲンシス　㊤ 173-175, 178, 180, 185
ホモ・ハビリス　㊤ 127, 128, 137, 143, 156, 160, 168, 173, 185, 211
ホモ・フロレシエンシス　㊤ 173, 175, 185, 207, 209-212
ホモ・ルドルフエンシス　㊤ 128, 173, 185
ホラアナグマ　㊤ 178
ポリオ　㊤ 14, 264
ホルムアルデヒド　㊦ 229

ホルモン　㊤40, 199, 200　㊦81, 94, 95, 129-131, 140, 141, 149-151, 160, 164, 177, 179, 180, 198, 201, 206
ホワイト、ティム　㊤64
ホワイトカラー　㊤26 ㊦64, 70
本　㊤27, 36, 223, 246

マ
埋葬　㊤181 ㊦20
埋伏智歯　㊤286 ㊦209, 210, 212, 213
マオリ人（族）　㊦26
マカクザル　㊤182, 195, 212 ㊦253
マクドナルド　㊤201
マグネシウム　㊦32
マサ　㊦55, 56
麻酔　㊦83, 87
マダガスカル　㊤208
マメ　㊦19, 22, 30
マラソン　㊤149, 154, 283 ㊦38, 70, 126
マラリア　㊤275, 282 ㊦43, 45, 52, 53, 86, 112, 277
マルクス、グルーチョ　㊤111, 113
慢性疾患（慢性病）　㊤15, 19, 24, 25, 294　㊦108, 110, 114, 116, 279-281, 286, 295, 303
慢性障害　㊤15 ㊦106
マンモス　㊤29, 255

ミ
ミーガン、ジョージ　㊤138
ミシン　㊦67, 69, 265, 268
ミステリー・モンキー　㊤21-23, 26, 31, 38, 42
ミスマッチ病　㊤49, 50, 278, 280-296　㊦15, 16, 25, 27, 29, 32, 33, 35, 43, 46-48, 51, 55, 56, 60, 65, 97, 106, 107, 112, 113, 116, 117, 122-124, 138, 154, 159, 162, 164, 168, 181, 182, 184, 188, 191, 196, 200, 201, 204, 207, 208, 213, 222-224, 227, 272, 278-281, 283-287, 290, 291, 295-297, 308
ミッシング・リンク　㊤57, 58, 125, 179
ミトコンドリア　㊦152
ミネラル　㊦30, 32, 36, 80, 174, 206
ミーム　㊤245, 246
ミルトン　㊦13

ム
無呼吸　㊦184
虫歯　㊤264, 271, 284, 286, 288-294 ㊦33, 34, 48, 110, 113, 209, 214, 232

メ
目　㊤153, 226, 250　㊦89, 155, 217, 247- 254, 258, 271
眼鏡　㊦233, 248, 255- 259, 274
メタボリックシンドローム　㊤286 ㊦132, 133, 137-139, 154
メトホルミン　㊦161
『メトロポリス』　㊦68
綿　㊦90
免疫（系）　㊤205, 267, 269 ㊦46, 52, 53, 94, 95, 114, 125, 154, 191, 196, 216-223, 225, 282, 283
免疫グロブリン　㊦219

モ

毛様体筋　㊦ 251-253
網膜　㊦ 250-253, 258
文字　㊤ 251, 256　㊦ 55, 231, 247, 249, 252, 290
『モダン・タイムス』　㊦ 66, 68
森（森林）　㊤ 16, 22, 31, 44, 45, 50, 53, 64, 78, 85, 90, 92, 98, 101, 109, 123, 171, 261, 263　㊦ 13, 305
銛　㊤ 227, 228, 249
モーリシャス　㊤ 208
モロッコ　㊤ 125
門歯　㊤ 105, 107

ヤ

ヤギ　㊤ 55, 136, 162, 208　㊦ 19, 21, 23, 26, 54
野菜　㊤ 25, 288, 289　㊦ 30, 76, 146, 147, 173, 185
矢じり　㊤ 227 ㊦ 19
ヤムイモ　㊤ 103 ㊦ 22
槍　㊤ 56, 132, 145, 146, 156, 157, 176, 177, 188, 227, 228
ヤンガードリアス期　㊦ 20

ユ

有酸素運動　㊦ 169
裕福病　㊦ 123, 124, 139, 178, 184, 185, 191, 279, 307, 308
油脂　㊦ 32, 76
輸送　㊦ 61, 63, 75, 77
ユーラシア大陸　㊤ 171, 228

ヨ

ヨウ素　㊦ 30
抑うつ障害　㊤ 264
余剰エネルギー　㊤ 198, 204, 205　㊦ 127, 131, 141, 179, 260
予防　㊤ 16, 26, 38, 40-42, 49, 50, 274, 275, 277, 278, 288-292, 294, 296 ㊦ 46, 47, 56, 58, 59, 153, 156, 159, 162, 173, 185, 192, 196, 206, 244, 259, 264, 265, 273, 277, 280, 281, 285-291, 296, 297, 302, 308
予防接種　㊦ 59, 85, 298
余命　㊦ 50, 111
ヨルダン　㊤ 155

ラ

ライオン　㊤ 31, 88, 117, 123, 144-146, 252, 277 ㊦ 94, 95, 149
ラエトリ遺跡　㊤ 97, 115
ラクターゼ　㊦ 54, 256
ラクターゼ活性持続　㊤ 247
ラクトース　㊦ 53, 128
ラッサ熱　㊦ 44, 52
ラッダイト　㊦ 58
ラップランド人　㊤ 180
ラマ　㊦ 23
ラマルク進化論　㊤ 247
卵巣　㊤ 191
卵巣がん　㊦ 178
ランニング　㊤ 283 ㊦ 67, 211, 223, 241
ランニングシューズ　㊦ 235, 239, 242
ランプ　㊤ 228

リ

リアンブア洞窟　㊤ 209
リーキー、メアリー＆ルイス　㊤ 96, 127, 156

リゴーニ＝ステルン、ドメニコ　㊦176, 178
リスター、ジョゼフ　㊦90
リバタリアン・パターナリズム　㊦298
リーバーマン、フィリップ　㊤239
罹病率　㊤25 ㊦111, 114, 116, 279, 303
リポタンパク質　㊦165
リンゴ　㊤74, 90, 157 ㊦79, 142-145, 158, 165
淋病　㊦86

ル
類人猿　㊤16, 37, 39, 42, 44-46, 53, 55-59, 61-63, 65-67, 69-71, 74-76, 78, 79, 81, 83-85, 88, 91, 94-96, 99, 100, 103, 105, 109-111, 113, 116, 118, 119, 122, 125, 129, 135, 138, 143, 148, 151-153, 155, 156, 161, 165, 166, 182-185, 188, 193, 205, 206, 220, 234, 236, 237, 242, 245, 289 ㊦176, 305
ルーシー　㊤16, 62, 92, 94, 99, 101, 114, 120, 122, 156, 195, 273
ルーズヴェルト、フランクリン・D　㊦107
ルネサンス　㊦255
ル ムスティエ遺跡　㊤196

レ
冷蔵　㊦84, 91
霊長類　㊤43, 90, 119, 154, 156, 158, 164, 182-184, 189, 195, 198, 200, 212, 231, 233, 249 ㊦30, 134, 135, 307
冷凍　㊦91
レイヨウ　㊤132, 134
レーウェンフック、アントニ・ファン　㊦85
レプチン　㊦95, 150
連鎖球菌　㊦86

ロ
老化　㊦165, 168, 177, 284
労働　㊤118, 130, 216, 254, 255 ㊦25, 36, 39, 47, 49, 51, 57, 64, 67, 68, 70, 96, 103
労働者　㊦37, 63, 66-70, 77, 84, 96
ロックフェラー、ジョン・D　㊦90
ロボット　㊦69, 192, 193

ワ
ワクチン接種　㊦85, 96, 286
ワット、ジェームズ　㊦63, 64

原　注

第1章

1. Haub, C., and O. P. Sharma (2006). India's population reality: Reconciling change and tradition. *Population Bulletin* 61: 1-20; http://data.worldbank.org/indicator/SP.DYN.LE00.IN.
2. この問題については第9章で詳述する。疫学的推移の証拠の包括的な概要は、世界の疾病負担をテーマにした医学雑誌《ランセット（*The Lancet*）》の特集号（2012年12月）にまとめられている。
3. Hayflick, N. (1998). How and why we age. *Experimental Gerontology* 33: 639-53.
4. Khaw, K.-T., et al. (2008). Combined impact of health behaviours and mortality in men and women: The EPIC-Norfolk Prospective Population Study. *PLoS Medicine* 5: e12.
5. OECD (2011). *Health at a Glance 2011*. Paris: Organization of Economic Cooperation and Development Publishing; http://dx.doi.org/10.1787/health_glance-2011-en.
6. アルフレッド・ラッセル・ウォレスも基本的に同様の理論を考えついており、それをダーウィンとウォレスが共同で1858年にロンドンのリンネ協会に提出した。ウォレスはその功績に関して過小評価されている節もあるが、ダーウィンが翌年に『種の起源』において発表した理論のほうがはるかに完全で、例証も十分であったことはたしかである。
7. 自然選択は、ときに「適者生存（survival of the fittest）」と呼ばれることもある。ただし、ダーウィンがこの言葉を使ったことは1度もなく、本来なら「より適応した者の生存（survival of the fitter）」と比較級で呼ばれるべきだろう。
8. The ENCODE Project Consortium (2012). An integrated encyclopedia of DNA elements in the human genome. *Nature* 489: 57-74.
9. 生物学者はしばしばこれらの特徴のことを「スパンドレル」と呼ぶ。これはスティーヴン・ジェイ・グールドとリチャード・ルウォンティンの有名な論文に由来するもので、彼らはそのなかで、多くの特

徴は適応ではなく、発達上、あるいは構造上あらわれた属性であると論じている。そこで彼らが使った比喩がスパンドレル（三角小間）で、これは教会の装飾によく用いられる、２つの隣接したアーチに挟まれた空間のことだ。グールドとルウォンティンは、このスパンドレルがアーチの建築構造上の副産物であって、意図的な設計特徴ではないのと同じように、何らかの機能を持っていそうな生物の多くの特徴も、もともとは適応ではなかったのだと主張した。この論文は以下で読める。Lewontin, R. C., and S. J. Gould (1979). The spandrels of San Marcos and the Panglossian paradigm: A critique of the adaptationist programme. *Proceedings of the Royal Society of London B* 205: 581-98.

10. この問題については多くの秀逸な議論がある。いまでも読む価値のある古典的な論述として、以下を参照。Williams, G. C. (1966). *Adaptation and Natural Selection*. Princeton, NJ: Princeton University Press.

11. ガラパゴス諸島のフィンチのことを最初に記したのはダーウィンだが、それらのフィンチの進化に関する私の知識のほとんどは、ピーターとローズマリーのグラント夫妻による研究から来ている。彼らの研究の内容は、以下の著作にきわめて読みやすい文章でまとめられている。Grant, P. R. (1991). Natural selection and Darwin's finches. *Scientific American* 265: 81-87; Weiner, J. (1994). *The Beak of the Finch: A Story of Evolution in Our Time*. New York: Knopf.（『フィンチの嘴――ガラパゴスで起きている種の変貌』樋口広芳・黒沢令子訳、ハヤカワ文庫、2001年）

12. Jablonski, N. G. (2006). *Skin: A Natural History*. Berkeley: University of California Press.

13. これらの出来事のすばらしい全体像を俯瞰するのに、次の本をお奨めする。Shubin, N. (2008). *Your Inner Fish: A Journey into the 3.5-Billion-Year History of the Human Body*. New York: Vintage Books.（『ヒトのなかの魚、魚のなかのヒト――最新科学が明らかにする人体進化35億年の旅』垂水雄二訳、ハヤカワ文庫、2013年）

14. 科学者はどのように物語を使って人間の進化の歴史を語っているか、そうした物語の構造分析をすることがどうして科学について語ることになるのか――それについての洞察に満ちた分析として、以下を参照。Landau, M. (1991). *Narratives of Human Evolution*. New

Haven, CT: Yale University Press.
15. Dobzhansky, T. (1973). Nothing in biology makes sense except in the light of evolution. *The American Biology Teacher* 35: 125-29.
16. 過度に加工された餌を食べ、十分な身体運動ができていない動物園の霊長類も、同様の生活をしている人間と同じようなメカニズムで2型糖尿病になることがある。以下を参照。Rosenblum, I. Y., T. A. Barbolt, and C. F. Howard Jr. (1981). Diabetes mellitus in the chimpanzee (*Pan troglodytes*). *Journal of Medical Primatology* 10: 93-101.
17. 進化医学の分野については、入門書として以下を参照。Williams, G. C., and R. M. Nesse (1996). *Why We Get Sick: The New Science of Darwinian Medicine*. New York: Vintage Books（『病気はなぜ、あるのか――進化医学による新しい理解』長谷川眞理子・長谷川寿一・青木千里訳、新曜社、2001年）. このほかにもいろいろと良書がある。Stearns, S. C., and J. C. Koella (2008). *Evolution in Health and Disease*, 2nd ed. Oxford: Oxford University Press; Gluckman, P., and M. Hanson (2006). *Mismatch: The Lifestyle Diseases Timebomb*. Oxford: Oxford University Press; Trevathan, W. R., E. O. Smith, and J. J. McKenna (2008). *Evolutionary Medicine and Health*. Oxford: Oxford University Press; Gluckman, P., A. Beedle, and M. Hanson (2009). *Principles of Evolutionary Medicine*. Oxford: Oxford University Press; Trevathan, W. R. (2010). *Ancient Bodies, Modern Lives: How Evolution Has Shaped Women's Health*. Oxford: Oxford University Press.

第2章

1. チンパンジーの力を測定しようとする実験は、動機や抑制などの因子が絡むため評価が難しい。この種の実験が最初に行なわれたのは1926年だが、そのときの結果では、チンパンジーは人間より5倍も力が強いということだった。しかし、のちの研究―― Finch (1943), Edwards (1965), Scholz et al. (2006) ――から、チンパンジーの力は最も屈強な人間のせいぜい2倍程度ではないかと推測されている。それにしても、その差は顕著だ。詳しくは以下を参照。Bauman, J. E.

(1926). Observations on the strength of the chimpanzee and its implications. *Journal of Mammalogy* 7: 1-9; Finch, G. (1943). The bodily strength of chimpanzees. *Journal of Mammalogy* 24: 224-28; Edwards, W. E. (1965). *Study of monkey, ape and human morphology and physiology relating to strength and endurance. Phase IX: The strength testing of five chimpanzee and seven human subjects.* Holloman Air Force Base, NM, 6571st Aeromedical Research Laboratory, Holloman, New Mexico; Scholz, M. N., et al. (2006). Vertical jumping performance of bonobo (*Pan paniscus*) suggests superior muscle properties. *Proceedings of the Royal Society B: Biological Sciences* 273: 2177-84.

2. Darwin, C. (1871). *The Descent of Man*. London: John Murray, 140-42.（『人間の進化と性淘汰〔ダーウィン著作集１・２〕』長谷川眞理子訳、文一総合出版、1999-2000 年）

3. 2000 万年前から 1000 万年前のあいだに生息していた数十の絶滅類人猿種の化石が何百と発見されている。しかし、それらの種どうしの関係も、それらとチンパンジーやゴリラや LCA との関係も明らかでなく、いまだ激しく議論されている。これらの化石についての概説は以下を参照。Fleagle, J. (2013). *Primate Adaptation and Evolution*, 3rd ed. New York: Academic Press.

4. 類人猿に対する人類をあらわす言葉として、かつては hominid（現在の「ヒト科」に相当する）が使われていた。しかしリンネの分類の複雑な規則にしたがうと、人間がゴリラよりチンパンジーに近いことが判明してからは別の細分化された呼称が必要となり、「ヒト亜科」を意味する Homininae から派生して、hominin が使われるようになった。分類学的にはヒト族（Hominini）の下位集合であるヒト亜族（Hominina）に相当する。

5. Shea, B. T. (1983). Paedomorphosis and neoteny in the pygmy chimpanzee. *Science* 222: 521-22; Berge, C., and X. Penin (2004). Ontogenetic allometry, heterochrony, and interspecific differences in the skull of African apes, using tridimensional Procrustes analysis. *American Journal of Physical Anthropology* 124: 124-38; Guy, F., et al. (2005). Morphological affinities of the *Sahelanthropus tchadensis* (Late Miocene hominid from Chad) cranium. *Proceedings of the National Academy of Sciences USA* 102: 18836-41.

6. Lieberman, D. E., et al. (2007). A geometric morphometric analysis of heterochrony in the cranium of chimpanzees and bonobos. *Journal of Human Evolution* 52: 647-62; Wobber, V., R. Wrangham, and B. Hare (2010). Bonobos exhibit delayed development of social behavior and cognition relative to chimpanzees. *Current Biology* 20: 226-30.
7. この考えのおもな提唱者は、イギリスの解剖学の大家、サー・アーサー・キースだった。以下の古典的著作でこの説が主張されている。Keith, A. (1927). *Concerning Man's Origin*. London: Watts.
8. White, T. D., et al. (2009). *Ardipithecus ramidus* and the paleobiology of early hominids. *Science* 326: 75-86.
9. この頭骨についての発見者自身による説明は以下を参照。Brunet, M., et al. (2002). A new hominid from the upper Miocene of Chad, central Africa. *Nature* 418: 145-51; Brunet, M., et al. (2005). New material of the earliest hominid from the Upper Miocene of Chad. *Nature* 434: 752-55. 後頭部についてはいまだ不明。これらの遺物と、その発見経緯についての一般向けの説明として、以下を参照。Reader, J. (2011). *Missing Links: In Search of Human Origins*. Oxford: Oxford University Press; Gibbons, A. (2006). *The First Human*. New York: Doubleday.（『最初のヒト』河合信和訳、新書館、2007年）
10. 年代測定に関して、まず1つの手法では、この場所から出土した化石を東アフリカ出土の同年代の化石と比較している。もう1つの手法では、ベリリウム同位体にもとづく新しい技法が用いられている。以下を参照。Vignaud, P., et al. (2002). Geology and palaeontology of the Upper Miocene Toros-Menalla hominid locality, Chad. *Nature* 418: 152-55; Lebatard, A. E., et al. (2008). Cosmogenic nuclide dating of *Sahelanthropus tchadensis* and *Australopithecus bahrelghazali* Mio-Pliocene early hominids from Chad. *Proceedings of the National Academy of Sciences USA* 105: 3226-31.
11. Pickford, M., and B. Senut (2001). "Millennium ancestor," a 6-million-year-old bipedal hominid from Kenya. *Comptes rendus de l'Académie des Sciences de Paris, série 2a*, 332: 134-44.
12. Haile-Selassie, Y., G. Suwa, and T. D. White (2004). Late Miocene teeth from Middle Awash, Ethiopia, and early hominid dental evolution. *Science* 303: 1503-5; Haile-Selassie, Y., G. Suwa, and T. D. White (2009). Hominidae. In *Ardipithecus kadabba: Late Miocene Evidence from the*

Middle Awash, Ethiopia, ed. Y. Haile-Selassie and G. WoldeGabriel. Berkeley: University of California Press, 159-236.

13. White, T. D., G. Suwa, and B. Asfaw (1994). *Australopithecus ramidus*, a new species of early hominid from Aramis, Ethiopia. *Nature* 371: 306-12; White, T. D., et al. (2009). *Ardipithecus ramidus* and the paleobiology of early hominids. *Science* 326: 75-86; Semaw, S., et al. (2005). Early Pliocene hominids from Gona, Ethiopia. *Nature* 433: 301-5.
14. 詳しくは以下を参照。Guy, F., et al. (2005). Morphological affinities of the *Sahelanthropus tchadensis* (Late Miocene hominid from Chad) cranium. *Proceedings of the National Academy of Sciences USA* 102: 18836-41; Suwa, G., et al. (2009). The *Ardipithecus ramidus* skull and its implications for hominid origins. *Science* 326: 68e1-7; Suwa, G., et al. (2009). Paleobiological implications of the *Ardipithecus ramidus* dentition. *Science* 326: 94-99; Lovejoy, C. O. (2009). Reexamining human origins in the light of *Ardipithecus ramidus*. *Science* 326: 74e1-8.
15. Wood, B., and T. Harrison (2012). The evolutionary context of the first hominins. *Nature* 470: 347-52.
16. 動物がいつ歩くかの最良の予測因子は、脳の発達のペース（受胎時から計っての）である。この点で、人間はネズミからゾウにいたる他の動物と比較して、まさに歩くべきときに歩いている。以下を参照。Garwicz, M., M. Christensson, and E. Psouni (2009). A unifying model for timing of walking onset in humans and other mammals. *Proceedings of the National Academy of Sciences USA* 106: 21889-93.
17. Lovejoy, C. O., et al. (2009). The pelvis and femur of *Ardipithecus ramidus*: The emergence of upright walking. *Science* 326: 71e1-6.
18. Richmond, B. G., and W. L. Jungers (2008). *Orrorin tugenensis* femoral morphology and the evolution of hominin bipedalism. *Science* 319: 1662-65.
19. Lovejoy, C. O., et al. (2009). The pelvis and femur of *Ardipithecus ramidus*: The emergence of upright walking. *Science* 326: 71e1-6.
20. Zollikofer, C. P., et al. (2005). Virtual cranial reconstruction of *Sahelanthropus tchadensis*. *Nature* 434: 755-59.
21. Lovejoy, C. O., et al. (2009). Combining prehension and propulsion: The foot of *Ardipithecus ramidus*. *Science* 326: 72e1-8; Haile-Selassie,

Y., et al. (2012). A new hominin foot from Ethiopia shows multiple Pliocene bipedal adaptations. *Nature* 483: 565-69.

22. DeSilva, J. M., et al. (2013). The lower limb and mechanics of walking in *Australopithecus sediba*. *Science* 340: 1232999.
23. Lovejoy, C. O. (2009). Careful climbing in the Miocene: The forelimbs of *Ardipithecus ramidus* and humans are primitive. *Science* 326: 70e1-8.
24. Brunet, M., et al. (2005). New material of the earliest hominid from the Upper Miocene of Chad. *Nature* 434: 752-55; Haile-Selassie, Y., G. Suwa, and T. D. White (2009). Hominidae. In *Ardipithecus kadabba: Late Miocene Evidence from the Middle Awash, Ethiopia*, ed. Y. Haile-Selassie and G. WoldeGabriel. Berkeley: University of California Press, 159-236; Suwa, G., et al. (2009). Paleobiological implications of the *Ardipithecus ramidus* dentition. *Science* 326: 94-99.
25. Guy, F., et al. (2005). Morphological affinities of the *Sahelanthropus tchadensis* (Late Miocene hominid from Chad) cranium. *Proceedings of the National Academy of Sciences USA* 102: 18836-41; Suwa, G., et al. (2009). The *Ardipithecus ramidus* skull and its implications for hominid origins. *Science* 326: 68e1-7.
26. Haile-Selassie, Y., G. Suwa, and T. D. White (2004). Late Miocene teeth from Middle Awash, Ethiopia, and early hominid dental evolution. *Science* 303: 1503-5.
27. 一部の研究者の説では、犬歯が小さくなっているのは男性間の闘争が少なくなった社会体制のあらわれであり、ひょっとすると、つがいの絆まで関わっているのではないかとされている。しかしながら、ほかの霊長類の種における雌雄間の犬歯の大きさの差は、オス間競争の激しさの正確な予測因子とはなっていない。また、後代の種の身体の大きさの推定値から、初期人類の男性は女性よりも身体が約 50 パーセント大きかったと推測されるが、そうだとすれば、男性間の競争はやはり激しかったはずである。もう一方の仮説は、犬歯の長さによって口を開けたときの大きさに制限が生じ、ひいては嚙む力にも制限が生じるというものだ。大きな犬歯を持つには、口を大きく開けられなければならないので、必然的に閉口筋が奥に後退するが、後退した閉口筋はあまり効果的に咀嚼力を生じさせられない。この理由から、犬歯の小ささは、開けたときの口の小ささ、

および咀嚼力の強さと関連づけられる。これらの仮説についての詳細は以下を参照。Lovejoy, C. O. (2009). Reexamining human origins in the light of *Ardipithecus ramidus*. *Science* 326: 74e1-8; Plavcan, J. M. (2000). Inferring social behavior from sexual dimorphism in the fossil record. *Journal of Human Evolution* 39: 327-44; Hylander, W. L. (2013). Functional links between canine height and jaw gape in catarrhines with special reference to early hominins. *American Journal of Physical Anthropology* 150: 247-59.

28. これらのデータのソースは多岐にわたるが、最良の証拠を提供しているのが有孔虫という微小な海洋生物の殻だ。有孔虫は炭酸カルシウム（$CaCO_3$）の殻を形成し、死ぬと海底に沈む。海水の温度が高くなるほど、殻に取り込まれた酸素原子に占める重い酸素同位体（O_{16}ではなく O_{18}）の割合が増える。したがって、海底のコアをかなり深くまで掘削して、そのなかの O_{18} と O_{16} の割合を分析すれば、海水温度が長いあいだにどう変化したかを測定できる。図4の出典は、この酸素同位体に関するきわめて包括的な研究だ。Zachos, J., et al. (2001). Trends, rhythms, and aberrations in global climate 65 Ma to present. *Science* 292: 686-93.

29. Kingston, J. D. (2007). Shifting adaptive landscapes: Progress and challenges in reconstructing early hominid environments. *Yearbook of Physical Anthropology* 50: 20-58.

30. Laden, G., and R. Wrangham (2005). The rise of the hominids as an adaptive shift in fallback foods: Plant underground storage organs (USOs) and australopith origins. *Journal of Human Evolution* 49: 482-98.

31. オランウータンの対応についての説明は以下を参照。Knott, C. D. (2005) Energetic responses to food availability in the great apes: Implications for Hominin evolution. In *Primate Seasonality: Implications for Human Evolution*, ed. D. K. Brockman and C. P. van Schaik. Cambridge: Cambridge University Press, 351-78.

32. Thorpe, S. K. S., R. L. Holder, and R. H. Crompton (2007). Origin of human bipedalism as an adaptation for locomotion on flexible branches. *Science* 316: 1328-31.

33. Hunt, K. D. (1992). Positional behavior of *Pan troglodytes* in the Mahale Mountains and Gombe Stream National Parks, Tanzania.

American Journal of Physical Anthropology 87: 83-105.
34. Carvalho, S., et al. (2012). Chimpanzee carrying behaviour and the origins of human bipedality. *Current Biology* 22: R180-81.
35. Sockol, M. D., D. Raichlen, and H. D. Pontzer (2007). Chimpanzee locomotor energetics and the origin of human bipedalism. *Proceedings of the National Academy of Sciences USA* 104: 12265-69.
36. Pontzer, H. D., and R. W. Wrangham (2006). The ontogeny of ranging in wild chimpanzees. *International Journal of Primatology* 27: 295-309.
37. Lovejoy, C. O. (1981). The origin of man. *Science* 211: 341-50; Lovejoy, C. O. (2009). Reexamining human origins in the light of *Ardipithecus ramidus*. *Science* 326: 74e1-8.
38. じつのところ、最初期の人類のどの種においても、男女の体格差を明らかにできるほどの十分な化石は存在していない。男女の体格差に関する最良の証拠は、もっとあとのアウストラロピテクス属に由来する。アウストラロピテクスでは、男性が女性より1.5倍ほど大きい性的二型が見られる。以下を参照。Plavcan, J. M., et al. (2005). Sexual dimorphism in *Australopithecus afarensis* revisited: How strong is the case for a human-like pattern of dimorphism? *Journal of Human Evolution* 48: 313-20.
39. Mitani, J. C., J. Gros-Louis, and A. Richards (1996). Sexual dimorphism, the operational sex ratio, and the intensity of male competition among polygynous primates. *American Naturalist* 147: 966-80.
40. Pilbeam, D. (2004). The anthropoid postcranial axial skeleton: Comments on development, variation, and evolution. *Journal of Experimental Zoology Part B* 302: 241-67.
41. Whitcome, K. K., L. J. Shapiro, and D. E. Lieberman (2007). Fetal load and the evolution of lumbar lordosis in bipedal hominins. *Nature* 450: 1075-78.

第3章

1. ローフード（生食）愛好家は、食物を料理して平均体温より高くするのは体に悪いと考えている。人間はもともと食物を生で食べるよ

うに進化したという論理がその根底にあって、加熱すると天然のビタミンや酵素が壊れると思っているのだ。たしかに私たちの祖先は生の食物しか食べていなかったし、過度に加工された食べ物が健康に悪いことも事実だが、ほかの言い分は総じて事実ではない。むしろ加熱調理をすることで、たいていの食物は栄養素が摂取しやすくなる。加えて、人間が調理をしてきた歴史はあまりにも古く、もはや調理は人間の普遍的な特徴（ヒューマン・ユニバーサル）であり、生物学的にも不可欠なものとなっている。生食が可能になったのはつい最近のことで、それというのも食材が高度に品種改良されて、かつて採集されていた野生の食料よりも格段に食物繊維が少なく、エネルギーが豊富になっているうえに、それをさらに加工して食べているからだ。そこまで工夫されていても、ローフードばかりを食べていれば体重は減少するし、妊娠能力は低下するし、熱を加えれば死滅するバクテリアや病原菌に感染して病気になるリスクも高まる。詳しくは以下を参照。Wrangham, R. W. (2009). *Catching Fire: How Cooking Made Us Human*. New York: Basic Books（『火の賜物——ヒトは料理で進化した』依田卓巳訳、NTT 出版、2010 年）. 食べている時間を比較したデータは以下を参照。Organ, C., et al. (2011). Phylogenetic rate shifts in feeding time during the evolution of *Homo*. *Proceedings of the National Academy of Sciences USA* 108: 14555-59.

2. Wrangham, R. W. (1977). Feeding behaviour of chimpanzees in Gombe National Park, Tanzania. In *Primate Ecology*, ed. T. H. Clutton-Brock. London: Academic Press, 503-38.
3. McHenry, H. M., and K. Coffing (2000). *Australopithecus* to *Homo*: Transitions in body and mind. *Annual Review of Anthropology* 29: 145-56.
4. Haile-Selassie, Y., et al. (2010). An early *Australopithecus afarensis* postcranium from Woranso-Mille, Ethiopia. *Proceedings of the National Academy of Sciences USA* 107: 12121-26.
5. Dean, M. C. (2006). Tooth microstructure tracks the pace of human life-history evolution. *Proceedings of the Royal Society B* 273: 2799-808.
6. じつのところ頑丈型アウストラロピテクスに関しては、部分骨格がきれいにそろって発見されているわけではない。したがって、特徴ある頭蓋骨については詳しくわかっているが、それ以外の身体部位がどのようなものだったのかは、あまり確実にはわかっていない。

7. DeSilva, J. M., et al. (2013). The lower limb and mechanics of walking in *Australopithecus sediba*. *Science* 340: 1232999.
8. Cerling, T. E., et al. (2011). Woody cover and hominin environments in the past 6 million years. *Nature* 476: 51-56; deMenocal, P. B. (2011). Anthropology. Climate and human evolution. *Science* 331: 540-42; Passey, B. H., et al. (2010). High-temperature environments of human evolution in East Africa based on bond ordering in paleosol carbonates. *Proceedings of the National Academy of Sciences USA* 107: 11245-49.
9. 第1章で述べたように、代替食に関する自然選択の実例として、とくによく記録されているのがガラパゴスフィンチである。これを最初に研究したのはダーウィンだったが、近年ではピーターとローズマリーのグラント夫妻による詳細な研究がある。旱魃が長く続くと、そのあいだに多数のフィンチが餓死する。フィンチの好物であるサボテンの実などが激減するからだ。しかし、そのなかでも、比較的短くて分厚い嘴を持ったフィンチは生き残れる確率が高い。細長い嘴では食べにくい種子などの堅い食物をうまく餌にすることができるからだ。こうした環境のもとでは、厚い嘴のフィンチのほうが多くの子孫を生き延びさせられる。嘴の厚さは遺伝するので、次世代では厚い嘴のフィンチの割合が増えるというわけだ。この研究については、以下の本のなかでみごとに描写されている。Weiner, J. (1994). *The Beak of the Finch: A Story of Evolution in Our Time*. New York: Knopf.（『フィンチの嘴——ガラパゴスで起きている種の変貌』樋口広芳・黒沢令子訳、ハヤカワ文庫、2001 年）
10. Grine, F. E., et al. (2012). Dental microwear and stable isotopes inform the paleoecology of extinct hominins. *American Journal of Physical Anthropology* 148: 285-317; Ungar, P. S. (2011). Dental evidence for the diets of Plio-Pleistocene hominins. *Yearbook of Physical Anthropology* 54: 47-62; Ungar, P., and M. Sponheimer (2011). The diets of early hominins. *Science* 334: 190-93.
11. Wrangham, R. W. (2005). The delta hypothesis. In *Interpreting the Past: Essays on Human, Primate, and Mammal Evolution*, eds. D. E. Lieberman, R. J. Smith, and J. Kelley. Leiden: Brill Academic, 231-43.
12. Wrangham, R. W., et al. (1999). The raw and the stolen: Cooking and the ecology of human origins. *Current Anthropology* 99: 567-94.
13. Wrangham, R. W., et al. (1991). The significance of fibrous foods for

Kibale Forest chimpanzees. *Philosophical Transactions of the Royal Society, Part B Biological Science* 334: 171-78.

14. Laden, G., and R. Wrangham (2005). The rise of the hominids as an adaptive shift in fallback foods: Plant underground storage organs (USOs) and australopith origins. *Journal of Human Evolution* 49: 482-98.
15. Wood, B. A., S. A. Abbott, and H. Uytterschaut (1988). Analysis of the dental morphology of Plio-Pleistocene hominids IV. Mandibular postcanine root morphology. *Journal of Anatomy* 156: 107-39.
16. Lucas, P. W. (2004). *How Teeth Work*. Cambridge: Cambridge University Press.
17. 効率よく力を生じさせるには、ニュートン物理学の単純な原理を利用すればよい。あらゆる筋肉と同様に、咀嚼筋も「トルク」と呼ばれる回転力を生じさせ、それが顎を動かす力となる。柄が短いレンチよりも長いレンチを使ったほうが、かける力が同じでもトルクが増すように、咀嚼筋の付着点が顎関節から離れているほうが、咀嚼筋の生じさせるトルクが増し、したがって咀嚼力が増すことになる。アウストラロピテクスの頭蓋骨の配置はこの原理でほぼ説明できる。たとえば図6からわかるように、アウストラロピテクスの頬骨は驚くほど長く、顔の前面に大きく張り出し、かつ横にも大きく広がっていた。側面と前面に頬骨が張り出していたために、アウストラロピテクスは咀嚼において、咬筋により強い下向きの力と横向きの力を生むことができた。すべての咀嚼筋が生み出せる力の量を合計すると、たとえばアウストラロピテクス・ボイセイは、人間の約2.5倍の力でものを噛み砕けたと推測できる。アウストラロピテクスの口に指を突っ込むようなことはしないのが賢明だろう。詳しくは以下を参照。Eng, C. M., et al. (2013). Bite force and occlusal stress production in hominin evolution. *American Journal of Physical Anthropology online*. 10.1002/ajpa.22296 http://www.ncbi.nlm.nih.gov/pubmed/23754526
18. Currey, J. D. (2002). *Bones: Structure and Mechanics*. Princeton: Princeton University Press.
19. Rak, Y. (1983). *The Australopithecine Face*. New York: Academic Press; Hylander, W. L. (1988). Implications of in vivo experiments for interpreting the functional significance of "robust" australopithecine

jaws. In *Evolutionary History of the "Robust" Australopithecines*, ed. F. Grine. New York: Aldine De Gruyter, 55-83; Lieberman, D. E. (2011). *The Evolution of the Human Head*. Cambridge, MA: Harvard University Press.
20. したがって、アウストラロピテクスに見られる全般的な傾向、すなわち歯が大きくて分厚くなり、顔が大きくなり、顎ががっしりするといった変化は、気候変動のせいだったと説明できる。これらの変化が頂点に達したのがアウストラロピテクス・ボイセイやアウストラロピテクス・ロブストスなどの頑丈型で、どちらも約250万年前に進化した。
21. Pontzer, H.D., and R. W. Wrangham（2006）. The ontogeny of ranging in wild chimpanzees. *International Journal of Primatology* 27: 295-309.
22. グルーチョ・マルクスのような歩き方のコストは以下で測定されている。Gordon, K. E., D. P. Ferris, and A. D. Kuo (2009). Metabolic and mechanical energy costs of reducing vertical center of mass movement during gait. *Archives of Physical Medicine and Rehabilitation* 90: 136-44. チンパンジーと人間との比較は、以下に記載されたデータを出典とする。Sockol, M. D., D. A. Raichlen, and H. D. Pontzer (2007). Chimpanzee locomotor energetics and the origin of human bipedalism. *Proceedings of the National Academy of Sciences USA* 104: 12265-69. この重要な研究で、歩行中のチンパンジーが1メートルごとに体重1キロあたり酸素0.20ミリリットルを消費するのに対し、歩行中の人間は1メートルごとに体重1キロあたり酸素を0.05ミリリットルしか消費しないことがわかった。好気呼吸（酸素呼吸）中の酸素1リットルは5.13キロカロリーに変換される。
23. Schmitt, D. (2003). Insights into the evolution of human bipedalism from experimental studies of humans and other primates. *Journal of Experimental Biology* 206: 1437-48.
24. Latimer, B., and C. O. Lovejoy (1990). Hallucal tarsometatarsal joint in *Australopithecus afarensis*. *American Journal of Physical Anthropology* 82: 125-33; McHenry, H. M., and A. L. Jones (2006). Hallucial convergence in early hominids. *Journal of Human Evolution* 50: 534-39.
25. Harcourt-Smith, W. E., and L. C. Aiello (2004). Fossils, feet and the evolution of human bipedal locomotion. *Journal of Anatomy* 204: 403-

16; Ward, C. V., W. H. Kimbel, and D. C. Johanson (2011). Complete fourth metatarsal and arches in the foot of *Australopithecus afarensis*. *Science* 331: 750-53; DeSilva, J. M., and Z. J. Throckmorton (2010). Lucy's flat feet: The relationship between the ankle and rearfoot arching in early hominins. *PLoS One* 5(12): e14432.
26. Latimer, B., and C. O. Lovejoy (1989). The calcaneus of *Australopithecus afarensis* and its implications for the evolution of bipedality. *American Journal of Physical Anthropology* 78: 369-86.
27. Zipfel, B., et al. (2011). The foot and ankle of *Australopithecus sediba*. *Science* 333: 1417-20.
28. Aiello, L. C., and M. C. Dean (1990). *Human Evolutionary Anatomy*. London: Academic Press.
29. もっと古い人類の完全な大腿骨は見つかっていないので、この特徴がアウストラロピテクス独自のものなのか、それともアルディピテクス属など、もっと初期の人類において進化したのかは不明である。
30. Been, E., A. Gómez-Olivencia, and P. A. Kramer (2012). Lumbar lordosis of extinct hominins. *American Journal of Physical Anthropology* 147: 64-77; Williams, S. A., et al. (2013). The vertebral column of *Australopithecus sediba*. *Science* 340: 1232996.
31. Raichlen, D. A., H. Pontzer, and M. D. Sockol (2008). The Laetoli footprints and early hominin locomotor kinematics. *Journal of Human Evolution* 54: 112-17.
32. Churchill, S. E., et al. (2013). The upper limb of *Australopithecus sediba*. *Science* 340: 1233447.
33. Wheeler, P. E. (1991). The thermoregulatory advantages of hominid bipedalism in open equatorial environments: The contribution of increased convective heat loss and cutaneous evaporative cooling. *Journal of Human Evolution* 21: 107-15.
34. Tocheri, M. W., et al. (2008). The evolutionary history of the hominin hand since the last common ancestor of *Pan* and *Homo*. *Journal of Anatomy* 212: 544-62.
35. Goodall, J. (1986). *The Chimpanzees of Gombe: Patterns of Behavior.* Cambridge, MA: Harvard University Press（『野生チンパンジーの世界』杉山幸丸・松沢哲郎監訳、ミネルヴァ書房、1990年）; Boesch, C.,

and H. Boesch (1990). Tool use and tool making in wild chimpanzees. *Folia Primatologica* 54: 86-99.

第4章

1. Zachos, J., et al. (2001). Trends, rhythms, and aberrations in global climate 65 Ma to present. *Science* 292: 686-93.
2. 気候変動と、それが人類の進化に及ぼした影響についての概説として、以下を推奨。Potts, R. (1986). *Humanity's Desert: The Consequences of Ecological Instability*. New York: William Morrow and Co.
3. Trauth, M. H., et al. (2005). Late Cenozoic moisture history of East Africa. *Science* 309: 2051-53.
4. Bobe, R. (2006). The evolution of arid ecosystems in eastern Africa. *Journal of Arid Environments* 66: 564-84; Passey, B. H., et al. (2010). High-temperature environments of human evolution in East Africa based on bond ordering in paleosol carbonates. *Proceedings of the National Academy of Sciences USA* 107: 11245-49.
5. デュボワのたいへん興味深い伝記として、以下を参照。Shipman, P. (2001). *The Man Who Found the Missing Link: The Extraordinary Life of Eugene Dubois*. New York: Simon & Schuster.
6. 実質的に、この分類をめぐる紛糾にふたたび筋道を立てたのは鳥類専門家のエルンスト・マイヤーだった。彼の見解を示した以下の有名な小論を参照。Mayr, E. (1951). Taxonomic categories in fossil hominids. *Cold Spring Harbor Symposia on Quantitative Biology* 15: 109-18.
7. Ruff, C. B., and A. Walker (1993). Body size and body shape. In *The Nariokotome* Homo erectus *Skeleton*, ed. A. Walker and R. E. F. Leakey. Cambridge, MA: Harvard University Press, 221-65; Antón, S. C. (2003). Natural history of *Homo erectus*. *Yearbook of Physical Anthropology* 46: 126-70; Lordkipanidze, D., et al. (2007). Postcranial evidence from early *Homo* from Dmanisi, Georgia. *Nature* 449: 305-10; Graves, R. R., et al. (2010). Just how strapping was KNM-WT 15000? *Journal of Human Evolution* 59(5): 542-54.
8. Leakey, M. G., et al. (2012). New fossils from Koobi Fora in northern

Kenya confirm taxonomic diversity in early *Homo*. *Nature* 488: 201-4.
9. Wood, B., and M. Collard (1999). The human genus. *Science* 284: 65-71.
10. Kaplan, H. S., et al. (2000). Theory of human life history evolution: Diet, intelligence, and longevity. *Evolutionary Anthropology* 9: 156-85.
11. Marlowe, F. W. (2010). *The Hadza: Hunter-Gatherers of Tanzania*. Berkeley: University of California Press.
12. 最も古い明確な証拠は260万年前のもので、複数の遺跡から発見されている。参考として以下を参照。de Heinzelin, J., et al. (1999). Environment and behavior of 2.5-million-year-old Bouri hominids. *Science* 284: 625-29; Semaw, S., et al. (2003). 2.6-million-year-old stone tools and associated bones from OGS-6 and OGS-7, Gona, Afar, Ethiopia. *Journal of Human Evolution* 45: 169-77. 切り傷と見られる跡のついた340万年前の骨も発見されているが、これについては異論も多い。以下を参照。McPherron, S. P., et al. (2010). Evidence for stone-tool-assisted consumption of animal tissues before 3.39 million years ago at Dikika, Ethiopia. *Nature* 466: 857-60.
13. Kelly, R. L. (2007). *The Foraging Spectrum: Diversity in Hunter-Gatherer Lifeways*. Clinton Corners, NY: Percheron Press.
14. Marlowe, F. W. (2010). *The Hadza: Hunter-Gatherers of Tanzania*. Berkeley: University of California Press.
15. Hawkes, K., et al. (1998). Grandmothering, menopause, and the evolution of human life histories. *Proceedings of the National Academy of Sciences USA* 95: 1336-39.
16. Hrdy, S. B. (2009). *Mothers and Others*. Cambridge, MA: The Belknap Press.
17. Wrangham, R. W., and N. L. Conklin-Brittain (2003). Cooking as a biological trait. *Comparative Biochemistry and Physiology—Part A: Molecular & Integrative Physiology* 136: 35-46.
18. Zink, K. D. (2013). Hominin food processing: material property, masticatory performance and morphological changes associated with mechanical and thermal processing techniques. Doctoral thesis, Harvard University, Cambridge, MA.
19. Carmody, R. N., G. S. Weintraub, and R. W. Wrangham (2011). Energetic consequences of thermal and nonthermal food processing.

Proceedings of the National Academy of Sciences USA 108: 19199-203.
20. Meegan, G. (2008). *The Longest Walk: An Odyssey of the Human Spirit*. New York: Dodd Mead. (『世界最長の徒歩旅行――南北アメリカ大陸縦断３万キロ』藤井元子訳、中央公論社、1990年)
21. Marlowe, F. W. (2010). *The Hadza: Hunter-Gatherers of Tanzania*. Berkeley: University of California Press.
22. Pontzer, H., et al. (2010). Locomotor anatomy and biomechanics of the Dmanisi hominins. *Journal of Human Evolution* 58: 492-504.
23. Pontzer, H. (2007). Predicting the cost of locomotion in terrestrial animals: A test of the LiMb model in humans and quadrupeds. *Journal of Experimental Biology* 210: 484-94; Steudel-Numbers, K. (2006). Energetics in *Homo erectus* and other early hominins: The consequences of increased lower limb length. *Journal of Human Evolution* 51: 445-53.
24. Bennett, M. R., et al. (2009). Early hominin foot morphology based on 1.5-million-year-old footprints from Ileret, Kenya. *Science* 323: 1197-201; Dingwall, H. L., et al. (2013). Hominin stature, body mass, and walking speed estimates based on 1.5-million-year-old fossil footprints at Ileret, Kenya. *Journal of Human Evolution* 2013.02.004.
25. Ruff, C. B., et al. (1999). Cross-sectional morphology of the SK 82 and 97 proximal femora. *American Journal of Physical Anthropology* 109: 509-21; Ruff, C. B., et al. (1993). Postcranial robusticity in *Homo*. I: Temporal trends and mechanical interpretation. *American Journal of Physical Anthropology* 91: 21-53.
26. Ruff, C. B. (1988). Hindlimb articular surface allometry in Hominoidea and *Macaca*, with comparisons to diaphyseal scaling. *Journal of Human Evolution* 17: 687-714; Jungers, W. L. (1988). Relative joint size and hominoid locomotor adaptations with implications for the evolution of hominid bipedalism. *Journal of Human Evolution* 17: 247-65.
27. Wheeler, P. E. (1991). The thermoregulatory advantages of hominid bipedalism in open equatorial environments: The contribution of increased convective heat loss and cutaneous evaporative cooling. *Journal of Human Evolution* 21: 107-15.
28. 以下を参照。Ruff, C. B. (1993). Climatic adaptation and hominid

evolution: The thermoregulatory imperative. *Evolutionary Anthropology* 2: 53-60; Simpson, S. W., et al. (2008). A female *Homo erectus* pelvis from Gona, Ethiopia. *Science* 322: 1089-92; Ruff, C. B. (2010). Body size and body shape in early hominins: Implications of the Gona pelvis. *Journal of Human Evolution* 58: 166-78.

29. Franciscus, R. G., and E. Trinkaus (1988). Nasal morphology and the emergence of *Homo erectus*. *American Journal of Physical Anthropology* 75: 517-27.

30. これは寒い日に簡単な実験を行なえば実証できる。友人にまず鼻から息を吐き出してもらい、次に口から吐き出してもらう。すると、鼻からよりも口からのほうがたくさん湯気が出ることがわかるだろう。鼻息の場合、鼻腔内の乱流に多くの水蒸気が取り込まれてしまうからだ。

31. Van Valkenburgh, B. (2001). The dog-eat-dog world of carnivores: A review of past and present carnivore community dynamics. In *Meat-Eating and Human Evolution*, ed. C. B. Stanford and H. T. Bunn. Oxford: Oxford University Press, 101-21.

32. Wilkins, J., et al. (2012). Evidence for early Hafted hunting technology. *Science* 338: 942-46; Shea, J. J. (2006). The origins of lithic projectile point technology: Evidence from Africa, the Levant, and Europe. *Journal of Archaeological Science* 33: 823-46.

33. O'Connell, J. F., et al. (1988). Hadza scavenging: Implications for Plio-Pleistocene hominid subsistence. *Current Anthropology* 29: 356-63.

34. Potts, R. (1988). Environmental hypotheses of human evolution. *Yearbook of Physical Anthropology* 41: 93-136; Dominguez-Rodrigo, M. (2002). Hunting and scavenging by early humans: The state of the debate. *Journal of World Prehistory* 16: 1-54; Bunn, H. T. (2001). Hunting, power scavenging, and butchering by Hadza foragers and by Plio-Pleistocene *Homo*. In *Meat-Eating and Human Evolution*, ed. C. B. Stanford and H. T. Bunn. Oxford: Oxford University Press, 199-218; Braun, D. R., et al. (2010). Early hominin diet included diverse terrestrial and aquatic animals 1.95 Myr ago in East Turkana, Kenya. *Proceedings of the National Academy of Sciences USA* 107: 10002-7.

35. 先の尖っていない槍は、よほど重いものでないかぎり、獣皮に当たって跳ね返ってしまう。また、普通は槍が刺さって動物の身体に

穴があいても、それで動物が死ぬわけではない。むしろ死因となるのは、ぎざぎざした鋭い穂先によって生じる裂傷で、そこから内出血が起こって死にいたるのである。先の尖った金属の槍を装備した今日の狩猟民でさえ、獲物を確実に殺すためには数メートル手前まで近づかなくてはならない。詳しくは以下を参照。Churchill, S. E. (1993). Weapon technology, prey size selection and hunting methods in modern hunter-gatherers: Implications for hunting in the Palaeolithic and Mesolithic. In *Hunting and Animal Exploitation in the Later Palaeolithic and Mesolithic of Eurasia*, ed. G. L. Peterkin, H. M. Bricker, and P. A. Mellars. Archeological Papers of the American Anthropological Association no. 4, 11-24.

36. Carrier, D. R. (1984). The energetic paradox of human running and hominid evolution. *Current Anthropology* 25: 483-95; Bramble, D. M., and D. E. Lieberman (2004). Endurance running and the evolution of *Homo*. *Nature* 432: 345-52.

37. この仕組みを簡単に説明すると、ギャロップは前後動の激しい足取りなので、一駆けするごとに動物の内臓が激しく前後に揺れて、ピストンのように規則的に横隔膜を叩く。したがってギャロップしている最中の四足動物は、一駆けと一呼吸を同調させなくてはならないので、浅速呼吸（短い呼吸を何度も繰り返すこと）ができなくなるわけだ。詳しくは以下を参照。Bramble, D. M., and F. A. Jenkins Jr. (1993). Mammalian locomotor-respiratory integration: Implications for diaphragmatic and pulmonary design. *Science* 262: 235-40.

38. 通常、狩猟民ができるだけ大きな獲物を狙って追いかけるのは、身体の大きい動物ほど早く高体温症状になるからだ。なぜそうなるかといえば、体温は身体のサイズが大きくなるほどに、３次関数的な急カーブを描いて上昇するが、体熱を逃がす能力の高まりは１次関数的、すなわち直線的な変化にとどまるからである。

39. Liebenberg, L. (2006). Persistence hunting by modern hunter-gatherers. *Current Anthropology* 47: 1017-26.

40. Montagna, W. (1972). The skin of nonhuman primates. *American Zoologist* 12: 109-24.

41. １リットルの水を気化するのに必要な熱量は531キロカロリーで、エネルギー保存の法則により、この物質状態の変化にともなって同じ熱量の分だけ皮膚が冷却される。

42. Schwartz, G. G., and L. A. Rosenblum (1981). Allometry of hair density and the evolution of human hairlessness. *American Journal of Physical Anthropology* 55: 9-12.
43. これは第3章で見てきた歩行とは正反対だ。歩行においては1歩の前半で身体の質量中心が上がる。歩行はおもに振り子の力学によって身体を動かすが、走行は質量とばねの力学を使う。
44. 同じ現象がカンガルーでも記録されている。詳しくは以下を参照。Alexander, R. M. (1991). Energy-saving mechanisms in walking and running. *Journal of Experimental Biology* 160: 55-69.
45. Ker, R. F., et al. (1987). The spring in the arch of the human foot. *Nature* 325: 147-49.
46. Lieberman, D. E., D. A. Raichlen, and H. Pontzer (2006). The human gluteus maximus and its role in running. *Journal of Experimental Biology* 209: 2143-55.
47. Spoor, F., B. Wood, and F. Zonneveld (1994). Implications of early hominid labyrinthine morphology for evolution of human bipedal locomotion. *Nature* 369: 645-48.
48. Lieberman, D. E. (2011). *Evolution of the Human Head*. Cambridge, MA: Harvard University Press.
49. これらの特徴とその機能を網羅した一覧は以下を参照。Bramble, D. M., and D. E. Lieberman (2004). Endurance running and the evolution of *Homo*. *Nature* 432: 345-52.
50. Rolian, C., et al. (2009). Walking, running and the evolution of short toes in humans. *Journal of Experimental Biology* 212: 713-21.
51. 人間の胴体は可動性が大きく、腰や頭とは無関係にひねることができる。このひねりが、走行中には重要なポイントとなる。歩いているときと違い、走っているときは1歩を大きく踏み出すごとに、身体を宙に浮かせながら片方の脚を前に、もう片足の脚を後ろに振る。このはさみのような運動が角運動量を生み出すので、そのままにしておくと身体が右か左に回転してしまう。したがって走者は脚を振るのと同時に腕を振り、胴体を脚と反対の方向に回転させて、逆方向の同等の角運動量を生み出さなくてはならない。また、胴体だけを独自にひねることが可能になっているために、頭が左右に揺れずに安定していられるというのも利点である。さらに詳しい説明は以下を参照。Hinrichs, R. N. (1990). Upper extremity function in

distance running. In *Biomechanics of Distance Running*, ed. P. R. Cavanagh. Champaign, IL: Human Kinetics, 107-34; Pontzer, H., et al. (2009). Control and function of arm swing in human walking and running. *Journal of Experimental Biology* 212: 523-34.

52. 筋肉には速筋線維と遅筋線維の２種類の線維がある。速筋線維は遅筋線維よりも瞬発的に収縮するが、すぐに疲労し、エネルギー消費量も高い。したがって遅筋線維のほうが経済的だが、スピードには難がある。類人猿やサルを含め、大半の動物の脚は速筋線維のほうが多いので、一気に猛スピードで走れるが、人間の脚は遅筋線維のほうが多いので、持久力がある。ふくらはぎの筋肉を例にとれば、人間は約60パーセントが遅筋線維だが、マカクザルやチンパンジーでは遅筋線維が15パーセントから20パーセント程度しかない。ホモ・エレクトスの脚についてはあくまでも推測だが、やはり遅筋線維のほうが多かったと思われる。参考として以下を参照。Acosta, L., and R. R. Roy (1987). Fiber-type composition of selected hindlimb muscles of a primate (cynomolgus monkey). *Anatomical Record* 218: 136-41; Dahmane, R., et al. (2005). Spatial fiber type distribution in normal human muscle: Histochemical and tensiomyographical evaluation. *Journal of Biomechanics* 38: 2451-59; Myatt, J. P., et al. (2011). Distribution patterns of fiber types in the triceps surae muscle group of chimpanzees and orangutans. *Journal of Anatomy* 218: 402-12.

53. Goodall, J. (1986). *The Chimpanzees of Gombe*. Cambridge, MA: Harvard University Press.（『野生チンパンジーの世界』杉山幸丸・松沢哲郎監訳、ミネルヴァ書房、1990年）

54. Napier, J. R. (1993). *Hands*. Princeton, NJ: Princeton University Press.

55. Marzke, M. W., and R. F. Marzke (2000). Evolution of the human hand: Approaches to acquiring, analysing and interpreting the anatomical evidence. *Journal of Anatomy* 197 (pt. 1): 121-40.

56. Rolian, C., D. E. Lieberman, and J. P. Zermeno (2012). Hand biomechanics during simulated stone tool use. *Journal of Human Evolution* 61: 26-41.

57. Susman, R. L. (1998). Hand function and tool behavior in early hominids. *Journal of Human Evolution* 35: 23-46; Tocheri, M. W., et al. (2008). The evolutionary history of the hominin hand since the last

common ancestor of *Pan* and *Homo*. *Journal of Anatomy* 212: 544-62; Alba, D., et al. (2003). Morphological affinities of the *Australopithecus afarensis* hand on the basis of manual proportions and relative thumb length. *Journal of Human Evolution* 44: 225-54.

58. Roach, N. T., et al. (2013). Elastic energy storage in the shoulder and the evolution of high-speed throwing in *Homo*. *Nature* 498: 483-86.

59. 人間がものを投げるのに有利となるもう１つの重要な特徴は、上腕の「ねじれ」が少ないことだ。大半の人は、チンパンジーと同じように上腕にねじれがあって、そのため肘関節が自然と内側を向くようになっている。ところが、投げることが習慣化しているプロ野球選手などは、投げるのに使っている利き腕のほうがそうでないほうの腕よりも、上腕のねじれが20度ほど少なく発達している。この形状が有利なのは、ねじれが少ないほど腕を後ろに引くことができるので、それだけ多く弾性エネルギーを蓄えられるからだ。これまで出土したうち２体のホモ・エレクトスの骨格は、上腕のねじれが大半のプロ野球選手よりも少なかった。詳しくは以下を参照。Roach, N. T., et al. (2012). The effect of humeral torsion on rotational range of motion in the shoulder and throwing performance. *Journal of Anatomy* 220: 293-301; Larson, S. G. (2007). Evolutionary transformation of the hominin shoulder. *Evolutionary Anthropology* 16: 172-87.

60. 火の使用を示唆する最古の考古学的証拠は、アフリカ南部のワンダーワーク洞窟から出ている。この火が調理に使われたのかどうかは不明で、調理がいつから普及したのかも定かでない（これについては第５章で詳述する）。以下を参照。Berna, F., et al. (2012). Microstratigraphic evidence of in situ fire in the Acheulean strata of Wonderwerk Cave, Northern Cape province, South Africa. *Proceedings of the National Academy of Sciences USA* 109: 1215-20.

61. Carmody, R. N., G. S. Weintraub, and R. W. Wrangham (2011). Energetic consequences of thermal and nonthermal food processing. *Proceedings of the National Academy of Sciences USA* 108: 19199-203.

62. Brace, C. L., S. L. Smith, and K. D. Hunt (1991). What big teeth you had, grandma! Human tooth size, past and present. In *Advances in Dental Anthropology*, ed. M. A. Kelley and C. S. Larsen. New York: Wiley-Liss, 33-57.

63. 優れた概説として以下を参照。Alexander, R. M. (1999). *Energy for Animal Life*. Oxford: Oxford University Press.
64. 脳の大きさについては以下を参照。Martin, R. D. (1981). Relative brain size and basal metabolic rate in terrestrial vertebrates. *Nature* 293: 57-60. 腸の大きさについてのデータは以下を参照。Chivers, D. J., and C. M. Hladik (1980). Morphology of the gastrointestinal tract in primates: Comparisons with other mammals in relation to diet. *Journal of Morphology* 166: 337-86.
65. Aiello, L. C., and P. Wheeler (1995). The expensive-tissue hypothesis: The brain and the digestive system in human and primate evolution. *Current Anthropology* 36: 199-221.
66. Lieberman, D. E. (2011). *The Evolution of the Human Head*. Cambridge, MA: Harvard University Press.
67. 以下を参照。Hill, K. R., et al. (2011). Co-residence patterns in hunter-gatherer societies show unique human social structure. *Science* 331: 1286-89; Apicella, C. L., et al. (2012). Social networks and cooperation in hunter-gatherers. *Nature* 481: 497-501.
68. これらのスキルについての詳細な説明と分析は以下を参照。L. Liebenberg (2001). *The Art of Tracking: The Origin of Science*. Claremont, South Africa: David Philip Publishers.
69. Kraske, R. (2005). *Marooned: The Strange but True Adventures of Alexander Selkirk*. New York: Clarion Books.
70. 彼女の行動については諸説がある。最も有名なのはマルグリット・ド・ナヴァルの『エプタメロン』に収められているものだが、これはかなり敬虔な解釈だ。http://digital.library.upenn.edu/women/navarre/heptameron/heptameron.html.

第5章

1. このような代替戦略の背後にある進化論の概説として以下を参照。Stearns, S. C. (1992). *The Evolution of Life Histories*. Oxford: Oxford University Press.
2. どれほど恵まれた条件のもとでも、化石種を正確に特定するのは難しい。ホモ・エレクトスは単一の種で、そのなかに多数の亜種があ

るのだと考える専門家もいる一方で、東アフリカやジョージア（旧グルジア）などに生息していたのはホモ・エレクトスときわめて近縁の別の種だと見なす専門家もいる。本書では便宜上、ホモ・エレクトスを広義でとらえ、厳密な分類については追究しないこととする。

3. Rightmire, G. P., D. Lordkipanidze, and A. Vekua (2006). Anatomical descriptions, comparative studies and evolutionary significance of the hominin skulls from Dmanisi, Republic of Georgia. *Journal of Human Evolution* 50: 115-41; Lordkipanidze, D., et al. (2005). The earliest toothless hominin skull. *Nature* 434: 717-18.
4. Antón, S. C. (2003). Natural history of *Homo erectus*. *Yearbook of Physical Anthropology* 46: 126-70.
5. 学者によっては最初のヨーロッパ人をホモ・アンテセッサーという別の種に分類するが、この化石人類をホモ・エレクトスと区別する証拠はきわめて微妙である。Bermúdez de Castro, J., et al. (1997). A hominid from the Lower Pleistocene of Atapuerca, Spain: Possible ancestor to Neandertals and modern humans. *Science* 276: 1392-95.
6. 粗い概算ではあるが、ここでは年間人口成長率を 0.004、隣接するテリトリーの中心から中心の平均距離を 24 キロメートル、北に新しいテリトリーが確立される間隔を 500 年ごとと仮定する。
7. 以下を参照。Schreve, D. C. (2001). Differentiation of the British late Middle Pleistocene interglacials: The evidence from mammalian biostratigraphy. *Quaternary Science Reviews* 20: 1693-705.
8. deMenocal, P. B. (2004). African climate change and faunal evolution during the Pliocene-Pleistocene. *Earth and Planetary Science Letters* 220: 3-24.
9. Rightmire, G. P., D. Lordkipanidze, and A. Vekua (2006). Anatomical descriptions, comparative studies and evolutionary significance of the hominin skulls from Dmanisi, Republic of Georgia. *Journal of Human Evolution* 50: 115-41; Lordkipanidze, D. T., et al. (2007). Postcranial evidence from early *Homo* from Dmanisi, Georgia. *Nature* 449: 305-10.
10. Ruff, C. B., and A. Walker (1993). Body size and body shape. In *The Nariokotome* Homo erectus *Skeleton*, ed. A. Walker and R. E. F. Leakey. Cambridge, MA: Harvard University Press, 221-65; Graves, R. R., et al. (2010). Just how strapping was KNM-WT 15000? *Journal of*

Human Evolution 59(5): 542-54.; Spoor, F., et al. (2007). Implications of new early *Homo* fossils from Ileret, east of Lake Turkana, Kenya. *Nature* 448: 688-91; Ruff, C. B., E. Trinkaus, and T. W. Holliday (1997). Body mass and encephalization in Pleistocene *Homo*. *Nature* 387: 173-76.

11. Rightmire, G. P. (1998). Human evolution in the Middle Pleistocene: The role of *Homo heidelbergensis*. *Evolutionary Anthropology* 6: 218-27.
12. Arsuaga, J. L., et al. (1997). Size variation in Middle Pleistocene humans. *Science* 277: 1086-88.
13. Reich, D., et al. (2010). Genetic history of an archaic hominin group from Denisova Cave in Siberia. *Nature* 468: 1053-60; Scally, A., and R. Durbin (2012). Revising the human mutation rate: Implications for understanding human evolution. *Nature Reviews Genetics* 13: 745-53.
14. Reich, D., et al. (2011). Denisova admixture and the first modern human dispersals into Southeast Asia and Oceania. *American Journal of Human Genetics* 89: 516-28.
15. Klein, R. G. (2009). *The Human Career*, 3rd ed. Chicago: University of Chicago Press.
16. 現時点での最古の槍は、40万年前のドイツの遺跡から出土したものだ。長さ2メートル超、高密度の木でできた立派な槍で、動物を突き刺して殺すのに使われていたと見られ、ウマやシカ、ひょっとしたらゾウまでしとめられていたかもしれない。以下を参照。Thieme, H. (1997). Lower Palaeolithic hunting spears from Germany. *Nature* 385: 807-10.
17. この石器の製法は、ルヴァロワ技法と呼ばれる。この種類の石器が発見されたパリ郊外の地名にちなんで19世紀に命名された。ただし、この技法をうかがわせる最古の証拠は南アフリカのカサパン遺跡で発見されている。以下を参照。Wilkins, J., et al. (2012). Evidence for early hafted hunting technology. *Science* 338: 942-46.
18. Berna, F., et al. (2012). Microstratigraphic evidence of in situ fire in the Acheulean strata of Wonderwerk Cave, Northern Cape province, South Africa. *Proceedings of the National Academy of Sciences USA* 109: 1215-20; Goren-Inbar, N., et al. (2004). Evidence of hominin control of fire at Gesher Benot Ya'aqov, Israel. *Science* 304: 725-27. 解釈の限界

についての議論として以下も参照。Roebroeks, W., and P. Villa (2011). On the earliest evidence for habitual use of fire in Europe. *Proceedings of the National Academy of Sciences USA* 108: 5209-14.

19. Karkanas, P., et al. (2007). Evidence for habitual use of fire at the end of the Lower Paleolithic: Site-formation processes at Qesem Cave, Israel. *Journal of Human Evolution* 53: 197-212.
20. Green, R. E., et al. (2008). A complete Neandertal mitochondrial genome sequence determined by high-throughput sequencing. *Cell* 134: 416-26.
21. Green, R. E., et al. (2010). A draft sequence of the Neandertal genome. *Science* 328: 710-22; Langergraber, K. E., et al. (2012). Generation times in wild chimpanzees and gorillas suggest earlier divergence times in great ape and human evolution. *Proceedings of the National Academy of Sciences USA* 109: 15716-21.
22. 交配の証拠があるからといって、ネアンデルタール人と現生人類が同じ種であることにはならない。多くの種は異種交配が可能で、実際にしてもいる（専門用語では「hybridize」〔雑種形成する〕という）。異種交配がごくわずかで、両者が大きく異なったままであれば、それらを単一の種と分類するのは有益ではなく、かえって紛らわしい。
23. 骨の化学分析から、ネアンデルタール人はオオカミやキツネといった肉食獣と同じくらい肉を食べていたことがうかがえる。以下を参照。Bocherens, H. D., et al. (2001). New isotopic evidence for dietary habits of Neandertals from Belgium. *Journal of Human Evolution* 40: 497-505; Richards, M. P., and E. Trinkaus (2009). Out of Africa: Modern human origins special feature: Isotopic evidence for the diets of European Neanderthals and early modern humans. *Proceedings of the National Academy of Sciences USA* 106: 16034-39.
24. 正確を期せば、脳の重量は体重の0.75乗だ。数式であらわすと（脳の重量）＝（体重）$^{0.75}$となる。以下を参照。Martin, R. D. (1981). Relative brain size and basal metabolic rate in terrestrial vertebrates. *Nature* 293: 57-60.
25. これらのデータの概要については以下を参照。自分で計算するための数式もそろっている。Lieberman, D. E. (2011). *Evolution of the Human Head*. Cambridge, MA: Harvard University Press.

26. Ruff, C. B., E. Trinkaus, and T. W. Holliday (1997). Body mass and encephalization in Pleistocene *Homo*. *Nature* 387: 173-76.
27. Vrba, E. S. (1998). Multiphasic growth models and the evolution of prolonged growth exemplified by human brain evolution. *Journal of Theoretical Biology* 190: 227-39; Leigh, S. R. (2004). Brain growth, life history, and cognition in primate and human evolution. *American Journal of Primatology* 62: 139-64.
28. DeSilva, J., and J. Lesnik (2006). Chimpanzee neonatal brain size: Implications for brain growth in *Homo erectus*. *Journal of Human Evolution* 51: 207-12.
29. 人間の脳には約115億個のニューロンがあるが、チンパンジーには平均で65億個しかない。Haug, H. (1987). Brain sizes, surfaces, and neuronal sizes of the cortex cerebri: A stereological investigation of man and his variability and a comparison with some mammals (primates, whales, marsupials, insectivores, and one elephant). *American Journal of Anatomy* 180: 126-42.
30. Changizi, M. A. (2001). Principles underlying mammalian neocortical scaling. *Biological Cybernetics* 84: 207-15; Gibson, K. R., D. Rumbaugh, and M. Beran (2001). Bigger is better: Primate brain size in relationship to cognition. In *Evolutionary Anatomy of the Primate Cerebral Cortex*, ed. D. Falk and K. R. Gibson. Cambridge: Cambridge University Press, 79-97.
31. 母親は自分の身体の分として約2000キロカロリー、加えてその15パーセントを胎児の分として必要とする。適度に運動する平均的な3歳児には990キロカロリーが必要で、同じく適度な身体活動レベルにあると仮定した7歳児には1200キロカロリーが必要となる。
32. 人間の脳にはいろいろな自己防衛手段が備わっている。その1つが、脳の複数の区画（左右と上下）のあいだに挟まっている特別に厚い膜だ。ワインケースの内部にはボール紙の間仕切りがあって、ワインの瓶が互いにぶつからないようにしているが、この帯状の膜はそれと同じような働きをしている。また、脳は大きな湯船のようなもののなかに浸かっていて、周囲の加圧された液体によって衝撃が吸収されるようになっている。加えて、人間の頭蓋はことのほか壁が分厚い。
33. Leutenegger, W. (1974). Functional aspects of pelvic morphology in

simian primates. *Journal of Human Evolution* 3: 207-22.

34. Rosenberg, K. R., and W. Trevathan (1996). Bipedalism and human birth: The obstetrical dilemma revisited. *Evolutionary Anthropology* 4: 161-68.

35. Tomasello, M. (2009). *Why We Cooperate*. Cambridge, MA: MIT Press.（『ヒトはなぜ協力するのか』橋彌和秀訳、勁草書房、2013年）

36. 例外は肉で、これはオスも狩猟をする際に組んだ仲間に分けることがある。 Muller, M. N., and J. C. Mitani (2005). Conflict and cooperation in wild chimpanzees. *Advances in the Study of Behavior* 35: 275-331.

37. Dunbar, R. I. M. (1998). The social brain hypothesis. *Evolutionary Anthropology* 6: 178-90.

38. Liebenberg, L. (1990). *The Art of Tracking: The Origin of Science*. Cape Town: David Philip.

39. 専門家によっては、青年期を人間特有の段階であるとして、おもに成長のスパートによって定義されると見なす考えもある。しかし、ほぼすべての大型哺乳類には成長のスパートがあり（とくに体重面で）、骨格の成長が止まるのはそれよりずっとあとのことになる。

40. Bogin, B. (2001). *The Growth of Humanity*. Cambridge: Cambridge University Press.

41. Smith, T. M., et al. (2013). First molar eruption, weaning, and life history in living wild chimpanzees. *Proceedings of the National Academy of Sciences USA* 110: 2787-91.

42. 類人猿と比べると、人間が成熟するまでに必要とする総エネルギー量は多いが、人間の母親にとっては赤ん坊1人あたりのコストは低い。レズリー・アイエロとキャシー・キーは、深い洞察に裏打ちされた重要な論文で、身体の大きい母親にとって乳汁産生はとくに負担が大きく、母親のエネルギー需要量を25パーセントから50パーセント増加させると指摘した。体重50キロの初期人類の母親が授乳中だったとすると、必要となるエネルギーは1日あたり2300キロカロリーだ。同じく授乳中の体重30キロの母親のエネルギー需要量と比べると、50パーセントも多い。ここから計算すると、体重50キロの人間の母親が類人猿のように子供を5歳まで乳離れさせずにいた場合、なんと子供1人あたり420万キロカロリーものエネルギーが消費されることになる。子供を3歳で乳離れさせた場合と比べ

て170万キロカロリーも多いのだ。したがって、肉や髄や加工した植物といった良質の食物を十分に得られる環境が整っている母親は、子供がまだ未熟なうちに乳離れさせられれば、繁殖面で多大なメリットを享受できる。詳しくは以下を参照。Aiello, L. C., and C. Key (2002). The energetic consequences of being a *Homo erectus* female. *American Journal of Human Biology* 14: 551-65.

43. Kramer, K. L. (2011). The evolution of human parental care and recruitment of juvenile help. *Trends in Ecology and Evolution* 26: 533-40.

44. このような推定ができるのは、人間やほかの霊長類も含めたすべての哺乳類では、脳が完全な大きさに達する年齢と、第1永久臼歯が生えてくる年齢とが同じだからだ。しかも、歯には木の年輪のような時間の経過記録を保存する微細構造があるため、分析者が歯を利用して動物の第1永久臼歯が何歳で生えてきたか、ひいてはいつの時点で脳の成長が止まったかを推定できるのである。詳しくは以下を参照。Smith, B. H. (1989). Dental development as a measure of life history in primates. *Evolution* 43: 683-88; Dean, M. C. (2006). Tooth microstructure tracks the pace of human life-history evolution. *Proceedings of the Royal Society B Biological Sciences* 273: 2799-2808.

45. Dean, M. C., et al. (2001). Growth processes in teeth distinguish modern humans from *Homo erectus* and earlier hominins. *Nature* 414: 628-31.

46. Smith, T. M., et al. (2007). Rapid dental development in a Middle Paleolithic Belgian Neanderthal. *Proceedings of the National Academy of Sciences USA* 104: 20220-25.

47. Dean, M. C., and B. H. Smith (2009). Growth and development in the Nariokotome youth, KNM-WT 15000. In *The First Humans: Origin of the Genus Homo*, ed. F. E. Grine, J. G. Fleagle, and R. F. Leakey. New York: Springer, 101-20.

48. Smith, T. M., et al. (2010). Dental evidence for ontogenetic differences between modern humans and Neanderthals. *Proceedings of the National Academy of Sciences USA* 107: 20923-28.

49. 専門的に言うと、脂肪分子とは3個の脂肪酸と1個のグリセリンで構成されたトリグリセリドである。脂肪酸は基本的に炭素原子と水素原子の長い鎖状の連なりで、グリセリンは無色無臭で甘味を持

ったアルコールの一種だ。

50. Kuzawa, C. W. (1998). Adipose tissue in human infancy and childhood: An evolutionary perspective. *Yearbook of Physical Anthropology* 41: 177-209.
51. Pond, C. M., and C. A. Mattacks (1987). The anatomy of adipose tissue in captive *Macaca* monkeys and its implications for human biology. *Folia Primatologica* 48: 164-85.
52. Clandinin, M. T., et al. (1980). Extrauterine fatty acid accretion in infant brain: Implications for fatty acid requirements. *Early Human Development* 4: 131-38.
53. グリコーゲン（筋肉や肝臓に貯蔵される炭水化物の1形態）は脂肪よりも燃焼が速いが、脂肪よりもずっと重くて密度も高いため、体内には限られた量しか貯蔵できない。よほど速く走るときをのぞけば、燃焼に使われるのはほとんどが脂肪である。詳しくは第10章を参照。
54. Ellison, P. T. (2003). *On Fertile Ground*. Cambridge, MA: Harvard University Press.
55. この普遍的な相関関係はクライバー則として知られる。生物の代謝速度は体重の0.75乗に比例して大きくなる（BMR＝〔体重〕$^{0.75}$）というものだ。
56. Leonard, W. R., and M. L. Robertson (1997). Comparative primate energetics and hominoid evolution. *American Journal of Physical Anthropology* 102: 265-81; Froehle, A. W., and M. J. Schoeninger (2006). Intraspecies variation in BMR does not affect estimates of early hominin total daily energy expenditure. *American Journal of Physical Anthropology* 131: 552-59.
57. データについては以下を参照。Leonard, W. R., and M. L. Robertson (1997). Comparative primate energetics and hominoid evolution. *American Journal of Physical Anthropology* 102: 265-81; Pontzer, H., et al. (2010). Metabolic adaptation for low energy throughput in orangutans. *Proceedings of the National Academy of Sciences USA* 107: 14048-52; Dugas, L. R., et al. (2011). Energy expenditure in adults living in developing compared with industrialized countries: A meta-analysis of doubly labeled water studies. *American Journal of Clinical Nutrition* 93: 427-41; Pontzer, H., et al. (2012). Hunter-gatherer

energetics and human obesity. *PLoS One* 7 (7): e40503.
58. Kaplan, H. S., et al. (2000). A theory of human life history evolution: diet, intelligence, and longevity. *Evolutionary Anthropology* 9: 156-85.
59. これは人間だけでなく哺乳類全般にも当てはまる。以下を参照。Pontzer, H. (2012). Relating ranging ecology, limb length, and locomotor economy in terrestrial animals. *Journal of Theoretical Biology* 296: 6-12.
60. これについての概説は以下の第5章を参照。Wrangham, R. W. (2009). *Catching Fire: How Cooking Made Us Human*. New York: Basic Books.（『火の賜物——ヒトは料理で進化した』依田卓巳訳、NTT出版、2010年）
61. 主要な理論と参考文献として以下を参照。Charnov, E. L., and D. Berrigan (1993). Why do female primates have such long lifespans and so few babies? Or life in the slow lane. *Evolutionary Anthropology* 1: 191-94; Kaplan, H. S., J. B. Lancaster, and A. Robson (2003). Embodied capital and the evolutionary economics of the human lifespan. In *Lifespan: Evolutionary, Ecology and Demographic Perspectives*, ed. J. R. Carey and S. Tuljapakur. *Population and Development Review* 29, supp. 2003, 152-82; Isler, K., and C. P. van Schaik (2009). The expensive brain: A framework for explaining evolutionary changes in brain size. *Journal of Human Evolution* 57: 392-400; Kramer, K. L., and P. T. Ellison (2010). Pooled energy budgets: Resituating human energy-allocation trade-offs. *Evolutionary Anthropology* 19: 136-47.
62. 世界のごく一部に見られる人間の「ピグミー」集団（身長150センチ未満の人々）は、いずれも熱帯雨林や孤島など、エネルギーの限られた場所で進化している。ひょっとするとジョージア（旧グルジア）のドマニシ原人が小さいのも、ユーラシア大陸に最初に移動した人類のあいだでエネルギーを節約する方向に自然選択が働いたことのあらわれかもしれない。
63. Morwood, M. J., et al. (1998). Fission track age of stone tools and fossils on the east Indonesian island of Flores. *Nature* 392: 173-76.
64. Brown, P., et al. (2004). A new small-bodied hominin from the Late Pleistocene of Flores, Indonesia. *Nature* 431: 1055-61.
65. Morwood, M. J., et al. (2005). Further evidence for small-bodied hominins from the Late Pleistocene of Flores, Indonesia. *Nature* 437:

1012-17.
66. Falk, D., et al. (2005). The brain of LB1, *Homo floresiensis*. *Science* 308: 242-45; Baab, K. L., and K. P. McNulty (2009). Size, shape, and asymmetry in fossil hominins: The status of the LB1 cranium based on 3D morphometric analyses. *Journal of Human Evolution* 57: 608-22; Gordon, A. D., L. Nevell, and B. Wood (2008). The *Homo floresiensis* cranium (LB1): Size, scaling, and early *Homo* affinities. *Proceedings of the National Academy of Sciences USA* 105: 4650-55.
67. Martin, R. D., et al. (2006). Flores hominid: new species or microcephalic dwarf? *Anatomical Record A* 288: 1123-45.
68. Argue, D., et al. (2006). *Homo floresiensis*: Microcephalic, pygmoid, *Australopithecus*, or *Homo*? *Journal of Human Evolution* 51: 360-74; Falk, D., et al. (2009). The type specimen (LB1) of *Homo floresiensis* did not have Laron syndrome. *American Journal of Physical Anthropology* 140: 52-63.
69. Weston, E. M., and A. M. Lister (2009). Insular dwarfism in hippos and a model for brain size reduction in *Homo floresiensis*. *Nature* 459: 85-88.

第6章

1. Sahlins, M. D. (1972). *Stone Age Economics*. Chicago: Aldine.（『石器時代の経済学』山内昶訳、法政大学出版局、2012 年）
2. Scally, A., and R. Durbin (2012). Revising the human mutation rate: Implications for understanding human evolution. *Nature Reviews Genetics* 13: 745-53.
3. Laval, G. E., et al. (2010). Formulating a historical and demographic model of recent human evolution based on resequencing data from noncoding regions. *PLoS ONE* 5(4): e10284.
4. Lewontin, R. C. (1972). The apportionment of human diversity. *Evolutionary Biology* 6: 381-98; Jorde, L. B., et al. (2000). The distribution of human genetic diversity: A comparison of mitochondrial, autosomal, and Y-chromosome data. *American Journal of Human Genetics* 66: 979-88.

5. Gagneux, P., et al. (1999). Mitochondrial sequences show diverse evolutionary histories of African hominoids. *Proceedings of the National Academy of Sciences USA* 96: 5077-82; Becquet, C., et al. (2007). Genetic structure of chimpanzee populations. *PLoS Genetics* 3(4): e66.
6. Green, R. E. (2008). A complete Neandertal mitochondrial genome sequence determined by high-throughput sequencing. *Cell* 134: 416-26; Green, R. E., et al. (2010). A draft sequence of the Neandertal genome. *Science* 328: 710-22; Langergraber, K. E., et al. (2012). Generation times in wild chimpanzees and gorillas suggest earlier divergence times in great ape and human evolution. *Proceedings of the National Academy of Sciences USA* 109: 15716-21.
7. 年代の推定については以下を参照。Sankararaman, S. (2012). The date of interbreeding between neandertals and modern humans. *PLoS Genetics* 8: e1002947.
8. Reich D., et al. (2010). Genetic history of an archaic hominin group from Denisova Cave in Siberia. *Nature* 468: 1053-60; Krause, J. (2010). The complete mitochondrial DNA genome of an unknown hominin from southern Siberia. *Nature* 464: 894-97.
9. この化石は「オモ１号」と呼ばれ、エチオピア南部から出土した。McDougall, I., F. H. Brown, and J. G. Fleagle (2005). Stratigraphic placement and age of modern humans from Kibish, Ethiopia. *Nature* 433: 733-36.
10. たとえばエチオピアで発見されたヘルト標本の３個体は16万年前のもの、モロッコのジェベル・イルード遺跡で出土した数個の化石も16万年前のもの、スーダンのシンガで出土した頭蓋は13万3000年前のもの。さらにもう少し古いと見られる現生人類の化石もいくつかあり、南アフリカのフロリスバッドから出土した頭蓋の一部などは20万年前のものとされる。以下を参照。White, T. D., et al. (2003). Pleistocene *Homo sapiens* from Middle Awash, Ethiopia. *Nature* 423: 742-47; McDermott, F., et al. (1996). New Late-Pleistocene uranium-thorium and ESR ages for the Singa hominid (Sudan). *Journal of Human Evolution* 31: 507-16.
11. Bar-Yosef, O. (2006). Neanderthals and modern humans: A different interpretation. In *Neanderthals and Modern Humans Meet*, ed. N. J.

Conard. Tübingen: Tübingen Publications in Prehistory, Kerns Verlag, 165-87.

12. Bowler, J. M., et al. (2003). New ages for human occupation and climatic change at Lake Mungo, Australia. *Nature* 421: 837-40; Barker, G., et al. (2007). The "human revolution" in lowland tropical Southeast Asia: The antiquity and behavior of anatomically modern humans at Niah Cave (Sarawak, Borneo). *Journal of Human Evolution* 52: 243-61.
13. 遺伝子データと大半の考古学的証拠から、人類が新世界に住みついたのは３万年前以降、おそらくは２万2000年前以降と推察される。概要は以下を参照。Meltzer, D. J. (2009). *First Peoples in a New World: Colonizing Ice Age America*. Berkeley, CA: University of California Press. さらに詳しい情報については以下を参照。Goebel, T., M. R. Waters, and D. H. O'Rourke (2008). The late Pleistocene dispersal of modern humans in the Americas. *Science* 319: 1497-1502; Hamilton, M. J., and B. Buchanan (2010). Archaeological support for the three-stage expansion of modern humans across northeastern Eurasia and into the Americas. *PLoS One* 5(8): e12472. チリのモンテベルデの住居跡など、いくつかの非常に古い遺跡は、最初の移住がもっと古い時期だったことの裏づけだと言われているが、その証拠は議論を呼ぶところである。以下を参照。Dillehay, T. D., and M. B. Collins (1998). Early cultural evidence from Monte Verde in Chile. *Nature* 332: 150-52.
14. Hublin, J. J., et al. (1995). The Mousterian site of Zafarraya (Granada, Spain): Dating and implications on the palaeolithic peopling processes of Western Europe. *Comptes Rendus de l'Académie des Sciences, Paris*, 321: 931-37.
15. Lieberman, D. E., C. F. Ross, and M. J. Ravosa (2000b). The primate cranial base: Ontogeny, function and integration. *Yearbook of Physical Anthropology* 43: 117-69; Lieberman, D. E., B. M. McBratney, and G. Krovitz (2002). The evolution and development of cranial form in *Homo sapiens*. *Proceedings of the National Academy of Sciences USA* 99: 1134-39.
16. Weidenreich, F. (1941). The brain and its rôle in the phylogenetic transformation of the human skull. *Transactions of the American*

Philosophical Society 31: 328-442; Lieberman, D. E. (2000). Ontogeny, homology, and phylogeny in the Hominid craniofacial skeleton: The problem of the browridge. In *Development, Growth and Evolution*, ed. P. O'Higgins and M. Cohn. London: Academic Press, 85-122.

17. Bastir, M., et al. (2008). Middle cranial fossa anatomy and the origin of modern humans. *Anatomical Record* 291: 130-40; Lieberman, D. E. (2008). Speculations about the selective basis for modern human cranial form. *Evolutionary Anthropology* 17: 22-37.
18. ある説では、顎を強化することがおとがいの機能だとされているが、これはどうにも信じがたい。食物を調理して食べるようになった現生人類が、どうして顎をいっそう強化する必要があるのか？ そのほかにも、下顎の門歯を適切な方向に向けるため、発話を助けるため、それ自体が魅力的であるため、といった説があるが、いずれもたいした支持は得られていない。おとがいに関する諸説については、以下を参照。Lieberman, D. E. (2011). *The Evolution of the Human Head*. Cambridge, MA: Harvard University Press.
19. Rak, Y., and B. Arensburg (1987). Kebara 2 Neanderthal pelvis: First look at a complete inlet. *American Journal of Physical Anthropology* 73: 227-31; Arsuaga, J. L., et al. (1999). A complete human pelvis from the Middle Pleistocene of Spain. *Nature* 399: 255-58; Ruff, C. B. (2010). Body size and body shape in early hominins: Implications of the Gona pelvis. *Journal of Human Evolution* 58: 166-78.
20. Ruff, C. B., et al. (1993). Postcranial robusticity in *Homo*. I: Temporal trends and mechanical interpretation. *American Journal of Physical Anthropology* 91: 21-53.
21. McBrearty, S., and A. S. Brooks (2000). The revolution that wasn't: A new interpretation of the origin of modern human behavior. *Journal of Human Evolution* 39: 453-563.
22. Brown, K. S., et al. (2012). An early and enduring advanced technology originating 71,000 years ago in South Africa. *Nature* 491: 590-93; Yellen, J. E., et al. (1995). A middle stone age worked bone industry from Katanda, Upper Semliki Valley, Zaire. *Science* 268: 553-56; Wadley, L., T. Hodgskiss, and M. Grant (2009). Implications for complex cognition from the hafting of tools with compound adhesives in the Middle Stone Age, South Africa. *Proceedings of the National*

Academy of Sciences USA 106: 9590-94; Mourre, V., P. Villa, and C. S. Henshilwood (2010). Early use of pressure flaking on lithic artifacts at Blombos Cave, South Africa. *Science* 330: 659-62.

23. Henshilwood, C. S., et al. (2001). An early bone tool industry from the Middle Stone Age at Blombos Cave, South Africa: Implications for the origins of modern human behaviour, symbolism and language. *Journal of Human Evolution* 41:631-78; Henshilwood, C. S., F. d'Errico, and I. Watts (2009). Engraved ochres from the Middle Stone Age levels at Blombos Cave, South Africa. *Journal of Human Evolution* 57: 27-47.

24. この議論については以下を参照。D'Errico, F., and C. Stringer (2011). Evolution, revolution, or saltation scenario for the emergence of modern cultures? *Philosophical Transactions of the Royal Society, London, Part B, Biological Science* 366: 1060-69.

25. Jacobs, Z., et al. (2008). Ages for the Middle Stone Age of southern Africa: Implications for human behavior and dispersal. *Science* 322: 733-35.

26. 歴史的な理由から、考古学ではサハラ以南のアフリカにおける後期旧石器時代（Upper Paleolithic）を指す場合には「Later Stone Age」という用語を使う。本書では、どちらの場合でも「Upper Paleolithic」で統一しておく。

27. Stiner, M. C., N. D. Munro, and T. A. Surovell (2000). The tortoise and the hare. Small-game use, the broad-spectrum revolution, and paleolithic demography. *Current Anthropology* 41: 39-79.

28. Weiss, E., et al. (2008). Plant-food preparation area on an Upper Paleolithic brush hut floor at Ohalo II, Israel. *Journal of Archaeological Science* 35: 2400-14; Revedin, A., et al. (2010). Thirty-thousand-year-old evidence of plant food processing. *Proceedings of the National Academy of Sciences USA* 107: 18815-19.

29. このシャテルペロン文化と呼ばれる謎の遺物群は、3万5000年前から2万9000年前とされるいくつかの遺跡にしか見つからない。中期旧石器時代の典型的な道具が含まれている一方、後期旧石器時代の道具も見られ、さらに象牙を彫ったペンダントや指輪などの装飾品も含まれている。この遺物群を複数の文化の混合と見る説もあるが、ネアンデルタール人の後期旧石器文化と見る説もある。さらに詳しい情報や異論については以下を参照。Bar-Yosef, O., and J. G.

Bordes (2010). Who were the makers of the Châtelperronian culture? *Journal of Human Evolution* 59: 586-93; Mellars, P. (2010). Neanderthal symbolism and ornament manufacture: The bursting of a bubble? *Proceedings of the National Academy of Sciences USA* 107: 20147-48; Zilhão, J. (2010). Did Neandertals think like us? *Scientific American* 302: 72-75; Caron, F., et al. (2011). The reality of Neandertal symbolic behavior at the Grotte du Renne, Arcy-sur-Cure, France. *PLoS One* 6: e21545.

30. これは厄介な問題で、その理由はいくつかある。第1に、脳の大きさは身体の大きさを規準にして測らねばならないが（一般に身体の大きい人ほど大きな脳を持っているものなので）、この関係性が種の中でそれほど厳格でないために、そうした修正も不正確となるのである。第2に、知能は測定どころか、定義するのも容易ではない。ほとんどの研究では、脳の大きさと知能検査で測定した知能とのあいだにわずかな相関性（係数0.3-0.4）が見られているが、それらの研究から強固な結論を引き出すには用心がいる。知能とは実際に何であるかについての先入観が、つねに知能の測定には伴うからだ。知能とは数学問題を解いたり適切な文法を使ったりする能力なのか、それともクーズー（アフリカ原産の大きなレイヨウ）を追跡したり他人の考えを読んだりする能力なのか。加えて、知能の測定に環境が及ぼす無数の影響をすべて修正するのは不可能に近い。しかしそれでも、人々は挑戦する。例として以下を参照。Witelson, S. F., H. Beresh, and D. L. Kigar (2006). Intelligence and brain size in 100 postmortem brains: Sex, lateralization and age factors. *Brain* 129: 386-98.

31. これらの研究が骨相学と何か関係があるとは思わないでほしい。骨相学は19世紀の疑似科学で、頭蓋の外形におけるわずかな差異が、性格や知性やその他の機能に関連する脳内の重要な違いを反映していると主張していた。

32. Lieberman, D. E., B. M. McBratney, and G. Krovitz (2002). The evolution and development of cranial form in *Homo sapiens*. *Proceedings of the National Academy of Sciences USA* 99: 1134-39; Bastir, M., et al. (2011). Evolution of the base of the brain in highly encephalized human species. *Nature Communications* 2: 588. スケーリング研究については以下を参照。Rilling, J., and R. Seligman (2002). A quantitative morphometric comparative analysis of the primate

temporal lobe. *Journal of Human Evolution* 42: 505-34; Semendeferi, K. (2001). Advances in the study of hominoid brain evolution: Magnetic resonance imaging (MRI) and 3-D imaging. In *Evolutionary Anatomy of the Primate Cerebral Cortex*, ed. D. Falk and K. Gibson. Cambridge: Cambridge University Press, 257-89.
33. ウェルニッケ野と呼ばれる側頭葉の領域に損傷を負うと、実際に言葉が意味をなさなくなる。
34. Persinger, M. A. (2001). The neuropsychiatry of paranormal experiences. *Journal of Neuropsychiatry and Clinical Neurosciences* 13: 515-24.
35. Bruner, E. (2004). Geometric morphometrics and paleoneurology: Brain shape evolution in the genus *Homo*. *Journal of Human Evolution* 47: 279-303.
36. Culham, J. C., and K. F. Valyear (2006). Human parietal cortex in action. *Current Opinions in Neurobiology* 16: 205-12.
37. Semendeferi, K., et al. (2001). Prefrontal cortex in humans and apes: A comparative study of area 10. *American Journal of Physical Anthropology* 114: 224-41; Schenker, N. M., A. M. Desgouttes, and K. Semendeferi (2005). Neural connectivity and cortical substrates of cognition in hominoids. *Journal of Human Evolution* 49: 547-69.
38. 前頭前領域の損傷の最も有名なケースが、フィネアス・ゲージの事例である。鉄道建設の現場監督だったゲージは、信じがたいような事故で怪我を負った。作業中の爆発で吹き飛ばされた鉄の棒がゲージの眼窩に入って脳を貫通したのだ。驚くべきことにゲージは一命をとりとめたが、それ以来、怒りっぽく、短気になった。さらに詳しい情報は以下を参照。Damasio, A. R. (2005). *Descartes' Error: Emotion, Reason, and the Human Brain*. New York: Penguin.（『デカルトの誤り——情動、理性、人間の脳』田中三彦訳、ちくま学芸文庫、2010 年）
39. この過程についての説明は以下を参照。Lieberman, D. E., K. M. Mowbray, and O. M. Pearson (2000). Basicranial influences on overall cranial shape. *Journal of Human Evolution* 38: 291-315. 生後数年間でのこの過程が現生人類とネアンデルタール人とで違うことの証拠については以下を参照。Gunz, P., et al. (2012). A uniquely modern human pattern of endocranial development. Insights from a new cranial

reconstruction of the Neandertal newborn from Mezmaiskaya. *Journal of Human Evolution* 62:300-13. ただし頭蓋底をより屈曲させ、脳をより丸くするもう1つの要因は、顔の小ささである。頭蓋底の上の脳が成長するように、顔も頭蓋底から下と前に向かって成長する。したがって、顔の長さも頭蓋底がどれだけ屈曲するかに影響を与える。顔が比較的長い動物は、頭蓋底がより平坦なので、それだけ顔が頭蓋の前に突き出ることになる。

40. Miller, D. T., et al. (2012). Prolonged myelination in human neocortical evolution. *Proceedings of the National Academy of Sciences USA* 109: 16480-85; Bianchi, S., et al. (2012). Dendritic morphology of pyramidal neurons in the chimpanzee neocortex: Regional specializations and comparison to humans. *Cerebral Cortex*. First published online: August 8, 2012.
41. 概要は以下を参照。Lieberman, P. (2013). *The Unpredictable Species: What Makes Humans Unique*. Princeton, NJ: Princeton University Press.
42. Kandel, E. R., J. H. Schwartz, and T. M. Jessel (2000). *Principles of Neural Science*, 4th ed. New York: McGraw-Hill(『カンデル神経科学』金澤一郎・宮下保司監修、メディカル・サイエンス・インターナショナル、2014年); Giedd, J. N. (2008). The teen brain: Insights from neuroimaging. *Journal of Adolescent Health* 42: 335-43.
43. ターニャ・スミスらによる研究で、幼児ではない若いネアンデルタール人2体と、若い現生人類の大標本との比較がなされている。ネアンデルタール人の1体（ベルギーのスクラディナ遺跡から出土）は8歳で死んでいたが、現生人類の10歳と同じぐらいに成熟していた。もう1体のネアンデルタール人（ル・ムスティエ1号）は12歳ぐらいで死亡したと推定されるが、その骨格は現生人類の16歳少年に相当していた。これらの違いを裏づけるには、もっと多くの化石の分析が必要だが、もし裏づけられれば、旧人類は大人になるまでの少年期と青年期の成長期間が短かったことになる。詳細は以下を参照。Smith, T., et al. (2010). Dental evidence for ontogenetic differences between modern humans and Neanderthals. *Proceedings of the National Academy of Sciences USA* 107: 20923-28.
44. Kaplan, H. S., et al. (2001). The embodied capital theory of human evolution. In *Reproductive Ecology and Human Evolution*, ed. P. T.

Ellison. Hawthorne, NY: Aldine de Gruyter; Yeatman, J. D., et al. (2012). Development of white matter and reading skills. *Proceedings of the National Academy of Sciences USA* 109: 3045-53; Shaw, P., et al. (2005). Intellectual ability and cortical development in children and adolescents. *Nature* 44: 676-79; Lieberman, P. (2010). *Human Language and Our Reptilian Brain*. Cambridge, MA: Harvard University Press.

45. Klein, R. G., and B. Edgar (2002). *The Dawn of Human Culture*. New York: Wiley.（『5万年前に人類に何が起きたか？――意識のビッグバン』鈴木淑美訳、新書館、2004年）

46. Enard, W., et al. (2009). A humanized version of *Foxp2* affects cortico-basal ganglia circuits in mice. *Cell* 137: 961-71.

47. Krause, J., et al. (2007). The derived *FOXP2* variant of modern humans was shared with Neandertals. *Current Biology* 17: 1908-12; Coop, G., et al. (2008). The timing of selection at the human *FOXP2* gene. *Molecular Biology and Evolution* 25: 1257-59.

48. Lieberman, P. (2006). *Toward an Evolutionary Biology of Language*. Cambridge, MA: Harvard University Press.

49. この形状変化が起こる大きな理由は、霊長類においては舌のサイズが体重と非常に密接な相関関係にあるからだ。そのため人間の顔が小さくなったときも、それにともなって舌が小さくなることはなかった。その代わりに人間の舌は短くなって、その喉元での基部の位置がほかの霊長類より低くなったのである。

50. この人間特有の発声の性質は、言語音の量子性（quantal speech）と呼ばれる。ケネス・スティーヴンズとアーサー・ハウスが初めて理論として提出した。以下を参照。Stevens, K. N., and A. S. House (1955). Development of a quantitative description of vowel articulation. *Journal of the Acoustical Society of America* 27: 401-93.

51. 旧人類との交配はおそらくアフリカでも起こっていたと思われる。以下を参照。Hammer, M. F., et al. (2011). Genetic evidence for archaic admixture in Africa. *Proceedings of the National Academy of Sciences USA* 108: 15123-28; Harvarti, K., et al. (2011). The Later Stone Age calvaria from Iwo Eleru, Nigeria: Morphology and chronology. *PLoS One* 6: e24024.

52. もし氷河時代のヨーロッパの狩猟採集民が、昨今の亜北極の狩猟

採集民のように１人あたり100平方キロメートルのテリトリーで生活していたとすると、たとえば当時のイタリアの地域に暮らしていた人の数は最大3000人ということになる。以下を参照。Zubrow, E. (1989). The demographic modeling of Neanderthal extinction. In *The Human Revolution*, ed. P. Mellars and C. B. Stringer. Edinburgh: Edinburgh University Press, 212-31.

53. Caspari, R., and S. H. Lee (2004). Older age becomes common late in human evolution. *Proceedings of the National Academy of Sciences USA* 101(30): 10895-900.

54. これらの仮説の概要については以下を参照。Stringer, C. (2012). *Lone Survivor: How We Came to Be the Only Humans on Earth*. New York: Times Books; Klein, R. G., and B. Edgar (2002). *The Dawn of Human Culture*. New York: Wiley (『５万年前に人類に何が起きたか？――意識のビッグバン』鈴木淑美訳、新書館、2004年). あわせて、以下も参考になるだろう。Kuhn, S. L., and M. C. Stiner (2006). What's a mother to do? The division of labor among Neandertals and modern humans in Eurasia. *Current Anthropology* 47: 953-81.

55. Shea, J. J. (2011). Stone tool analysis and human origins research: Some advice from Uncle Screwtape. *Evolutionary Anthropology* 20: 48-53.

56. 生物学的情報が伝達されるときの基本単位が遺伝子であり、文化的情報が伝達されるときの基本単位がミームである。ミームは通常、象徴、習慣、慣例、信念などの、思考に関わるものである。語源は「模倣する」という意味のギリシャ語から。ある個体から別の個体へと受け渡されるのは遺伝子と同じだが、親から子に伝えられるだけではないところが遺伝子と違っている。以下を参照。Dawkins, R. (1976). *The Selfish Gene*. Oxford: Oxford University Press.（『利己的な遺伝子（増補新装版）』日高敏隆・岸由二・羽田節子・垂水雄二訳、紀伊國屋書店、2006年）

57. 文化的進化と自然選択については多くの優れた分析がなされており、私もそれらを大いに参考にしている。詳しくは以下を参照。Cavalli-Sforza, L. L., and M. W. Feldman (1981). *Cultural Transmission and Evolution: A Quantitative Approach*. Princeton: Princeton University Press; Boyd, R., and P. J. Richerson (1985). *Culture and the Evolutionary Process*. Chicago: University of Chicago Press; Durham,

W. H. (1991). *Co-evolution: Genes, Culture and Human Diversity*. Stanford, CA: Stanford University Press. もっと一般向けの説明としては、以下を推奨する。Richerson, P. J., and R. Boyd (2005). *Not by Genes Alone: How Culture Transformed Human Evolution*. Chicago: University of Chicago Press; Ehrlich, P. R. (2000). *Human Natures: Genes,Cultures and the Human Prospect*. Washington, DC: Island Press.

58. ラクターゼは乳糖（ラクトース）の消化を助ける酵素。最近までは人間もほかの哺乳類と同様に、乳離れをするとラクターゼの産生能力を失っていた。しかしLCT遺伝子の突然変異が進化したために、一部の人間は大人になってもこの酵素を引き続き合成することができる。Tishkoff, S. A., et al. (2007). Convergent adaptation of human lactase persistence in Africa and Europe. *Nature Genetics* 39: 31-40; Enattah, N. S., et al. (2008). Independent introduction of two lactase-persistence alleles into human populations reflects different history of adaptation to milk culture. *American Journal of Human Genetics* 82: 57-72.

59. Wrangham, R. W. (2009). *Catching Fire: How Cooking Made Us Human*. New York: Basic Books.（『火の賜物――ヒトは料理で進化した』依田卓巳訳、NTT出版、2010年）

60. これに関しては２つの大原則がある。第１の原則（ベルクマンの規則と呼ばれる）は、身体の大小が、質量（体重）は３次関数（３乗）であるのに対し、表面積は２次関数（２乗）で変化するため、大きい個体は相対的に表面積が小さいということである。したがって、寒冷な気候にいる動物は体が大きくなる傾向がある。第２の原則（アレンの規則と呼ばれる）は、四肢が長いほど表面積が大きくなるために、寒冷な気候においては四肢が短いほうが有益となる、というものである。

61. Holliday, T. W. (1997). Body proportions in Late Pleistocene Europe and modern human origins. *Journal of Human Evolution* 32: 423-48; Trinkaus, E. (1981). Neandertal limb proportions and cold adaptation. In *Aspects of Human Evolution*, ed. C. B. Stringer. London: Taylor and Francis, 187-224.

62. Jablonski, N. (2008). *Skin*. Berkeley: University of California Press; Sturm, R. A. (2009). Molecular genetics of human pigmentation

diversity. *Human Molecular Genetics* 18: R9-17.
63. Landau, M. (1991) *Narratives of Human Evolution*. New Haven, CT: Yale University Press.
64. Pontzer, H., et al. (2012). Hunter-gatherer energetics and human obesity. *PLoS ONE* 7 (7): e40503, doi: 10.1371; Marlowe, F. (2005). Hunter-gatherers and human evolution. *Evolutionary Anthropology* 14: 54-67.
65. この分析には少しばかり問題がある。私はここでスケーリングの効果を修正していないからだ。人間も含め、動物は身体が大きくなるほど、運動に費やすエネルギーが相対的に小さくなるのである。ともあれ、ここでの要点は、座っていることの多い西洋人が運動に費やす体重単位あたりのエネルギーは、狩猟採集民のそれより小さいということである。
66. Lee, R. B. (1979). *The !Kung San: Men, Women and Work in a Foraging Society*. Cambridge: Cambridge University Press.
67. 狩猟採集民の多様性については、以下を参照。Kelly, R. L. (2007). *The Foraging Spectrum: Diversity in Hunter-Gatherer Lifeways*. Clinton Corners, NY: Percheron Press; Lee, R. B., and R. Daly (1999). *The Cambridge Encyclopedia of Hunters and Gatherers*. Cambridge: Cambridge University Press.

第7章

1. Floud R., et al. (2011). *The Changing Body: Health Nutrition and Human Development in the Western Hemisphere Since 1700*. Cambridge: Cambridge University Press.
2. McGuire, M. T., and A. Troisi (1998). *Darwinian Psychiatry*. Oxford: Oxford University Press. 以下も参照。Baron-Cohen, S., ed. (2012). *The Maladapted Mind: Classic Readings in Evolutionary Psychopathology*. Hove, Sussex: Psychology Press; Mattson, M. P. (2002). Energy intake and exercise as determinants of brain health and vulnerability to injury and disease. *Cell Metabolism* 16: 706-22.
3. このテーマについては多くの優れた本がある。いくつか参照すべきものを挙げよう。Odling-Smee, F. J., K. N. Laland, and M. W. Feldman

(2003). *Niche Construction: The Neglected Process in Evolution*. Princeton: Princeton University Press（『ニッチ構築——忘れられていた進化過程』佐倉統・山下篤子・徳永幸彦訳、共立出版、2007 年）; Richerson, P. J., and R. Boyd (2005). *Not By Genes Alone: How Culture Transformed Human Evolution*. Chicago: University of Chicago Press; Ehrlich, P. R. (2000). *Human Natures: Genes, Cultures and the Human Prospect*. Washington, DC: Island Press; Cochran, G., and H. Harpending (2009). *The 10,000 Year Explosion*. New York: Basic Books.（『1万年の進化爆発——文明が進化を加速した』古川奈々子訳、日経 BP 社、2010 年）

4. Weeden, J., et al. (2006). Do high-status people really have fewer children? Education, income, and fertility in the contemporary US. *Human Nature* 17: 377-92; Byars, S. G., et al. (2010). Natural selection in a contemporary human population. *Proceedings of the National Academy of Sciences USA* 107: 1787-92.
5. Williamson, S. H., et al. (2007). Localizing recent adaptive evolution in the human genome. *PLoS Genetics* 3: e90; Sabeti, P. C., et al. (2007). Genome-wide detection and characterization of positive selection in human populations. *Nature* 449: 913-18; Kelley, J. L., and W. J. Swanson (2008). Positive selection in the human genome: From genome scans to biological significance. *Annual Review of Genomics and Human Genetics* 9: 143-60; Laland, K. N., J. Odling-Smee, and S. Myles (2010). How culture shaped the human genome: Bringing genetics and the human sciences together. *Nature Reviews Genetics* 11: 137-48.
6. Brown, E. A., M. Ruvolo, and P. C. Sabeti (2013). Many ways to die, one way to arrive: How selection acts through pregnancy. *Trends in Genetics* S0168-9525.
7. Kamberov, Y. G., et al. (2013). Modeling recent human evolution in mice by expression of a selected EDAR variant. *Cell* 152: 691-702. この遺伝子変異には、胸が小さくなる、上顎門歯がいくぶんシャベルのような形状になるといった別の効果もある。
8. 遺伝子頻度が変わるのにどれだけの世代数を要するかは、$\Delta p = spq2/(1-sq2)$ という式で計算することができる。p と q は同じ遺伝子の２つの対立遺伝子の頻度をあらわし、Δp は世代あたりの対立遺伝子 (p) の頻度の変化を、s は選択の係数をあらわす（0.0 ならぜ

ロ、1.0なら100パーセント)。

9. 概説は以下を参照。Tattersall, I., and R. DeSalle (2011). *Race? Debunking a Scientific Myth*. College Station: Texas A & M Press.

10. Corruccini, R. S. (1999). *How Anthropology Informs the Orthodontic Diagnosis of Malocclusion's Causes*. Lewiston, NY: Edwin Mellen Press; Lieberman, D. E., et al. (2004). Effects of food processing on masticatory strain and craniofacial growth in a retrognathic face. *Journal of Human Evolution* 46: 655-77.

11. Kuno, Y. (1956). *Human Perspiration*. Springfield, IL: Charles C. Thomas.

12. これらの変化についてのデータは以下を参照。Bogin, B. (2001). *The Growth of Humanity*. New York: Wiley; Brace, C. L., K. R. Rosenberg, and K. D. Hunt (1987). Gradual change in human tooth size in the Late Pleistocene and Post-Pleistocene. *Evolution* 41: 705-20; Ruff, C. B., et al. (1993). Postcranial robusticity in *Homo*. I: Temporal trends and mechanical interpretation. *American Journal of Physical Anthropology* 91: 21-53; Lieberman, D. E. (1996). How and why humans grow thin skulls. *American Journal of Physical Anthropology* 101: 217-36; Sachithanandam, V., and B. Joseph (1995). The influence of footwear on the prevalence of flat foot: A survey of 1846 skeletally mature persons. *Journal of Bone and Joint Surgery* 77: 254-57; Hillson, S. (1996). *Dental Anthropology*. Cambridge: Cambridge University Press.

13. Wild, S., et al. (2004). Global prevalence of diabetes. *Diabetes Care* 27: 1047-53.

14. 進化医学に関してはいくつかの優れた本がある。最初にこの分野を扱った代表的な本で、いまなお一読に値するのが、Nesse, R.M., and Williams, G. C. (1994). *Why We Get Sick: The New Science of Darwinian Medicine*. New York: Vintage Books(『病気はなぜ、あるのか——進化医学による新しい理解』長谷川眞理子・長谷川寿一・青木千里訳、新曜社、2001年). 以下の本も推奨。Ewald, P. (1994). *Evolution of Infectious Diseases*. Oxford: Oxford University Press(『病原体進化論——人間はコントロールできるか』池本孝哉・高井憲治訳、新曜社、2002年); Stearns, S. C., and J. C. Koella (2008). *Evolution in Health and Disease*, 2nd ed. Oxford: Oxford University

Press; Trevathan, W. R., E. O. Smith, and J. J. McKenna (2008). *Evolutionary Medicine and Health*. Oxford: Oxford University Press; Gluckman, P., A. Beedle, and M. Hanson (2009). *Principles of Evolutionary Medicine*. Oxford: Oxford University Press; Trevathan, W. R. (2010). *Ancient Bodies, Modern Lives: How Evolution Has Shaped Women's Health*. Oxford: Oxford University Press.

15. Greaves, M. (2000). *Cancer: The Evolutionary Legacy*. Oxford: Oxford University Press.（『がん――進化の遺産』水谷修紀監訳、コメディカルエディター、2002年）
16. この複雑な問題については以下を参照。Dunn, R. (2011). *The Wild Life of Our Bodies*. New York: HarperCollins.（『わたしたちの体は寄生虫を欲している』野中香方子訳、飛鳥新社、2013年）
17. これは前立腺がんをはじめとする多くの種類のがんにとって議論を呼ぶ問題である。同じ雑誌に1年以内に掲載された2つの研究がそれぞれ別の結論を出しているほどだ。以下を参照。Wilt, T. J., et al. (2012). Radical prostatectomy versus observation for localized prostate cancer. *New England Journal of Medicine* 367: 203-13; Bill-Axelson, A., et al. (2011). Radical prostatectomy versus watchful waiting in early prostate cancer. *New England Journal of Medicine* 364: 1708-17.
18. ダイエットの歴史を楽しく振り返ってみたければ、以下を参照。Foxcroft, L. (2012). *Calories and Corsets: A History of Dieting over Two Thousand Years*. London: Profile Books.
19. 以下を参照。Gluckman, P., and M. Hanson (2006). *Mismatch: The Lifestyle Diseases Timebomb*. Oxford: Oxford University Press.
20. Nesse, R. M. (2005). Maladaptation and natural selection. *The Quarterly Review of Biology* 80: 62-70.
21. これについてはかなり研究が進んでいるが、この作用を示した初期の重要論文として、以下を参照。Colditz, G. A. (1993). Epidemiology of breast cancer: Findings from the Nurses' Health Study. *Cancer* 71: 1480-89.
22. Baron-Cohen, S. (2008). *Autism and Asperger Syndrome: The Facts*. Oxford: Oxford University Press.（『自閉症スペクトラム入門――脳・心理から教育・治療までの最新知識』水野薫・鳥居深雪・岡田智訳、中央法規出版、2011年）
23. Price, W. A. (1939). *Nutrition and Physical Degeneration: A*

Comparison of Primitive and Modern Diets and Their Effects. Redlands, CA: Paul B. Hoeber, Inc.（『食生活と身体の退化（増補改訂版）』片山恒夫訳、恒志会、2010 年）

24. たとえば以下を参照。Mann, G. V., et al. (1962). Cardiovascular disease in African Pygmies: A survey the health status, serum lipids and diet of Pygmies in Congo. *Journal of Chronic Disease* 15: 341-71; Mann, G. V., et al. (1962). The health and nutritional status of Alaskan Eskimos. *American Journal of Clinical Nutrition* 11: 31-76; Truswell, A. S., and J. D. L. Hansen (1976). Medical research among the !Kung. In *Kalahari Hunter-Gatherers: Studies of the !Kung San and Their Neighbors*, ed. R. B. Lee and I. DeVore. Cambridge: Harvard University Press, 167-94; Truswell, A. S. (1977). Diet and nutrition of hunter-gatherers. In *Health and Disease in Tribal Societies*. New York: Elsevier, 213-21; Howell, N. (1979). *Demography of the Dobe !Kung*. New York: Academic Press; Kronman, N., and A. Green (1980). Epidemiological studies in the Upernavik District, Greenland. *Acta Medica Scandinavica* 208: 401-6; Trowell, H. C., and D. P. Burkitt (1981). *Western Diseases: Their Emergence and Prevention*. Cambridge, MA: Harvard University Press; Rode, A., and R. J. Shephard (1994). Physiological consequences of acculturation: A 20-year study of fitness in an Inuit community. *European Journal of Applied Physiology and Occupational Physiology* 69: 516-24.
25. たとえば以下を参照。Wilmsen, E. (1989). *Land Filled with Flies: A Political Economy of the Kalahari*. Chicago: University of Chicago Press.
26. 多くの動物はビタミンCを体内で合成するが、果実食のサルと類人猿はこの能力を何百万年も前に失った。したがって一部の動物の器官には適度な量のビタミンCが見られる。
27. Carpenter, K, J. (1988). *The History of Scurvy and Vitamin C*. Cambridge: Cambridge University Press.（『壊血病とビタミンCの歴史——「権威主義」と「思いこみ」の科学史』北村二朗・川上倫子訳、北海道大学図書刊行会、1998 年）
28. 人間の口内の微生物叢についてもっと詳しく知りたければ、フォーサイス歯科研究所（the Forsyth Dental Institute）が運営する以下のサイトを参照。 http://www.homd.org.

29. 虫歯の歴史と進化については以下を参照。Hillson, S. (2008). The current state of dental decay. In *Technique and Application in Dental Anthropology*, ed. J. D. Irish and G. C. Nelson. Cambridge: Cambridge University Press, 111-35. チンパンジーの虫歯についてのデータは以下を参照。Lovell, N. C. (1990). *Patterns of Injury and Illness in Great Apes: A Skeletal Analysis*. Washington, DC: Smithsonian Press.
30. Vos, T., et al. (2012). Years lived with disability (YLDs) for 1160 sequelae of 289 diseases and injuries 1990-2010: A systematic analysis for the Global Burden of Disease Study 2010. *Lancet* 380: 2163-96.
31. *Oxford English Dictionary*, 3rd ed. (2005). Oxford: Oxford University Press. この単語の現代における最も一般的な意味は、末期患者の苦痛を軽減することである。
32. Boyd, R., and P. J. Richerson (1985). *Culture and the Evolutionary Process*. Chicago: University of Chicago Press; Durham, W. H. (1991). *Co-evolution: Genes, Culture, and Human Diversity*. Stanford: Stanford University Press; Ehrlich, P. R. (2000). *Human Natures: Genes, Cultures and the Human Prospect*. Washington DC: Island Press; Odling-Smee, F. J., K. N. Laland, and M. W. Feldman (2003). *Niche Construction: The Neglected Process in Evolution*. Princeton: Princeton University Press（『ニッチ構築――忘れられていた進化過程』佐倉統・山下篤子・徳永幸彦訳、共立出版、2007年）; Richerson, P. J., and R. Boyd (2005). *Not by Genes Alone: How Culture Transformed Human Evolution*. Chicago: University of Chicago Press.
33. Kearney, P. M., et al. (2005). Global burden of hypertension: Analysis of worldwide data. *Lancet* 365: 217-23.
34. Dickinson, H. O., et al. (2006). Lifestyle interventions to reduce raised blood pressure: A systematic review of randomized controlled trials. *Journal of Hypertension* 24: 215-33.
35. Hawkes, K. (2003). Grandmothers and the evolution of human longevity. *American Journal of Human Biology* 15: 380-400.

本書は、二〇一五年九月に早川書房より単行本として刊行された作品を文庫化したものです。

赤の女王　性とヒトの進化

The Red Queen

マット・リドレー
長谷川眞理子訳
ハヤカワ文庫ＮＦ

人間はいかに進化してきたか？
「性」の意味を考察する

ヒトにはなぜ性が存在するのか。普遍的な「人間の本性《ヒューマン・ネイチャー》」なるものはあるのか。それは男女間で異なるのか、そして私たちの行動にどのように影響しているのか。進化生物学に基づいて性の起源と進化の謎に迫る。大隅典子氏（東北大学大学院医学系研究科教授）推薦

色のない島へ
―脳神経科医のミクロネシア探訪記

The Island of the Colorblind

オリヴァー・サックス

大庭紀雄監訳　春日井晶子訳

ハヤカワ文庫ＮＦ

川上弘美氏著『大好きな本』で紹介！
閉ざされた島に残る謎の風土病の原因とは？

モノトーンの視覚世界をもつ人々の島、原因不明の神経病が多発する島――ミクロネシアの小島を訪れた脳神経科医が、歴史や生活習慣を探り、思いがけない仮説に辿りつく。美しく豊かな自然とそこで暮らす人々の生命力を力強く描く感動の探訪記。解説／大庭紀雄

〈数理を愉しむ〉シリーズ

SYNC《シンク》

SYNC

スティーヴン・ストロガッツ
蔵本由紀監修・長尾 力訳
ハヤカワ文庫ＮＦ

なぜ自然はシンクロしたがるのか

無数の生物・無生物はひとりでにタイミングを合わせることができる。この同期という現象は最新のネットワーク科学とも密接にかかわり、そこでは思いもよらぬ別々の現象が「非線形数学」という橋で結ばれている。数学のもつ驚くべき力を解説する現代数理科学最前線。

訳者略歴　翻訳家　立教大学文学部英米文学科卒　訳書にガルファール『138億年宇宙の旅』，ホーキング『ホーキング、ブラックホールを語る』，ボール『流れ』，スピーロ『ポアンカレ予想』（共訳），イアコボーニ『ミラーニューロンの発見』（以上早川書房刊）ほか多数

HM=Hayakawa Mystery
SF=Science Fiction
JA=Japanese Author
NV=Novel
NF=Nonfiction
FT=Fantasy

人体《じんたい》六〇〇万年史《まんねんし》
科学が明かす進化・健康・疾病
〔上〕

〈NF511〉

二〇一七年十一月二十日　印刷
二〇一七年十一月二十五日　発行
（定価はカバーに表示してあります）

著者　ダニエル・E・リーバーマン
訳者　塩《しお》原《ばら》通《みち》緒《お》
発行者　早川浩
発行所　株式会社　早川書房

郵便番号　一〇一 - 〇〇四六
東京都千代田区神田多町二ノ二
電話　〇三 - 三二五二 - 三一一一（大代表）
振替　〇〇一六〇 - 三 - 四七七九九
http://www.hayakawa-online.co.jp

乱丁・落丁本は小社制作部宛お送り下さい。
送料小社負担にてお取りかえいたします。

印刷・精文堂印刷株式会社　製本・株式会社明光社
Printed and bound in Japan
ISBN978-4-15-050511-0 C0145

本書は活字が大きく読みやすい〈トールサイズ〉です。